高职高专规划教材

市政工程基础

第二版

杨 岚 主编

化学工业出版社

·北京·

本书根据高职高专市政工程基础课程的教学要求进行编写。全书内容由概述、市政工程识图、市政道路桥梁工程施工综合管理、道路工程结构与施工、市政桥梁工程、市政管道工程施工六章组成。

本书为高职高专市政工程类及相关专业的教材，也可作为成人教育土建类及相关专业的教材，还可供从事建筑工程等技术工作的人员参考。

图书在版编目（CIP）数据

市政工程基础/杨岚主编．—2版．—北京：化学工业出版社，2020.2 （2024.1重印）
ISBN 978-7-122-35224-8

Ⅰ.①市… Ⅱ.①杨… Ⅲ.①市政工程-高等职业教育-教材 Ⅳ.①TU99

中国版本图书馆CIP数据核字（2019）第212212号

责任编辑：王文峡　李　瑾　　　　　　装帧设计：刘丽华
责任校对：边　涛

出版发行：化学工业出版社（北京市东城区青年湖南街13号　邮政编码100011）
印　　装：三河市延风印装有限公司
787mm×1092mm　1/16　印张17½　字数430千字　2024年1月北京第2版第3次印刷

购书咨询：010-64518888　　　　　　售后服务：010-64518899
网　　址：http://www.cip.com.cn
凡购买本书，如有缺损质量问题，本社销售中心负责调换。

高职高专土建教材编审委员会

前　言

　　本书以高技能型人才培养为理念，以市政工程造价员的岗位标准和职业能力需求为依据，结合市政工程技术专业的教育标准、培养方案及该课程教学的基本要求编写，内容循序渐进，层层展开。

　　本书在第一版的基础上，依据最新的标准、规范、通知及相关规定，结合目前使用的新技术、新材料对相关内容进行了修订和调整。

　　与第一版相比，本书做了以下调整：

　　1. 新增了第三章市政道路桥梁工程施工综合管理。

　　2. 第四章中增加了第四节市政道路施工新技术、新材料。突出现行的标准、规范、规定和新技术、新材料，便于学生及时掌握最新动态。

　　本书的特点：

　　一是条理清晰、循序渐进、重点突出。本书先介绍了市政工程的基本组成和基本知识；再介绍市政工程各工程项目的图纸内容和识读方法；进而介绍市政工程常见的道路工程、桥涵工程、排水工程的施工管理和技术；最后还强调了新技术、新材料在市政工程施工中的应用。

　　二是理论与实践相结合，注重实用性和学生学习能力的培养，书中附有大量图片和工程结构实例，便于学生更好地学习和掌握相关知识和技能。为了方便教学，每章之前都明确了知识点，每章之后都编排有习题。

　　由于编者水平有限，加之编写时间仓促，书中疏漏之处在所难免，敬请读者批评指正。

编者

2019 年 9 月

第一版前言

为满足高等职业教育的要求，促进职业教育的全面发展，必须大力发展高等职业教育，培养出具有扎实理论知识和较强的实践动手能力，具有创新意识，适应建设、管理第一线的技术应用型专业人才。

本教材依据该课程的教学大纲和国家现行的规范、标准等编写而成。注重学生学习、实践环节，在内容选取和编排上，重点突出，针对性强，基本理论部分以"够用"为原则设置，同时根据工程构造介绍实用的施工技术，以便于学生掌握相关专业的知识。本教材在编写中，力求结合教学需求和生产实际，做到文字通俗简要，便于读者自学掌握，充分体现了高等职业教育的特点和专业培养目标。

本教材分为五章，主要内容包括市政工程概述、市政识图基础、市政工程施工等内容，并通过图例和相关说明帮助读者理解和体会。通过本课程的学习，要求学生对市政工程初步了解，掌握市政工程有关制图标准，能识读市政工程图纸；掌握市政工程材料的种类、性能；掌握道路工程、桥梁工程、管道工程的基本施工技术。

本教材由杨岚主编，侯梅枝、孙磊、侯韶军、黄澄中也参与了编写。其中第一章、第三章由杨岚编写，第二章由侯韶军、黄澄中编写，第四章由孙磊编写，第五章由侯梅枝、孙磊编写。全书由杨岚统稿完成。

本书在出版过程中得到了赵俊磊、刘京涛的帮助，他们提出了中肯的修改意见，在此表示感谢。

由于时间仓促和编者水平有限，本教材难免有不妥之处，敬请读者给予批评指正。

编　者
2009 年 6 月

目　　录

第一章　概　　述

知识点

● 市政工程所包含的主要内容。

学习目标

● 通过对市政工程的初步了解，提高对市政专业的认识，为今后学习各专业课程打好基础。

第一节　绪　　论

一、市政工程概论

市政工程，又称为市政公用设施或基础设施。生活在城市中的人们要求获得更好的生活环境，从城市生活中得到满足，城市各方面要正常运转，需要有一套专门的管理制度和管理模式，市政与现代城市息息相关，城市的发展带动了市政的形成和完善，城市现代化程度的不断提高也要求市政设施同步发展。

城市公用设施和城市基础设施、城市的发展规划、城市卫生、城市环境保护等方面都属于市政，市政府就需要把这些事务综合起来，设立各个不同的市政部门，运用各种法律规章和行政手段对其进行管理和规范，保证社会公共事务的正常运行，促使市政、市政管理、城市进步向着良性运行的方向发展。

城市基础设施是区域基础设施在城市市区内的具体化，是地区或区域基础设施的组成部分。包括城市交通、给水、排水、供电、燃气、集中供热、邮政电信、防灾等，这些都是分布在城市区域内并直接为城市生产生活服务的基础设施。在城区中由市政府及其职能部门进行筹划、组织设计、施工并实施管理，故称之为市政公用设施或市政工程。

市政工程是城市赖以生存和发展的物质基础，是现代化城市的重要标志，而且是随着社会生产力的发展而发展的。市政工程建设通常是指城市道路、城市桥梁、城市轨道交通、隧道和给水排水管道等基础设施建设。

近年来，随着广大市政工程技术人员和工人对技术进步所做的不懈努力，国内外科学技术交流的日益广泛，新技术、新工艺、新材料、新设备的开发和应用，市政工程设计和施工的技术水平得以不断提高。道路工程不断更新筑路材料，沥青混合料改性剂、路用工程纤维的大量使用提高了筑路施工机械化、工厂化程度和文明施工水平；隧道工程方面，盾构法技术不断进步，衬砌结构设计理论深化，采用高精度钢筋混凝土管片及先进接缝防水技术，还采用大厚度地下连续墙深基坑大面积挖土和注浆加固防漏等技术；排水管道施工方面，采用大口径长距离曲线顶管技术和管道接缝防水、管道防腐技术、各类非开挖技术等；桥梁工程中，湖南矮寨大桥、丹昆特大桥、青岛胶州湾大桥、港珠澳大桥，已成为世界瞩目的中国桥梁。采用大跨度预应力混凝土连续体系，完善斜拉桥的高次超静定结构计算理论和高耸混凝土结构的施工工艺等，桥梁建筑在建筑材料方面正在向着高强、轻质和耐久方向发展。

二、市政工程的作用

随着社会经济的不断发展，城市化进程的日益推进，人们对城市生活水平和质量的要求不断提高，城市功能不断增强，市政基础设施日趋完善。市政工程是城市基础设施，是国家基本建设的一个重要组成部分，是城市经济和社会发展的基础条件，是与广大人民生产和生活密切相关的，直接为城市生产、生活服务，并为城市生产和人民生活提供必不可少的物质条件的城市公用设施。它是城市赖以生存和发展的物质基础，是现代化城市的重要标志，对现代城市的健康发展起着举足轻重的作用。同时，市政管理部门的职能也就越来越重要，所需要的专业性技术人员越来越多。

本课程是市政工程专业的一门专业基础课，它主要研究市政工程的构造、特点，工程图样的识读等内容，对市政工程的施工及其他相关的工作都起着重要的作用。

修建一项市政工程，无论是桥梁闸坝，还是道路排水工程，都需要一套完整的、符合施工要求与规范和能被工程人员看懂的工程图样。工程图样是工程界的技术语言，是工程技术人员表达设计意图、交流技术思想、指导生产施工的重要工具。在施工阶段，工程图样是指导施工、编制施工计划、编制工程概预算、准备施工材料、组织施工等的根本依据。任何从事相关工作的人员，如果缺乏识读图样的能力，就无法准确地编制概预算，不能准确地将设计蓝图落实到工地现场、科学地组织施工、有计划地发挥资金的最大经济效益。

为更好地学习市政工程专业知识，首先应学好理论基础知识，本课程涉及的知识面很广，对于没有工程实践经验的学生而言，在学习中要注意系统地学习相关课程，形成系统化的理论知识，同时尽量多地参加实习和工程实践，不断积累丰富的感性认识。随着章节的深入，逐步掌握工程图样的内容，学会阅读工程图纸，通过对工程构造、施工技术的学习，了解各种工程材料的性能，各类工程施工的特点、程序，为今后专业课程的学习打下坚实的基础。通过阅读市政管理等方面的研究、刊物等，了解最新的研究成果；通过阅读市政工程方面的专业书籍，有助于加深对本课程的理解，以便形成全面、系统的市政工程知识。城市的发展日新月异，市政工程的发展速度也相应加快，新设备、新技术、新理论层出不穷，这就需要在学习过程中经常浏览专业网站与论坛，时时关注最新消息，能够使自己跟上发展的步伐。

第二节　道路工程概述

一、我国道路工程的发展概述

为促进国民经济的发展，提高人民的物质文化生活水平，确保国防安全，必须有一个四通八达和完善的交通运输网。道路是供各种车辆和行人等通行的工程设施。

我国道路的发展源自上古时代。黄帝开疆拓土，统一中华，发明舟车，就开始了我国道路交通的新纪元。周朝在城市建设中，重视道路规划和设计，道路更加发达，道路非常平直，路网规划布局也很完善，如《诗经·小雅》中载："周道如砥，其直如矢。"这说明当时的道路平整，线形笔直，筑路技术已达到相当先进的水平。又《周礼·考工记》中载："匠人营国，方九里，旁三门，国中九经九纬……经涂九轨，野涂五轨……"是说城市道路规划为棋盘式格局，分经纬、环、野三个等级；"经纬涂"九轨约合 15m 宽，"环涂"七轨约合 11.5m 宽，"野涂"为市郊道路，五轨约宽 8.5m。这种棋盘式道路网规划方案一直沿用至今，成为目前国内外路网规划的典型图示之一。周朝把道路分为径（牛马小路）、畛（可走车的路）、涂（一轨，每轨约为 2.1m）、道（二轨）和路（三轨）。周朝在道路交通管理和养护上也颇有成就。如雨后即整修道路，枯水季节修理桥梁。在交通法规上规定行人要礼貌相让，轻车避重车，上坡让下坡车辆，以策安全。

战国时期著名的金牛道，是陕西入川栈道，傍凿山岩，绝壁悬空而立，绝板梁为阁，工程艰巨无比。

秦王统一中国后十分重视交通，以车同轨与书同文列为一统天下之大政。当时国道以咸阳为中心，向各方辐射的道路网已形成。表现为道路相当宽畅，并以绿化美化周围环境，边坡用铜桩加固，雄伟而壮观。

唐代国家强盛，疆土辽阔，城市建设、道路交通均有相当的发展，道路发展至驿道长达五万里（1公里＝2里），每三十里设一个驿站，规模宏大。

明、清时期的经济繁荣，迅速推动了城市建设和城市规划的进一步发展，当时的北京，城市人口已达百万之众。街道规划整齐，道路系统沿用了传统的棋盘式，主、次级道路功能分明，道路网严格按照中轴线对称布局，明显地反映出封建等级观念。受当时交通工具的限制，街道不是很宽，在干道和交叉口建有古色古香的华丽牌楼，作为街道的装饰，以美化街景。从永定门到钟鼓楼的南北向中轴线，宽 28m，长 800m，笔直如矢。

清代运输工具更加完备，车辆分客运车、货运车和客货运车，主要是马、驴和骆驼参与运输。清末出现人力车。1886 年欧洲出现世界上公认的首辆汽车。1902 年中国开始进口汽车，在上海出现了第一辆汽车。1913 年中国修筑了第一条汽车公路，由湖南长沙至湘潭，全长 45km，揭开了我国现代交通运输的新篇章。抗战时期完成的滇缅公路，沥青路面长达 100km，是中国最早修建的沥青路面。1949 年新中国成立时统计，通车里程为 7.8 万千米，机动车 7 万余辆。

新中国成立后，随着社会主义经济建设的大力发展，特别是改革开放后，我国的交通事业、城市市政建设得到了迅速的发展。公路建设更是突飞猛进。至 2004 年全国公路里程已达 187 万千米，已经逐步形成了以北京为中心，沟通全国各地的公路网。至 2003 年城市道路总长已达 20.8 万千米，机动车拥有量达 1500 多万辆。

我国经济建设的腾飞促进了高速公路的发展。1988 年全国第一条沪嘉高速公路通车，至 2018 年，我国已建成的高速公路总里程达 14 万千米，位居世界第一。

在迅速发展高速公路的同时，我国一些大城市的环城快速路也相继建成，如广州的环市快速路，上海市的内环、外环快速路和郊环高速路等。很多城市还修建了地铁、轻轨，进一步改善了城市的交通环境，对促进城市交通运输的发展起到了积极的作用。

我国公路交通在 2010 年前已修建高速公路 1 万千米，建成二纵二横贯穿中国的交通大动脉，即北京—珠海、图们江—三亚、上海—成都、连云港—霍尔高速公路干线。到 2020 年建成五纵七横共 12 条主干线，共 3.5 万千米，将全国重点城市、工业中心、交通枢纽和对外口岸连接起来，形成与国民经济发展格局相适应、与其他运输方式相协调的、快速安全的全国高速公路主干系统。

我国公路交通建设虽然取得了重大成就，但仍不能适应国民经济发展的需要，与发达国家相比还比较落后。另一方面，我国公路技术标准较低，质量等级较差的道路占了相当比例。我国公路的通行能力不足，国道有 40％路段超负荷运行。许多公路混合交通严重、交通控制和管理不善，造成交通堵塞、车速缓慢和耗油率增大，有时造成严重的交通事故。

大力发展交通运输事业，建立四通八达的现代交通网络，对于加强全国各族人民团结，发展国民经济，促进文化交流，消灭城乡差别和巩固国防等方面，都具有非常重要的作用。特别是我国实行改革开放政策以来，路、桥建设突飞猛进，对创造良好的投资环境，促进地域性的经济腾飞，起到了关键性的作用。

现代交通运输由铁路运输、水上运输、航空运输、管道运输及道路运输组成。铁路运输适用于远程大宗货物及人流运输，是一种以钢轨引导列车运行的运输方式，其主要特点是运输速度高、运载能力大、运输成本低，但固定设施费用高，基础投资大；水上运输是利用船或其他浮运工具在河、湖、人工水道及海洋上运送客、货的运输方式，利用天然资源，是廉价运输；航空运输与其他运输比较，具有速度快、灵活性大、运输里程短捷、舒适性好等特点，但运输成本高；管道运输仅适用于液态、气态运输（石油、煤气等）；道路运输有高度的灵活性，能够在需要的时间、规定的地点迅速地集中和分散货物，能深入到货物集散点进行直接装卸而不需要中转，可节约时间和费用。

二、城市道路的作用

道路按照其所处位置、交通性质及使用特点不同，可分为公路、城市道路、厂矿道路及林业道路等。城市道路是指城市内部的道路，是城市组织生产、安排生活、搞活经济、物质流通所必需的车辆、行人交通往来的道路，是连接城市各个功能分区和对外交通的纽带。

我国城市道路有着悠久的发展历史。城市道路的名称源于周朝。秦朝以后称"驰道"或"驿道"，元朝称"大道"。清朝由京都至各省会的道路为"官路"，各省会间的道路为"大路"，市区街道为"马路"。20 世纪初，汽车出现后称为"公路"或"汽车路"。

城市道路是城市中组织城市交通运输的基础设施，是市区范围内的交通路线，主要作用是安全、迅速、舒适地通行车辆和行人，为城市工业生产和居民生活提供服务保障；是连接城市各个组成部分，包括市中心、工业区、生活居住区、对外交通枢纽以及文化教育、风景游览、体育活动场所等，并与郊区公路相贯通的交通枢纽。同时，城市道路也是布置城市公用事业、地上及地下管线的基础，为布置街道绿化、组织沿街建筑、划分街坊提供条件。

城市道路是城市市政设施的重要组成部分。城市道路的用地范围是在城市总体规划中确定的，一般指道路规划红线之间的用地范围，是道路规划红线与城市建筑用地、生产用地以及其他用地的分界线。

三、城市道路的组成

城市道路是在城市范围内，供车辆及行人通行的具备一定技术条件和设施的道路。它不仅是组织城市交通运输的基础，而且是城市中设置公用管线、街道绿化、组织沿街建筑和划分街坊的基础。把城市的各个不同功能组成部分（市中心区、工业区、居住区、机场、码头、车站、公园等）通过城市道路加以连接，同时还具有美化城市的功能。

城市道路主要组成有车行道、人行道、平侧石及附属设施四个主要部分。

（1）车行道 供各种车辆行驶的行车部分。其中供机动车行驶的车道称为机动车道；供非机动车行驶的车道称为非机动车道。

（2）人行道　专供行人步行交通使用（地下人行道、人行天桥）。

（3）平侧石　位于车行道和人行道的分界处，是路面排水设施的一个组成部分，同时起着保护道路面层结构边缘部分的作用。侧石与平石的线形决定了车行道的线形，平石的平面宽度则属于车行道范围。

（4）附属设施

① 交通基础设施。如交通广场、停车场、公共汽车停靠站台、出租车上下客站等。

② 交通安全设施。是为了便于组织交通、保证交通的安全而布置的，如交通信号灯、交通标志、标线、交通岛、护栏、各种电子信号显示设备等。

③ 排水系统。用于排除地面水，如街沟、边沟、雨水口、窨井、雨水管。

④ 沿街景观设施，如灯柱、电杆、邮筒、电话亭、清洁箱、公共厕所、行人坐椅等。

⑤ 具有卫生、防护和美化作用的绿化带，包括中央分隔带、机非分隔带、人行道绿化带等。

⑥ 地下的各种管线，如电缆、燃气管、给水管、污水管等。

四、城市道路的分类

城市道路是城市的骨架，必须满足不同性质交通流的功能要求。作为城市交通的主要设施、通道，除了应该满足交通的功能要求以外，还要起到组织城市和城市用地规划的作用。城市道路系统规划要求按照道路在城市总体布局中的骨架作用和交通地位对道路进行分类，还要按照道路的交通功能进行分析，同时满足"骨架"和"交通功能"的要求。因此按城市骨架的要求和按照交通功能的要求进行分类并不矛盾，两种分类都是必要的，而且相辅相成，相互协调。两种分类的协调统一是衡量一个城市交通和道路系统规划是否合理的重要标志，同时还可以按道路对交通的服务目的进行分类，把上述两种分类的思路结合起来，提出第三种分类，有助于加深对道路系统的认识，组织好城市道路交通。

（一）按城市骨架分类

根据道路在其城市道路系统中所处的地位、交通功能、在城市总体布局中的位置和作用，我国国家标准对城市道路按城市骨架共划分为四类，即快速路（一般为汽车专用路）、主干路（全市性干道）、次干路（地区性或分区干道）、支路（居民区道路与连通路）四类，其中除快速路外的每类道路又分为三级，主要是根据其所在城市的规模、设计交通量、地形等因素分类的，由此城市道路共分为四类十级。

1. 快速路

快速路又称城市快速干道，属于城市交通主干道，一般是汽车专用路。

城市道路中设有中央分隔带，具有四条以上的车道，全部或部分采用立体交叉与控制出入，分向分道行驶，一般布置在城市组团之间的绿化分隔带中，成为城市组团的分界。供车辆以较高的速度行驶的道路。

快速路完全为交通功能服务，是解决城市长距离快速交通运输的动脉。为城市中大量、长距离、快速交通服务。

快速路是大城市交通运输的主要动脉，同时也是城市与高速公路的联系通道。在快速路的机动车道两侧不应设置非机动车道，不宜设置吸引大量车流、人流的公共建筑物的进出口。两侧一般建筑物的进出口应加以控制，且车流和人流的出入应尽量通向与其平行的道路。

快速路两旁视野要开阔，可以设绿化带，但不可种植高大乔木和灌木以免阻碍视线，影响交通安全。在有必要且条件允许的城市，快速路的部分路段可考虑采用高架的形式，也可采用路堑的形式以更好地协调用地与交通的关系。

2. 主干路

主干路又称城市主干道，是城市中主要的常速交通道路，在城市范围之内为全市性干道，在城市道路网中起骨架作用；是连接城市各主要分区的交通干道，为相邻的组团之间和市中心区的中距离运输服务；是联系城市各组团及城市对外交通枢纽联系的主要通道。

主干道以交通功能为主（小城市的主干路可兼沿线服务功能）。除可分为客运或货运为主的交通性主干道外，也有少量主干道可以成为城市主要的生活性景观大道。

主干路两侧不应设置吸引大量车流、人流的公共建筑物的进出口。当自行车交通量大时，宜采用机动车与非机动车分隔形式。交叉口一般采用平面交叉，交通量较大时采用扩大渠化交叉口以提高通行能力。流量特大的主干道交叉口可设置立体交叉。主干路上平面交叉口距离以 800～1200m 为宜，以减少交叉口交通对主干路交通的干扰。交通性的主干路解决大城市各区之间的交通联系，以及与城市对外交通枢纽之间的联系。例如，北京的东西长安街是全市东西向的主干路，全线展宽到 50～80m，市中心路段为双向 10 条车道，设置隔离墩，实行快慢车分流；上海中山东一路是一条宽为 10 车道的客货运主干路。

3. 次干路

次干路是城市各组团内的主要干道，联系主干路之间的辅助性干道，与主干路连接组成城市干道网，起到广泛连接城市各部分和集散交通的作用。属于地区性或分区范围内的干道。

次干道是城市中较多的一般交通道路，沿街多数为公共建筑和住宅建筑，兼有服务功能；设置有机动车和非机动车的停车场，并满足公共交通站点和出租车服务站的设置要求。其主要特征是交叉口一般采用平面交叉；部分交叉口采用扩大交叉口。

4. 支路

支路又称城市一般道路或地方性道路，是次干路与街坊路的连接线，解决局部地区交通，以服务功能为主，沿街以居住建筑为主。

支路不得与快速路直接相连，只可与平行快速路的道路相接，在快速路两侧的支路需要联系时，需要分离式立体交叉跨越。支路应满足公共交通路线行驶的要求。

快速路与高速公路、快速路、主干道相交采用立体交叉（图 1-1）；与交通量较大的次干路可采用立体交叉，与交通量较小的次干路采用展宽式信号灯管理平面交叉；与支路不能直接相交；禁止行人和非机动车进入快速车道。

城市道路除快速路以外，每类道路按照城市规模、设计交通量、地形等分为Ⅰ、Ⅱ、Ⅲ级。以城区常住人口为统计口径，将城市划分为五类七档。

(1) 超大城市　城区常住人口 1000 万以上的城市。

(2) 特大城市　城区常住人口 500 万以上 1000 万以下的城市。

(3) 大城市　城区常住人口 100 万以上 500 万以下的城市为大城市，其中 300 万以上 500 万以下的城市为Ⅰ型大城市，100 万以上 300 万以下的城市为Ⅱ型大城市。

(4) 中等城市　城区常住人口 50 万以上 100 万以下的城市。

(5) 小城市　区常住人口 50 万以下的城市，其中 20 万以上 50 万以下的城市为Ⅰ型小城市，20 万以下的城市为Ⅱ型小城市。

根据《城市道路设计规范》要求，大城市及以上应采用各类道路中的Ⅰ级标准；中等城

图 1-1　道路与道路立体交叉

市应采用Ⅱ级标准；小城市应采用Ⅲ级标准。有特殊情况需变更级别时，应做技术经济论证，报规划审批部门批准。

城市道路设计年限指为确定道路宽度而采用的估算交通量的增长年限。城市道路的分类分级表详见表 1-1。

表 1-1　城市道路分类分级

类别	级别	设计年限 /年	计算车速 /km·h⁻¹	双向机动车 车道数/条	机动车车道 宽度/m	分隔带设置	横断面 采用形式
快速路		20	80,60	4,8	3.75~4	必须设	双,四幅路
主干路	Ⅰ	20	60,50	4,6	3.75	应设	双,三,四
	Ⅱ		50,40	≥4	3.75	应设	双,三
	Ⅲ		40,30	4	3.5~3.75	宜设	双,三
次干路	Ⅰ	15	50,40	4	3.75	应设	双,三
	Ⅱ		40,30	4	3.5~3.75	设	单,双
	Ⅲ		30,20	2~4	3.5	设	单,双
支路	Ⅰ	10	40,30	2~4	3.5~3.75	不设	单幅路
	Ⅱ		30,20	2	3.5	不设	单幅路
	Ⅲ		20	2	3.5	不设	单幅路

（二）按功能分类

城市道路按功能分类的依据是道路与城市用地的关系，按道路两旁用地所产生交通性质来确定道路的功能。可分为两大类。

1. 交通性道路

是以满足交通运输为主要功能的道路，承担城市主要的交通流量及对通的联系。

交通性道路的特点为车速高，车辆多，车行道宽，道路线形要符合快速行驶的要求，道旁要求避免布置吸引大量人流的公共建筑。

根据车流的性质，交通性道路又可以分为以下几种。

（1）以货运为主的交通干道　主要分布在城市外围和工业区、对外货运交流枢纽附近。

（2）以客运为主的交通干道　主要布置在城市客流的主要流向上，又可分为以下两种：①客运机动车交通干道；②全市性自行车专用路。

（3）客货混合性交通道路　是交通干道间的集散性或联络性的道路，或用于用地性质混杂的地段。

2. 生活性道路

是以满足城市生活交通要求为主要功能的道路，主要为城市居民购物、社交、游憩等服务活动的，以步行和自行车交通为主，机动车交通较少，道路两旁布景为生活服务的、人流较多的公共建筑及居民建筑，要求有较好的公共交通服务条件。又可分为以下两种：①生活性干道，如商业大街、居住区主要道路；②生活性支路，如居住区内部道路等。

（三）按交通目的分类

城市道路可以把交通分为以疏通为目的的交通（疏通性交通）和以服务为目的的交通（服务性交通）两类。两类交通对道路的布置、断面、成型的要求和与道路两旁的用地的关系是不同的。因此可以把城市道路从系统上分为以下两大类。

1. 疏通性道路

要求畅通、快捷。如城市中的快速路、交通性干道等。疏通性的道路应与对外交通系统有好的衔接关系。

2. 服务性道路

要求能便于直接服务的用地。通常是城市次干道、支路等，服务性道路上的车速较低，要有较多供车辆停放的车位。两侧用地为商业、生活性居住时，要有较好的步行环境；两侧用地为工业仓储时，也应对车速加以限制。

城市道路作为骨架与城市用地布局的关系如图 1-2 所示。

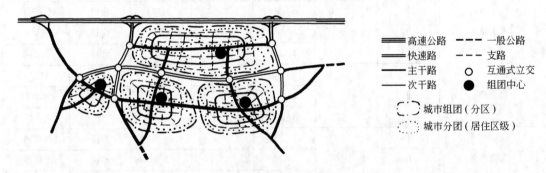

图 1-2　城市道路骨架与城市布局的关系图

五、城市道路系统的结构形式

城市道路系统由城市辖区范围内各种不同功能道路组成，包括附属设施。城市道路系统的功用不仅是把城市中各个组成部分有机地连接起来，使城市各部分之间具有便捷、安全、经济的交通联系，同时也是城市总平面布局的骨架，对城市建设的发展起着重要作用。城市内的道路纵横交织、组成网络，所以将城市道路系统又称为城市道路网。城市道路网是随着城市发展，为满足城市交通、土地利用及其他要求而形成与发展的。

城市道路网一般包括城市各组成部分之间相互联系、贯通的汽车交通干道系统和各分区内部的生活服务性道路系统。从国内外城市形成与发展的实践中，可以把常用的干道系统平面几何图形归纳为五种图式：放射环式、棋盘式、自由式、混合式、组团式。前三种为基本类型；混合式是由两种或三种基本图式综合而成的系统；组团式是由多中心的路网系统组合而成，每个中心的路网图式可以是前四种中的某一种。

（一）放射环形式道路系统

放射环式路网图式是国内外大城市和特大城市采用较多的一种形式。由放射干道和环道组成，通常均由旧城中心区逐渐向外发展向四周引出放射道，而内环干道则沿着拆除的城墙要塞旧址形成。随着城市发展的逐渐形成中环、外环干道等组成连接中心区、新发展区以及与对外公路相贯通的干线。环形干道可以是全环、半环或多边折线形；放射干道可以由内环干道放射，也可以从二环或三环干道放射，大多应顺应地形发展建设而成。如图1-3是成都市道路系统，是典型的放射环形道路网。

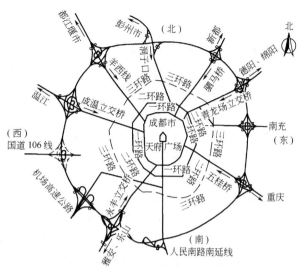

图 1-3　成都市道路系统

放射环式便于市中心与外围市区的快速联系，道路分工明确，路线曲直均有，较易适应地形变化，常用于特大城市的快速道路系统。这种路网形式容易把车流导向市中心而造成市中心交通压力过重。为避免市中心地区交通负荷的集中，放射干道不宜均通至内环，以严禁过境的交通进入市区。对于特大城市，宜设置两个甚至两个以上的辅助中心区。如上海浦西、浦东各有中心区，浦西除中心区外，还有徐家汇和五角场的辅助中心区。图1-4为莫斯科放射多环式干道示意图。

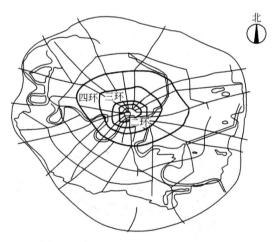

图 1-4　莫斯科放射多环式干道示意图

放射环式道路系统，实际由放射式与环层式（又称圈层式）组合而成。单放射式又称"星状"，是由城市中心向四周引出放射形道路，通常是城郊道路或对外公路的形式。单纯放射式道路系统，不如放射环式方便。市内道路呈现圈状，不便于各层之间的联系。大城市的外围地区，以环形辐射为宜。国内外城市建设的经验均证明了这一点。

采用典型环形放射式布局，可将外地及邻近城市主要干道汇集起来，车辆按各自需要分别与城市各环道连接，使各类交通车辆各行其道。

莫斯科为解决好外地及邻近卫星城汇入的多条高等级公路与城市的连接，采用环形放射形式，使莫斯科作为首都同全国各地保持直接方便的联系，而又不让所有高等级公路直接进入市中心，影响市内道路的通畅，并运用多层环形干道，使外地进入的高等级公路，有的终止于四环，有的通到三环，少数可直达二环。各级公路的过境车辆根据其各自需求分别从外环或三环驶出。保证了城市各区之间联系，使乘客方便，这种多层次环形放射式布置方式克服了单纯放射式的缺点，使环向、径向各区间均可就近联系。莫斯科从市中心辐射出17条主干道，由五条环城路相贯通。第五环城路就是市界，周长109km。其中最繁忙的第二环城路车道为 6~8 条。

(二) 方格网式道路系统

方格网式道路系统，又称棋盘式，是最常见的道路系统类型，其主要形式是各主干道相互平行，即同向平行和异向垂直的交通干道，适于地形平坦的城市。在主干线之间再布置次要干道，从而形成整齐的方格形街坊。

方格式干道系统的优点是：布局整齐，有利于建筑物的布置和识别方向。道路定线方便，交通组织简单便利，系统明确。由于相平行的道路有多条，使交通分散、灵活，当某条道路受阻或翻建施工时，车辆可绕道行驶，路程不会增加过多，交通组织简单，整个系统的通行能力大。

方格式干道系统的缺点是对角线方向交通不便，在流量大的方向，如增加对角线道路，则可保证重要吸引点之间有便捷的联系，但因此形成三角形街坊和复杂的多路交叉口，这又将不利于交叉口的交通组织。故一般城市中不宜多设对角线道路。方格式主干道间距宜为800~1200m，由此划分成"分区"，分区内再布置生活性道路或次要交通干道。

一些大城市的旧城区历史遗留的路幅狭窄、密度较大的方格网，不能适应现代汽车交通的要求，可以组织单向交通，以提高道路通行能力。如美国纽约中心区单向交通街道占80%。

(三) 自由式道路系统

自由式道路系统的形式以结合地形为主，路线弯曲，无一定几何图形。适用于自然地形条件复杂的城市。它可充分结合自然地形，节省道路工程造价，线形流畅，形式自然活泼。但城市中不规则街坊多，建筑用地分散。由于地形起伏变化较大，道路网结合自然地形呈不规则形状。

我国山城重庆（图1-5）、青岛、南平和攀枝花等城市的干道系统均属于自由式，其道路沿山麓或河岸布置。如青岛市，是依山临海的港口城市，城市布局沿胶州湾沿岸延伸成带状；干道顺地形自由延伸，内部街道呈不规则的方格或三角形、五角形（图1-6）。

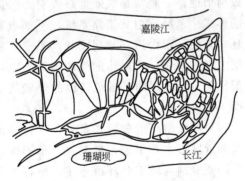
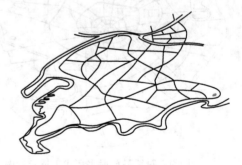

图 1-5 重庆市道路网布置示意图　　　　图 1-6 自由式路网示意图

(1) 优点　能充分结合自然地形，节约工程造价，形成丰富活泼的景观效果。

(2) 缺点　非直线性系数大，不规则街坊多，建筑用地较分散。

(3) 适用条件　自然地形条件复杂的地区和城市。

(四) 混合式道路系统

混合式道路系统是由上述三种基本图式组成的道路系统，是一种扬长避短的较合理道路网形式，主要是结合城市条件设置的路网系统。这种类型大多是受历史原因逐段发展形成的，有的在旧市区方格网式的基础上再分期修建放射干道和环形干道（由折线组成）；也有的是原有中心区呈放射环式，而在新建各区或环内加方格网式道路，如圣彼得堡。我国大中城市，如北京、上海、南京、合肥均属这种类型。北京市中心是典型的方格式街道系统。

上海市的三环25辐射框架路网是由东西延安路和南北成都路两条高架组成的十字形框架，贯穿中心区，内环线沿中山路经过两座浦江大桥与浦东相接；外环全长97km，路幅宽100m，外环之外为郊区环联系外围的郊区县。25辐射中有4条辐射线通往同江、成都、畹町、拉萨等地的初始段。

以北京为例，北京道路系统在原有城区棋盘状道路和郊区放射状道路基础上，在城区布置了六条贯穿东西和三条贯穿南北的干线，在城区以外布置了九条放射形道路和五条环路，已构成新的棋盘、环形、放射相结合的道路系统。内环路在商业中心区，二环路在中心区周围，三环路位于规划区中部，四环路则在城市外围联系城外几个工业区。通往外省市并和全国公路网相衔接的国道公路起讫点均位于城市道路的二环和三环之间，既深入市区，又避开了对城市中心的干扰。三环路位于市区和近郊区边缘，是市区各边缘部分和近郊区之间相联系的干道和过境车辆绕行的主要道路。在北京近郊区外围设有公路内环和公路二环，承担与郊区及距城区较近的县镇之间通道的职能。公路三环，则是联系远郊县镇和工业区的干道。北京目前已是六条方框形环路和十几条放射路所组成的混合式干道系统。图1-7为北京混合式道路系统示意图。

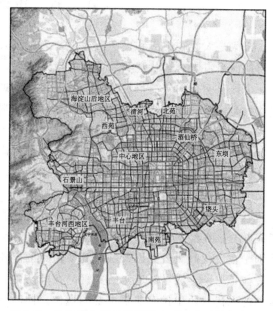

图1-7　北京市方格放射环混合式道路系统示意图

（五）组团式

河流或其他天然障碍的存在，使城市的用地分成几个系统。组团式道路系统为多中心系统。我国城市用地大多为集中式布局，单中心团状占62%，带状城市占10%，卫星式城市占18%，多中心组团式城市占10%。由于我国人口众多，土地紧张，所以大多数城市的布局形式是单中心。大中城市规划的模式是以市中心、区中心、居住区中心、小区中心的分级结构所组成；对于大城市，宜从单一中心向多中心发展，以适应限制中心区交通的战略，减少不必要的穿越中心的交通量。网络形式基本为方格式，大城市和特大城市可加环形辐射状，以使交通网络体系有利于解决市中心与周围各综合单元及对外交通的便捷联系。

六、城市道路的基本要求

汽车在道路上行驶时，要保证安全、迅速、舒适的行驶状态，行车安全又是最基本的前提。汽车运输的整个过程应该达到行车迅速、运输价廉、乘客平稳舒适的要求。为满足这些行车要求，道路应达到的基本要求有如下五方面。

（1）保证汽车在道路上行驶的稳定性。这就要求合理地设置路线方向，合理地连接转向点，设置合理的弯道数据；设计合理的路面结构，以保证车轮在与路面接触时具有足够的附着力。保证汽车在行驶过程中不出现翻车、侧滑、倒溜等现象，在坡道上行驶时具有抵抗倾覆和侧向滑移的能力。

（2）保证行车畅通。在道路设计中，应保证完成交通运输时，有足够的通行高度和宽度，足够的行车安全视距，尽可能地避免、减少或调节交叉性的交通隐患。

（3）对道路平面、纵断面进行合理的设计，尽可能地提高行车速度，减少燃料的消耗和轮胎的磨损。

（4）设置必要的绿化和景观，以保证行车时感观舒适。

（5）满足通行能力和交通量。一条道路上的车辆通行能力，是以一条车道为单位计算所得的。理论上是假定车辆以一定车速、最小安全距离连续行驶时，每小时通过的最大车辆数即为一条车道的理论通行能力。交通量是以车流量/小时或车流量/日表示的，如指一天中某一小时内通过车辆数量的最大值，则称为高峰小时的车流量。

第三节　桥梁工程概述

桥梁是人类在生活和生产活动中，为克服天然障碍而建造的建筑物，也是有史以来人类所建造的最古老、最壮观和最美丽的建筑工程，它体现了时代的文明与进步程度。桥梁不仅是一个国家文化的象征，更是生产发展和科学进步的写照。桥梁既是一种功能性的结构物，也往往是一座立体的造型艺术工程，是一处景观，具有时代的特征。

桥梁工程是土木工程中属于结构工程的一个分支学科。它与房屋工程一样，也是用石、砖、木、混凝土、钢筋混凝土和各种金属材料建造的结构工程。

桥梁的建造一方面要保证桥上的车辆运行，同时也要保证桥下水流的通畅、船只的通航或车辆的运行。从结构上来说，在公路、铁路、城市和农村道路交通以及水利等建设中，为了跨越各种障碍必须修建各种类型的桥梁与涵洞，因此桥梁和涵洞又成了陆路交通中的重要组成部分。在经济角度上，桥梁和涵洞的造价一般说来平均占公路总造价的 10%～20%。特别是在现代高级公路以及城市高架道路的修建中，桥梁不仅在工程规模上十分巨大，而且也往往是保证全线早日通车的关键。在国防上，桥梁是交通运输的咽喉，在需要高度快速、机动的现代战争中具有非常重要的地位。同时，为了保证已有公路的畅通运营，桥梁的养护与维修工作也十分重要。

一、我国桥梁的发展

人们最初是受到自然界各种景象的启发而学会建造各式桥梁。例如，从倒下而横卧在溪流上的树干，就可衍生建造桥梁的想法；从天然形成的石穹、石洞，就知道修建拱桥；受崖壁或树丛间攀爬和飘荡的藤蔓的启发，而学会建造索桥等。我国文化历史悠久，是世界上文明发达最早的国家之一。就桥梁建筑这一学科领域而言，我们的祖先曾写下了不少光辉灿烂的篇章。我国幅员辽阔，山多河多，古代桥梁不但数量惊人，而且类型也丰富多彩，几乎包含了所有近代桥梁中的最主要型式。

考古发掘出的世界上最早的桥梁遗迹在公元前 6000 年～公元前 4000 年今小亚细亚一带。我国 1954 年发掘出的西安半坡村公元前 4000 年左右的新石器时代氏族村落遗址，是我国已发现的最早出现桥梁的地方。

古代桥梁所用材料，多为木、石、藤、竹等天然材料。锻铁出现以后，开始建造简单的铁链吊桥。由于当时的材料强度较低，以及人们力学知识的不足，故古代桥梁的跨度都很小。木、藤、竹类材料易腐烂，所以能保留至今的古代桥梁多为石桥。世界上现存最古老的石桥在希腊的伯罗奔尼撒半岛，是一座用石块干砌的单孔石拱桥（公元前1500年左右）。

秦汉时期，我国已经广泛修建石梁桥。世界上现存的最长、工程最艰巨的石梁桥是我国于1053~1059年在福建泉州建造的万安桥（也称洛阳桥），长达800多米，共47孔。1240年建造并保存至今的福建漳州虎渡桥，总长约335m，某些石梁长达23.7m，每根宽1.7m，高1.9m，重达200多吨，都是利用潮水涨落浮运架设的，足见我国古代加工和安装桥梁的技术何等高超。

据史料记载，在距今约3000年时，已在渭河上架过大型浮桥。汉唐以后，浮桥的运用日趋普遍。公元35年时，在今宜昌和宜都之间，出现了长江上第一座浮桥，后来因战时需要，在黄河、长江上曾数十余次架设过浮桥。在春秋战国时期，以木桩为墩柱，上置木梁、石梁的多孔桩柱式桥梁已遍布黄河流域等地区。

近代的大跨径吊桥和斜拉桥也是由古代的藤、竹吊桥发展而来的。世界公认我国是最早有吊桥的国家，距今约有3000年历史。在唐朝中期，我国已发展到用铁链建造吊桥，而西方在16世纪才开始建造铁链吊桥，比我国晚了近千年。我国保留至今的桥梁，有跨长约100m的四川泸定县大渡河铁索桥（1706年）和跨径约61m、全长340余米、举世闻名的安澜竹索桥（1803年）。

富有民族风格的古代石拱桥技术，以其结构的精巧和造型的丰富，长期以来一直驰名中外。举世闻名的河北省赵县的赵州桥（又称安济桥，建于公元605年），就是我国古代拱桥的杰出代表。该桥净跨37.02m，宽9m，拱圈两肩各设两个跨度不等的腹拱，既减轻自重，又便于排洪、增加美观。像这样的敞肩桥，欧洲直到19世纪中叶才出现，比我国晚了1200多年。

在我国古桥建筑中，尚值得一提的是建于公元1171年的广东潮州市潮安区横跨韩江的湘子桥（又名广济桥）。此桥全长517.95m，共19孔，上部结构有石拱、木梁、石梁等多种形式，还有用18条浮船组成长达97.30m的开合式浮桥。这样，既保证大型商船和上游木排的通过，还可避免过多的桥墩阻塞河道。这座世界上最早的开合式桥，其结构类型之多、施工条件之困难、工程历时之久，都为古代建桥史上所罕见。

新中国成立后，先后修建了不少重要桥梁，建造技术也取得了迅速发展。1957年，我国修建了第一座长江大桥——武汉长江大桥，它的建成结束了万里长江无桥的历史。1969年我国建成了南京长江大桥，它是我国桥梁史上的一个重要标志，是我国自行设计、制造、施工并使用国产高强钢材的现代大型桥梁。

20世纪90年代以后，伴随着世界最大规模的公路建设展开，公路桥梁建设也得到了极大的发展，我国在长江、黄河等江河上和沿海海域建成了大批具有代表性的世界级桥梁。在跨径前10位的世界各类桥型中，斜拉桥我国占了6座，悬索桥我国内地占了2座，完成了由桥梁大国向桥梁强国的历史性跨越，成为展示我国综合实力的标志之一。

桥梁构筑物已经成为大城市中主要标志性建筑之一，成为重要的旅游景点。桥梁可以塑造公路的风格，对公路所经地区的环境、景观、历史及文化等产生着影响。

二、桥梁的基本组成

1. 桥梁的组成结构

桥梁结构一般由上部结构、下部结构和附属结构组成（图1-8）。

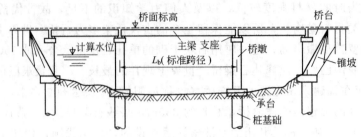

图 1-8　桥梁的基本组成

（1）上部结构　也称桥跨结构。包括承重结构和桥面系（桥面铺装、防水和排水设施、伸缩缝、人行道、栏杆、灯柱等），是线路中断时跨越障碍的主要承重结构，它的作用是承受车辆和行人荷载，并通过支座将荷载传给墩台。桥面通常有桥面铺装、防水和排水设施、人行道、栏杆、侧缘石、灯柱及伸缩缝等构成。

（2）下部结构　由桥墩（单孔桥则没有桥墩）、桥台和基础组成，其作用是支撑上部结构，并将结构的重力和车辆的活荷载传给地基，桥墩设在两个桥台之间，支撑桥跨结构；桥台设在两端，除了支撑桥跨结构外，还与路堤连接并抵御路堤土压力，防止路堤滑塌。桥墩、桥台基础是将桥上全部荷载传至地基底部的结构部分。基础工程常在水中施工，遇到的问题也很复杂，所以基础工程是在整个桥梁工程施工中较困难的部位。

（3）附属结构　在桥梁建筑工程中，除了上述基本结构外，根据需要还常常修筑护岸、导流结构物等附属工程。包括桥头锥形护坡、护岸以及导流结构物等。它的作用是抵御水流的冲刷，防止路堤填土坍塌。

2. 桥梁的主要术语

（1）水位　河流中的水位是变动的，低水位是指河流中在枯水季节的最低水位；高水位是指洪水季节河流中的最高水位；桥梁设计中按规定的设计洪水频率计算所得的高水位称为设计洪水位。

（2）净跨径　对于梁式桥是设计洪水位上相邻两个桥墩（或桥台）之间的净距；对于拱式桥是每孔拱跨两个拱脚的截面最低点之间的水平距离。

（3）总跨径　是多孔桥梁中各孔净跨径的总和，也称桥梁孔径，它反映了桥下宣泄洪水的能力。

（4）计算跨径　对于具有支座的桥梁，是指桥跨结构相邻两个支座中心之间的距离。拱桥是两相邻拱脚的截面形心点之间的水平距离。桥跨结构的力学计算是以计算跨径为基准的。

（5）桥梁全长　简称桥长，是桥梁两端两个桥台的侧墙或八字墙后端点之间的距离。无桥台的桥梁为桥面行车道的全长。

（6）桥梁高度　简称桥高，是指桥面与低水位之间的高差或桥面与桥下线路路面之间的距离。桥高在某种程度上反映了桥梁施工的难易性。

（7）桥下净空高度　是设计洪水位或计算通航水位至桥跨结构最下缘之间的距离。它应保证能安全排洪，并不得小于对该河流通航所规定的净空高度。

（8）桥梁建筑高度　是桥上行车路面（或钢轨顶面）标高至桥跨结构最下缘之间的距离，它不仅与桥跨结构的体系和跨径大小有关，而且还随行车部分在桥上布置的高度位置而异。

（9）净矢高　是从拱顶的截面下缘至相邻两拱脚的截面下缘最低点之连线的垂直距离。

（10）计算矢高　是从拱顶截面形心至相邻两拱脚的截面形心之连线的垂直距离。

（11）矢跨比　是拱桥中拱圈（或拱肋）的计算矢高与计算跨径之比。

三、桥梁的分类

（一）桥梁的基本分类

桥梁的分类方法很多，可分别按其用途、使用的建筑材料、使用性质、行车道部位、桥梁跨越障碍物的不同等分类。一般分为由基本构件所组成的各种结构物，在力学上也可归结为梁式、拱式和悬吊式三种基本体系以及它们之间的各种组合。下面从受力特点、建桥材料、适用跨度、施工条件等方面来阐明桥梁各种类型的特点。

1. 梁式桥

梁式桥是梁为主要的承重结构，是一种在竖向荷载作用下无水平反力的结构，是古老的结构体系，如图 1-9 所示。由于外力（恒载和活载）的作用方向与承重结构的轴线接近垂直，故与同样跨径的其他结构体系相比，梁内产生的弯矩最大，通常需用抗弯能力强的材料（如钢、木、钢筋混凝土等）来建造。

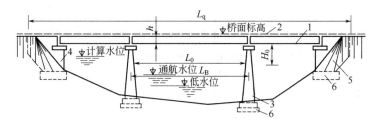

图 1-9　梁式桥的基本组成部分

1—主梁；2—桥面；3—桥墩；4—桥台；5—锥形护坡；6—基础

为了节约钢材和木料（木桥使用寿命不长，除临时性桥梁或战备需要外，一般不宜采用），目前在道路上应用最广的是预制装配式的钢筋混凝土简支梁桥。这种梁桥的结构简单，施工方便，对地基承载能力的要求也不高，但其常用跨径在 25m 以下。当跨度较大时，采用预应力混凝土简支梁桥，但跨度一般也不超过 50m。为了达到经济、省料的目的，可根据地质条件等修建悬臂式或连续式的梁式桥。对于很大跨径，以及对于承受很大荷载的特大桥梁除可建造使用高强度材料的预应力混凝土梁桥外，也可建造钢桥。

2. 拱式桥

拱式桥的主要承重结构是拱圈或拱肋（如图 1-10 所示）。这种结构在竖向荷载作用下，拱圈既要承受压力，又要承受弯矩，桥墩或桥台将承受水平推力。同时，这种水平推力将显著抵消荷载所引起在拱圈内的弯矩作用。因此，与同跨径的梁相比，拱的弯矩和变形要小得多。

鉴于拱桥的承重结构以受压为主，通常就可用抗压能力强的圬工材料（如砖、石、混凝土）和钢筋混凝土等来建造，因此也称为圬工桥梁。现代的拱桥如钢管混凝土拱桥以优美的造型而成为许多市政桥梁的首选桥型，它也是传统拱桥与现代桥梁的完美结合。拱桥的跨越能力很大，外形也较美观，在条件许可的情况下，修建拱桥往往较经济合理。同时应当注意，为了确保拱桥能安全使用，下部结构和地基必须能经受住较大的水平推力的不利作用。此外，拱式桥的施工一般要比梁式桥困难些。对于很大跨度的桥梁，也可建造

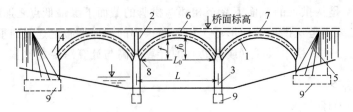

图 1-10　拱式桥的基本组成部分

1—拱圈；2—拱上结构；3—桥墩；4—桥台；5—锥形护坡；6—拱轴线；

7—拱顶；8—拱脚；9—基础

钢拱桥。

3. 刚架桥

刚架桥的主要承重结构是梁或板和立柱或竖墙整体结合在一起的刚架结构。梁和柱的连接处具有很大的刚性。在竖向荷载作用下，梁部主要受弯，而在柱脚处也具有水平反力，其受力状态介于梁式桥与拱式桥之间。刚架桥桥跨中的建筑高度就可以做得较小。

当桥面标高已确定时，能增加桥下净空。当遇到线路立体交叉或需要跨越通航江河时，采用这种桥型能尽量降低线路标高，以改善纵坡并能减少路堤土方量。但普通钢筋混凝土修建的刚架桥施工比较困难，梁、柱的刚结点处较易出现裂缝。

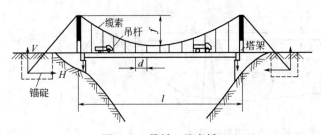

图 1-11　吊桥（悬索桥）

4. 吊桥

传统的吊桥（也称悬索桥），均用悬挂在两边塔架上的强大缆索作为主要承重结构，如图 1-11 所示。在竖向荷载作用下，通过吊杆使缆索承受很大的拉力，通常就需要在两岸桥台的后方修筑非常巨大的锚碇结构。吊桥也是具有水平反力（拉力）的结构。

现代吊桥广泛采用高强度的钢丝成股编制的钢缆，以充分发挥其优异的抗拉性能，因其结构自重较轻，就能以较小的建筑高度跨越其他任何桥型无与伦比的特大跨度。另外成卷钢缆易于运输，结构的组成构件较轻，便于无支架悬吊拼装。

5. 斜拉桥

斜拉桥由斜索、塔柱和主梁所组成，即是由承压的塔、受拉的索、承弯的梁组合起来的一种结构体系，如图 1-12 所示。用高强钢材制成的斜索将主

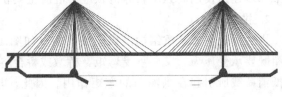

图 1-12　斜拉桥

梁多点吊起，并将主梁的恒载和车辆荷载传至塔柱，再通过塔柱基础传至地基。这样，跨度较大的主梁就像一根多点弹性支撑（吊起）的连续梁一样工作，从而可使主梁尺寸大大减小，结构自重显著减轻，既节省了结构材料，又大幅度地增大桥梁的跨越能力。

与悬索桥相比，斜拉桥的结构刚度大，它是一种自锚体系，不需要昂贵的地锚基础；防腐技术要求较悬索桥低，降低钢索防腐费用，即在荷载作用下的结构变形小得多，且其抵抗风振

的能力也比悬索桥好，这也是在斜拉桥可能达到的大跨度情况下使悬索桥逊色的重要因素。

斜拉桥斜索的组成和布置、塔柱形式以及主梁的截面形状是多种多样的。我国常用平行高强钢丝束、平行钢绞线束等制作斜索，并采用热挤法在钢丝束上包裹一层高密度的黑色聚乙烯（PE）进行防护。

斜索在立面上也可布置成不同形式。各种斜拉索形在构造上和力学上各有特点，在外形美观上也各具特色。常用的斜拉索形布置为竖琴形和扇形两种。另一种是斜索集中锚固在塔顶的辐射形布置，因其塔顶锚固结构复杂而较少采用。

6. 组合体系桥梁

除了以上5种桥梁的基本体系以外，根据结构的受力特点，由几种不同体系的结构组合而成的桥梁称为组合体系桥。图1-13（a）所示为一种梁和拱的组合体系，其中梁和拱都是主要承重结构，两者相互配合共同受力。由于吊杆将梁向上（与荷载作用的挠度方向相反）吊住，这样就显著减小了梁中的弯矩；同时由于拱与梁连接在一起，拱的水平力就传递给梁来承受，这样的梁除了受弯以外还受拉。这种组合体系桥能跨越较一般简支梁桥更大的跨度，而对墩台没有推力作用，因此，对地基的要求就与一般简支梁桥一样。图1-13（b）所示为拱置于梁的下方、通过立柱对梁起辅助支撑作用的组合体系桥。

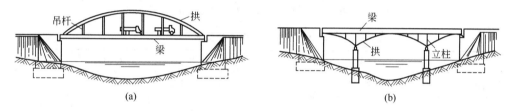

图 1-13 组合体系桥梁

图1-14所示为几座大跨度组合体系桥的实例。在图中由上而下依次是：钢梁与悬吊系统的组合；钢梁与斜拉索的组合；斜拉索与悬索的组合。

（二）桥梁的其他分类简介

除了上述按受力特点分成不同的结构体系外，人们还习惯地按桥梁的用途、大小规模和建桥材料等方面来进行分类。

1. 按用途来划分

有公路桥、铁路桥、公路铁路两用桥、农桥、人行桥、运水桥（渡槽）及其他专用桥梁（如通过管路电缆等）。

2. 按跨越障碍的性质分

可分为跨河桥、跨线桥（立体交叉）、高架桥和栈桥。高架桥一般指跨越深沟峡谷以代替高路堤的桥梁。为将车道升高至周围地面以上并使其下面的空间可以通行车辆或作其他用途（如堆栈、店铺等）而修建的桥梁，称为栈桥。

3. 按主要承重结构所用的材料划分

有圬工桥（包括砖、石、混凝土桥）、钢筋混凝土桥、预应力混凝土桥、钢桥和木桥等。木材易腐，而且资源有限，因此除了少数临时性桥梁外，一般不采用。

4. 按桥梁全长和跨径的不同分

分为特殊大桥、大桥、中桥和小桥。《公路工程技术标准》（JTG B01—2014）规定的大、中、小桥划分标准见表1-2。

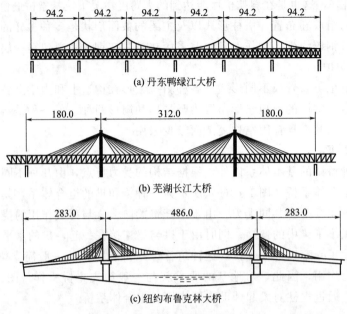

图 1-14 组合体系桥梁（单位：m）

表 1-2 桥梁按跨径分类表

跨径	特大桥	大桥	中桥	小桥	涵洞
多孔跨径总长 L/m	$L>1000$	$100\leqslant L\leqslant 1000$	$30<L<100$	$8\leqslant L\leqslant 30$	—
单孔跨径 L_k/m	$L_k>150$	$40\leqslant L_k\leqslant 150$	$20\leqslant L_k<40$	$5\leqslant L_k<20$	$L_k<5$

5. 按上部结构的行车道位置分

分为上承式桥、下承式桥和中承式桥。桥面布置在主要承重结构之上者称为上承式桥（如图 1-15 所示）；桥面布置在承重结构之下的称为下承式桥；桥面布置在桥跨结构高度中间的称为中承式桥。

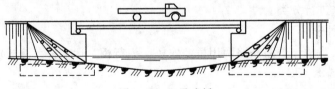

图 1-15 上承式桥

四、涵洞

涵洞是用来宣泄地面水流而设置的横穿道路路基的小型排水构筑物。根据《公路工程技术标准》规定：单孔标准跨径小于 5m 或多孔跨径总长小于 8m，以及圆管涵、箱涵，不论管径或跨径大小、孔径多少均称为涵洞。

涵洞的构造主要由基础、洞身和洞口组成，洞口又包括端墙、翼墙或护坡、截水墙和缘石等部分。

涵洞的形式有多种，具体分类有以下几种。

1. 按涵洞的建筑材料分类

按涵洞所用的建筑材料，常见的有石涵、混凝土涵、钢筋混凝土涵、砖涵，有时也用陶土管涵、铸铁管涵、波纹管涵等。

2. 按涵洞的构造形式分类

按构造形式可分为管涵（通常为圆管涵）、盖板涵、拱涵、箱涵，这四种涵洞常用的跨径见表1-3所示，各种构造形式涵洞的适用性和优缺点见表1-4所示。

表1-3　不同构造形式涵洞的常用跨径

构造形式	跨(直)径/cm							
圆管涵	50[①]	75	100	125	150			
盖板涵	75	100	125	150	200	250	300	400
拱涵	100	125	150	200	250	300	400	
箱涵	200	250	300	400	500			

① 表示仅为农用灌溉涵洞使用。

注：盖板涵中的75cm、100cm、125cm表示为石盖板，其余均为钢筋混凝土盖板涵。

表1-4　各种构造形式涵洞的适用性和优缺点

构造形式	适　用　性	优　缺　点
圆管涵	有足够填土高度的小跨径暗涵	对基础适应性及受力性能较好，不需墩台，圬工数量少，造价低
盖板涵	较大时，低路堤上的明涵或一般路堤上的暗涵	构造较简单，维修容易，跨径较小时用石盖板，跨径较大时用钢筋混凝土盖板
拱涵	跨越深沟或高路堤时设置，山区石料资源丰富，可用石拱涵	跨径较大，承载潜力较大，但自重引起恒载也较大，施工工序较繁多
箱涵	软土路基时设置	整体性强，但钢用量大，造价高，施工较困难

3. 按洞顶填土情况和孔数分类

按洞顶填土情况可分为明涵和暗涵两类。明涵是指洞顶不填土的涵洞，适用于低路堤、浅沟渠路段；暗涵是指洞顶填土大于50cm的涵洞，适用于高路堤、深沟渠。

按涵洞孔数分为单孔、双孔和多孔等。

第四节　市政管网工程概述

市政管网工程主要包括有城镇的排水管道、给水管道、燃气管道以及热力管道及其附属构筑物和设备。市政管道系统主要包括给水排水管道系统和城镇燃气管道系统。

一、给水排水管道系统

给水排水管道系统是给水排水工程设施的重要组成部分，是由不同材料的管道和附属设施构成的输水网络。根据其功能可以分为给水管道系统和排水管道系统，二者均应具有水量输送、水量调节、水压调节的功能。给水排水管道系统具有一般网络系统的特点，即分散性、连通性、传输性、扩展性等，同时又具有与一般网络系统不同的特点，如隐蔽性强、外部干扰因素多、容易发生事故、基建投资费用大、扩建改建频繁、运行管理复杂等。

（一）给水管道系统

给水管道系统承担城镇供水的输送、分配、压力调节和水量调节任务，起到保障城镇、工矿企业用水的作用。

给水管道系统的任务是从水源取水，按照用户对水质的不同要求进行处理，然后将水输送至给水区，并向用户配水。给水系统一般是由输水管网、配水管网、水压调节设施（泵站、减压阀）及水量调节设施（清水池、水塔、高位水池）、泵站等构成。在以上组成中，泵站、输水管网、调节构筑物等总称为输配水系统。

根据城市规划、水源情况、城市地形条件、用户对水量和水质及水压要求等方面的不同情况，给水系统可有多种布置形式。常用的有统一给水系统、分质给水系统、分压给水系统、分区给水系统、工业给水系统和区域给水系统几种。

给水管线遍布在整个给水区内，根据管线的作用，可划分为干管和分配管。干管主要用于输水，一般要求管径较大；分配管用于配水给用户，管径可以相对小些。

常用的给水管道材料可分为金属管和非金属管两大类。主要有铸铁管、钢管、钢筋混凝土管、塑料管等，还有一些新型管材如球墨铸铁管、预应力钢筋混凝玻璃纤维复合管等。管道材料的选用应综合考虑管网内的工作压力、外部荷载、土质情况、施工维护、供水可靠性要求、使用年限、价格及管材供应情况等因素。因此，必须掌握水管材料的种类、性能、规格、供应情况、使用条件等，才能做到合理选用管材，以保证管网安全供水。为保证给水系统正常运行，便于维修和日常使用，在管道上需要设置必要的阀门、消火栓、排气阀、排水阀等附件。

（二）排水管道系统

城市排水可分为生活污水、工业废水、降水径流三类。人类的日常生活和生产活动中，水是必需的物质之一。水在使用过程中，极少部分被消耗，绝大部分是受到不同程度的污染，而改变了原有的物理化学性质，成为污水或废水。生活污水是指人们在日常生活中所产生的污水，主要来自住宅、机关、学校、医院、商店、公共场所及工厂的厕所、浴室、厨房、洗衣房等处排出的水。这类污水含有较多的有机杂质，并带有病原微生物和寄生虫卵等。工业废水是指工业生产过程中所产生的废水，来自工厂车间或矿场等地，根据污染程度的不同，又分为生产废水和生产污水两种。生产废水是指生产过程中水质受到严重污染，需经过处理后方可排放的废水。其中的污染物质主要有有机物、无机物，一般含有毒性。污水或废水如果不加以控制，任意将其排放入水体的话，将使水体受到不同程度的污染，给自然界带来长期的危害。

城市内雨水和冰雪融化水成为城市降水，降水径流较大，应及时排放。雨水来自两个方面：一部分来自屋面，一部分来自地面。屋面上的雨水通过天沟和落水管流至地面，然后随地面雨水一起排除。地面上的雨水通过雨水口流至街坊雨水管道或街道下面的管道。降水径流的水质与流经表面情况有关，一般是较清洁的，可以就近排入水体，不需处理，在地势平坦、区域较大的城市，或河流洪水位较高、雨水自流排放困难的情况下，可以设置雨水泵站排水。但初期雨水径流却比较脏。雨水径流排出的特点是时间集中、流量大，以暴雨径流危害最大。

城市道路是车辆和行人的交通通道，但是没有城市道路排水系统予以保证，车辆和行人将无法正常通行。将城市污水、废水、降水有组织地排除与处理的工程设施称为排水系统。此外，城市道路排水系统还有助于改善城市卫生条件、避免道路过早损坏。

1. 排水管道系统的组成

城市排水管道系统承担污（废）水的收集、输送或压力调节和水量调节任务，起到防止环境污染和防治洪涝灾害的作用。

污水排水系统通常是指以收集和排除生活污水为主的排水系统。在排水系统中，除污水处理厂外,其余均属排水管道系统,它是由一系列管道和附属构筑物组成。

(1) 污水支管 其作用是承受来自庭院污水管道系统的污水或工厂企业集中排出的污水。其流程为建筑物内的污水→出户管→庭院支管→庭院干管→城市污水支管。

(2) 干管 其作用是汇集污水支管流来的污水。

(3) 主干管 其作用是汇集污水干管流来的污水,并送至污水处理厂。

(4) 雨水支管 其作用在于汇集来自雨水口的雨水并输送至雨水干管。

(5) 雨水干管 其作用在于汇集来自雨水支管的雨水并就近排入水体。

(6) 管道附属构筑物 排水管道系统上的附属构筑物较多,主要包括检查井、雨水口、出水口、溢流井、跌水井、防潮门等。

污水管道一般沿道路敷设并与道路中心线平行。在交通频繁的道路上应尽量避免污水管道横穿道路,以便于维护。城市街道下常有多种地下管线或建筑物设置之间的相互位置,应满足以下条件:①保证在敷设和检修管道时相互不会产生影响;②污水管道损坏时,不致影响附近建筑物及基础,不致污染生活饮用水。当道路宽度大于40m时且两侧街坊都要向支管排水时,常在道路两侧各设一条污水管道。

排水管道通常采用重力流输水,管道需有一定坡度,因此必须埋深逐步加大,管道埋深过大时将导致管道工程的费用大幅增加。为避免这种情况,在排水管道系统中,往往需要把低处的污水向上提升,这就需要设置泵站。排水管道系统中的泵站有中途泵站和终点泵站两类,泵站提升后污水如需要压力输水时,则设置压力管道。

2. 城市排水体制

城市生活污水是人们在日常生活中用过的水。它主要是由厨房、卫生间、浴室等排出。生活污水中含有大量的有机物,还带有许多病原微生物,一般需要经过适当的处理方可排入土壤或水体。

工业废水是工业生产过程中所产生的废水。它的水质、水量随工业性质的不同差异很大:有的较清洁,称为生产污水,如冷却水;有的污染严重且含有重金属、有毒物质或大量有机物、无机物,称为生产废水,如炼油厂、化工厂等生产废水。

雨水、雪水在地面、屋面流过,带过城市固有的污染物,如烟尘、有害气体等,且初期雨水污染较重。

由于各种污水水质不同,可以采用不同的管道系统来排除这些污水。将污水和降水采取汇集排出方式,称为排水体制。按汇集方式可将排水体制分为合流制和分流制两种形式。

(1) 合流制排水系统 该系统是将生活污水、工业废水和降水统一在同一个管道系统内输送和排出的系统。

① 直泄式合流制 管渠系统布置就近坡向水体,分若干排出口,混合的污水一般不经处理直接泄入水体。我国许多城市旧城区的排水方式大多是这种直泄式合流制排水系统,目前不宜采用。

② 全处理合流制 是将污水、废水、雨水用同一管道系统混合汇集后,全部输送到污水厂处理后再排放。因此,这种方式在实际情况下也很少采用。

③ 截流式合流制(图1-16) 在街道管渠中合流的生活污水、工业废水和降水,一起排向沿河的截流干管。一般在晴天时,可将其全部输送到污水处理厂;雨天时当雨水、生活污水和工业废水的混合水量超过一定数量时,超出部分通过溢流井泄入水体。在截流干管处设置溢流井,并在干管下游设污水厂。这种体制目前应用较广。

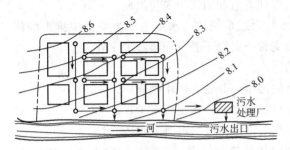

图 1-16　截流式合流制排水系统

单位：m

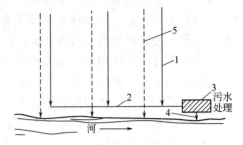

图 1-17　分流制排水系统

1—污水干管；2—污水主干管；3—污水厂；

4—出水口；5—雨水干管

（2）分流制排水系统（图 1-17）　该系统是用两个或两个以上各自独立的管道系统分别将生活污水、工业废水和雨水汇集并排出的排水系统，称为分流制。汇集生活污水和工业废水中生产污水的系统称为污水排除系统；汇集降水径流和不需要处理的工业废水并排泄的系统称为雨水排除系统；只排除工业废水的系统称为工业废水排除系统。根据排出方式不同，可分为以下两种。

① 完全分流制　分别设置污水和雨水两个管渠系统，前者用于汇集生活污水和部分工业废水，并输送到污水处理厂，经处理后再排放；后者汇集雨水和部分工业废水，就近直接流入水体。是具有设置完善的污水排除系统和雨水排除系统的一种形式。

② 不完全分流制　是指城市中只具有完善的污水排水系统，而没有雨水管渠系统，雨水沿着天然地面、道路边沟泄入天然水体。待城市进一步发展后再修建雨水排水系统。

（3）分流制和合流制的分析比较　合理选择排水体制，是城市排水系统规划中一个十分重要的问题，关系到整个排水系统的实用性和使用要求的达标问题，同时也影响着排水工程的投资和经营费用。对于合流制与分流制，可从以下几个方面进行分析比较。

① 环境保护方面　合流制排水系统管径大，污水厂规模大，建设费用高。分流制排水系统，将城市污水全部送到处理污水厂，可以做到清、浊分流，对保护环境十分有利；但合流制排水系统，在暴雨时通过溢流井将部分污水、工业废水泄入水体，初期雨水径流未加处理直接排入水体，周期性地给水体带来一定程度的污染，是合流制的不足之处。分流制排水系统设置灵活，较易适应发展需要，能符合城市卫生要求，是城市排水系统体制发展的方向。

② 基建投资方面　据国外的一些经验认为合流制排水管道的造价比完全分流制一般要低 20%～40%，是因为合流制排水系统只需要一套管道系统，可减少管道总长度，据统计结果显示，合流制管道长度较分流制管道长度减少 30%～40%。可是合流制的泵站和污水厂的造价却比分流制的造价要高。由于管渠造价在排水系统总造价中占 70%～80%，所以合流制的总造价一般还是比完全分流制的低。分流制排水系统适宜分期建设。

③ 维护管理方面　合流制管道晴天时流量小、流速低、易沉积；雨天时流量大、流速快，可冲刷管道中的沉积物，这样维护管理简单，维护费用可以降低。但是，进入污水厂的水量变化很大，运行管理复杂，增加运行费用。分流制管道流量稳定，可以保持管内的流速，不致发生沉淀。同时，进污水厂的水量和水质比合流制变化小得多，污水厂的运行、管理易于控制。

④ 施工方面　合流制管线单一，减少与其他地下管线、构筑物的交叉，管渠施工较简

单，对于人口稠密、街道狭窄、地下设施较多的市区更为突出。

排水系统体制的选择应根据城镇及工业企业的总体规划、环境保护的要求、水质、水量、污水利用情况、城市原有排水设施、地形、气候和水体等条件，从全局出发，在满足环境保护的前提下，通过技术经济比较，综合考虑确定。同一城市的不同地区，可根据具体条件采用不同的排水体制。新建地区排水系统一般应采用分流制；旧城区排水系统改造，采用截流式合流制较多。

3. 道路雨水排水系统的分类

根据构造特点的不同，城市道路雨、雪水排水系统可分为以下三类。

（1）明沟系统（图 1-18） 明沟系统指在街坊出入口、人行过街等地方增设一些沟盖板、涵管等过水结构物，使雨、雪水沿道路边沟排出。

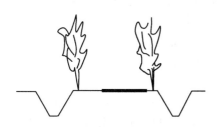

图 1-18 明沟排水示意图

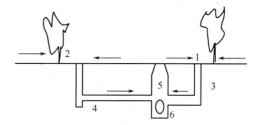

图 1-19 暗管排水示意图

1—街沟；2—进水孔；3—雨水口；4—连接管；
5—检查井；6—雨水干管

纵向明沟可以设置在路面的一边或两边，也可设置在车行道的中间。在干旱少雨的地区可以将道路边的绿化带与排泄雨、雪水的明沟结合起来，这样既保证了路面不积水，又利用雨水进行了绿化灌溉。

（2）暗管系统（图 1-19） 暗管系统包括街沟、雨水口、连接管、干管、检查井、出水口等结构。道路上及其相邻地区的地面水顺道路的纵坡、横坡流向车行道两侧的街沟，然后沿街沟的纵坡流入雨水口，再由连接管通向干管，最终排入附近的河滨或湖泊中。

雨水排水系统一般不设泵站，雨水依靠重力排入水体。但我国某些地区，地势平坦并且区域大，如上海、天津等城市，由于水体水位高出出水口，常需要设置泵站抽排雨水。

（3）混合系统 城市中排除雨水可用干管，也可用明沟，在一个城市中，不一定只采用单一系统来排除雨、雪水。明沟造价低，但对于建筑密度高、交通繁忙的地区，采用明沟需增加大量的桥涵费用，并不一定经济，而且还会影响到交通和环境卫生。因此，在这些地区采用暗管系统。而在城镇的郊区，由于建筑密度小、交通稀疏，可首选采用明沟的形式。在一个城市中，既采用明沟又采用暗管的排水系统称为混合系统。这种系统可以降低整个工程的造价，同时又不至于引起城市中心的交通不便和环境卫生问题。

二、城镇燃气、供热管道系统

（一）城市燃气工程

城镇燃气供应方式主要以管道输送形式运输。管道输送是指将天然气或人工燃气经过净化后，输入城镇燃气管网，通过管道输送到各区域内的供应方式。燃气管道承受压力，管道内的燃气又是有毒、易燃的气体，因此，不仅要求燃气管道应有足够的强度，而且具有不透气、耐腐蚀等性能，最主要的是不透气性。

城镇燃气管网系统一般由以下几部分组成：各种压力的燃气管网；用于燃气输配和应用的燃气分配站、储气站、压送机站、调压计量站等各种站室；监控及数据采集系统。

燃气管道的作用是为各类用户输气和配气，根据管道材质可分为：钢质燃气管道、铸铁燃气管道、塑料燃气管道、复合材料燃气管道；根据输气压力可分为：四种（高压、次高压、中压、低压）七级（高压 A、B，次高压 A、B，中压 A、B，低压）；根据敷设方式可分为：埋地燃气管道和架空燃气管道；根据用途可分为：长距离输气管道、城镇燃气管道和工业企业燃气管道，其中城镇燃气管道包括分配管道、用户引入管和室内燃气管道。

布置各种压力级别的燃气管网，应遵循下列原则。

（1）应结合城市总体规划和有关专业规划，并在调查了解城市各种地下设施的现状和规划基础上，布置燃气管网。

（2）管网规划布线应按城市规划布局进行，贯彻远近结合、以近期为主的方针，在规划布线时，应提出分期建设的安排，以便于设计阶段开展工作。

（3）应尽量靠近用户，以保证用最短的线路长度，达到最好的供气效果。

（4）应减少穿、跨越河流、水域、铁路等工程，以减少投资。

（5）为确保供气可靠，一般各级管网应成环路布置。

随着社会的不断进步与发展，高科技技术不断涌现，市政管道系统包括的内容不断增加，如光缆管道等，所以应做好管道系统的规划，减少施工次数，减少对城市交通的影响。

（二）城市供热工程

热能工程是将自然界的能源直接或间接转化为热能，满足人们需要的一门科学技术。热能工程中，生产、输送和应用中、低品位热能的工程技术称为供热工程。供热工程由供热系统组成。供热系统又包括热源（锅炉房或热电厂）、供热热网（输送热媒的室外供热管路系统）、热用户（直接使用或消耗热能的室内采暖、通风空调、热水供应和生产工艺用热系统等）。

供热系统根据热源和供热规模的大小，可分为分散供热和集中供热两种基本形式。分散供热是指供热用户较少、热源和热网规模较小的单体或小范围供热方式；集中供热是指从一个或多个热源通过热网内城市、镇或其中某些区域用户供热。目前应用最广泛的是区域锅炉房和热电厂，该热源是使用煤、油、天然气等作为燃料燃烧产生热能，将热能传递给水而产生热水或蒸汽。

习　题

1. 本课程在工程施工中的作用是什么？

2. 道路的作用是什么？

3. 城市道路由哪些部分组成？

4. 城市道路的分类有哪些？

5. 城市道路路网系统有哪些？

6. 城市道路的基本要求有哪些？

7. 桥梁由哪几部分组成？各组成部分的作用是什么？

8. 按承重构件的受力体系桥梁可分为哪几种类型？

9. 涵洞按构造形式分为哪几类？

10. 市政管网工程包括哪些内容？

11. 市政给排水工程的特点是什么？

12. 城市排水体制有哪几种？

13. 分流制与合流制的对比是从哪几方面进行的？

第二章 市政工程识图

知识点

● 简单的道路、桥梁、涵洞、排水等工程图的识读。

学习目标

● 通过本单元的学习，掌握道路、桥梁、涵洞、排水等工程图的组成、特点及识读方法，能看懂简单的道路、桥梁、涵洞、排水等工程图。

在学习了市政工程的基本知识后，要真正对市政工程有所了解，还要看懂它们相应的工程图，以便更好地掌握相关内容，为以后从事相关工作打好基础。因此，本章以工程图为例，介绍工程图的基本知识，要掌握市政工程图的基本特点、组成和读图方法等有关知识和技巧。

第一节 市政工程图识读基础

市政工程包括的内容广，要使工程技术人员更好地掌握每个构筑物，就需要用图样表示出来。能准确地表达建筑物及其构配件的位置、形状、大小、构造和施工要求等的图，称为图样。在绘图用纸上绘出图样，并加上图标，能起到指导施工作用的称为图纸。

一、市政工程图样分类

在市政工程中，常用的图样有下列两种。

1. 基本图

这种图样用来表明某项工程的整体内容，包括构筑物的外部形状、内部构造以及相联系的情况。例如市政工程中道路路线平面图、路线纵断面图、道路横断面图等，都是道路工程的基本图。在施工过程中，基本图主要作为整体放样、定位等的依据。

2. 详图

由于在基本图上，一般选用的比例尺较小，对于工程构筑物的某些局部形状，尤其是较复杂部位的细节，以及内部详细构造，常常不能表示得很清楚，这就需要采用较大的比例，比较详细地表达某些部位结构或某一构件的详细尺寸和材料做法等，这种图样称为详图。例如道路工程中人行道及侧石的构造详图等。各种图样一般采用平面图、立面图、剖面图和断面图等主要的图示方法。

二、市政工程识图的学习内容

着重介绍市政工程图样，通过学习应掌握市政工程的基本构造，以及市政施工图的识读方法。学习本课程后应掌握的主要内容有如下四方面。

（1）识图的基本知识，了解市政工程中的基本图例。

（2）掌握道路平面、纵断面、横断面的构造；道路交叉口、路面结构的构造，以及各工程施工图的识读。

（3）掌握道路排水系统的构造和施工图的识读。

（4）掌握桥梁各组成部分的构造，识读桥梁工程施工图的方法。

三、市政工程图的学习方法

（1）投影基本原理必须已经熟练掌握，已经具有建立空间形体和图形之间对应关系的能力，在学习投影基本理论的基础上，才能识读工程施工图。

（2）对于道路、桥梁、排水工程构造和识图部分，首先应该掌握市政工程各构筑物的构造、功能、特点，才能顺利地识读施工图，同时通过对施工图的识读过程，可以促进对工程构筑物构造的理解。

识图是一个理论性、实践性都很强的技术，要学好它，就要掌握正确的学习方法，加强学好这门课的信心，同时要坚持理论联系实际，重视理论学习与实践应用之间的关系，在学好投影基本概念的基础上，练习识图，要培养熟练识图的能力，对图线、图注、制图规则等，都要认真学习掌握。

四、识读工程图的注意事项

（1）施工图是按照国家标准并根据投影图示原理绘制而成的，要看懂市政工程图，就应熟悉图样的基本规格，了解工程构筑物的基本构造。

（2）为了更清楚地表达图示内容，在图样上还采用了一些图例符号以及必要的文字说明，要看懂图纸，就必须记住常用的图例符号所表示的内容，便于在识图时辨明符号的意义。

（3）看图时要遵循由粗到细、由大到小的顺序。先了解工程概貌，再细看细部结构。细看时应先看图纸总说明和基本图纸，然后再深入地看构件图和详图。

（4）一套完整的工程图是由许多张图纸组成，各图纸之间是相互联系的，图纸是按照施工过程中涉及的不同工种、工序而分成一定的层次和部位进行绘制的，在识图时一定要将图纸结合起来看图。

（5）结合实际看图纸。看图时应联系工程实际，尽快地掌握图纸所示内容。

第二节　市政工程常用图例

在市政工程图中，除了图示构筑物的外部形状、大小尺寸外，还需要采用一些图例符号和必要的文字说明，共同把设计内容表示在图纸上。各种图例符号，都必须遵照国家已制定的统一标准。

道路工程图常用图例是我国《道路工程制图标准》（GB 50162）中规定的道路工程常用图例，在这里列出一部分，供大家学习使用（表 2-1、表 2-2）。

表 2-1　道路工程常用图例

项目	序号	名　称	图　例	项目	序号	名　称	图　例
平面	1	涵洞		平面	3	分离式立交 a. 主线上跨 b. 主线下穿	
	2	通道					

项目	序号	名　称	图　例	项目	序号	名　称	图　例
平面	4	桥梁（大、中桥梁按实际长度绘）		材料	20	细粒式沥青混凝土	
	5	互通式立交（按采用形式绘）			21	中粒式沥青混凝土	
	6	隧道			22	粗粒式沥青混凝土	
	7	养护机构			23	沥青碎石	
	8	管理机构			24	沥青贯入碎砾石	
	9	防护网			25	沥青表面处理	
	10	防护栏					
	11	隔离墩			26	水泥混凝土	
纵断	12	箱涵			27	钢筋混凝土	
	13	管涵					
	14	盖板涵			28	水泥稳定土	
	15	拱涵					
	16	箱型通道			29	水泥稳定砂砾	
	17	桥梁					
	18	分离式立交 a. 主线上跨 b. 主线下穿			30	水泥稳定碎砾石	
	19	互通式立交 a. 主线上跨 b. 主线下穿			31	石灰土	

项目	序号	名称	图例	项目	序号	名称	图例
材料	32	石灰粉煤灰	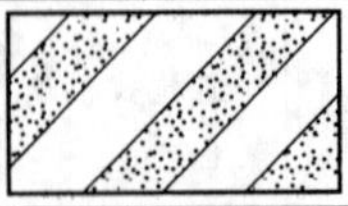	材料	37	泥灰结碎砾石	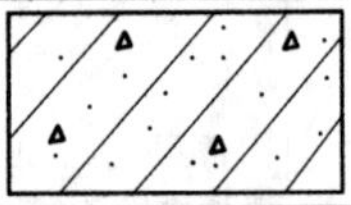
	33	石灰粉煤灰土	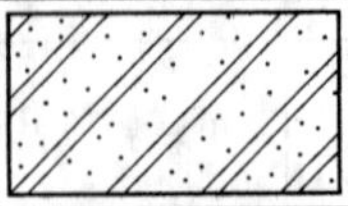		38	级配碎砾石	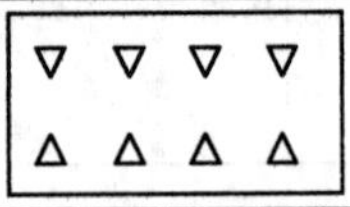
	34	石灰粉煤灰砂砾	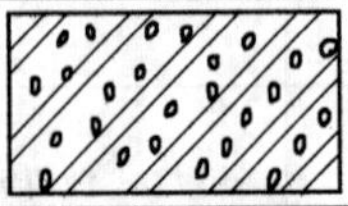		39	填隙碎石	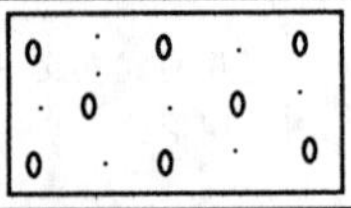
	35	石灰粉煤灰碎砾石	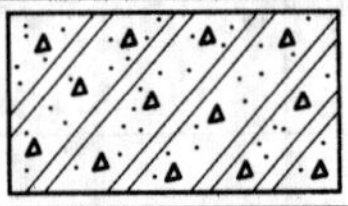		40	天然砂砾	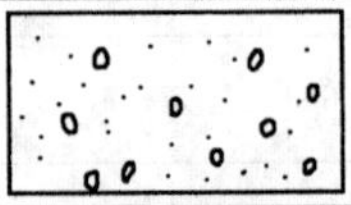
	36	泥结碎砾石	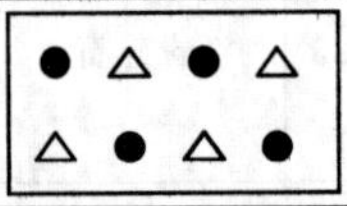		41	干砌片石	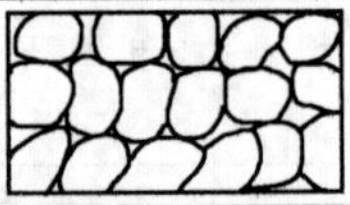

表 2-2　路线平面图中常用图例和符号

图例						符号	
浆砌块石		房屋	 独立成片	用材料	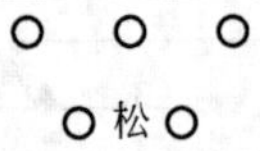 ○ ○ ○　松○	转角点	JD
						半径	R
水准点	 BM编号 高程	高压电线		围墙		切线长度	T
						曲线长度	L
导线点	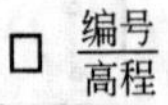 编号 高程	低压电线		堤		缓和曲线长度	L_s
						外距	E
转角点	JD编号	通讯线		路堑		偏角	α
						曲线起点	ZY
铁路		水田		坟地		第一缓和曲线起点	ZH
						第一缓和曲线终点	HY
公路		旱地				第二缓和曲线起点	YH
大车道		菜地		变压器		第二缓和曲线终点	HZ
桥梁及涵洞		水库鱼塘	塘	经济林	油茶	东	E
						西	W
水沟		坎		等高线冲沟		南	S
						北	N
河流		晒谷坪	谷	石质陡崖		横坐标	X
						纵坐标	Y

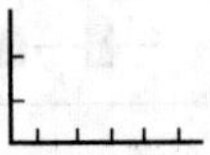

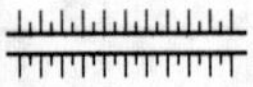

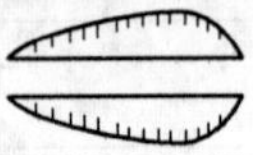

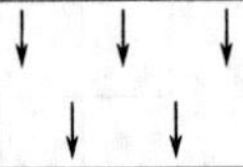

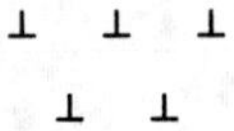

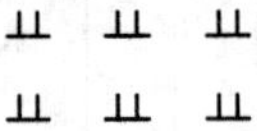

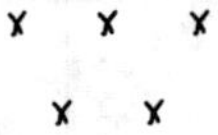

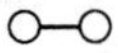

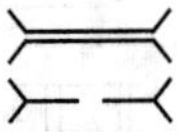

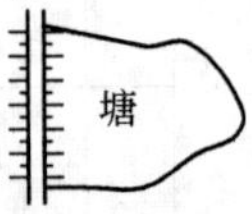

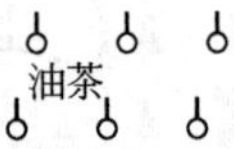

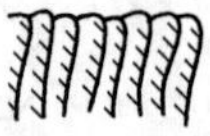

第三节 道路工程图

道路工程是一种供车辆行驶和行人步行的带状构筑物，具有高差大、曲线多且占地狭长的特点。道路路线是指沿道路长度方向的行车道中心线，道路路线的线形，受地形、地物和地质条件的限制，因此，道路路线工程图的表示方法与其他工程图有所不同。

（一）道路工程图的组成

城市道路线形设计，是在城市道路网规划的基础上进行的。根据道路网规划大致确定道路的走向、路与路之间的方位关系，以道路中心为准，按照行车技术要求及详细的地形、地物资料，工程地质条件等确定道路红线范围在平面上的直线、曲线地段，以及它们之间的衔接，再进一步具体确定交叉口的形式、桥涵中心线的位置，以及公共交通停靠站台的位置与部署等。

道路的路线设计最后结果是以平面图、纵断面图、横断面图来表达。由于道路建筑在大地表面狭长地带上，道路竖向高差和平面的弯曲变化都与地面起伏形状紧密相关。因此，道路路线工程图示方法与一般工程图不同。它是以地形图为平面图，以纵向展开断面图作为立面图，以横断面作为侧面图，并且各自画在单独的图纸上。利用这三种工程图来表达道路的空间位置、线形和尺寸。在平面上是由直线和曲线，在纵面上是由平坡、上坡和下坡等组成。从整体上来看，道路路线是一条空间曲线。

从投影上来说，道路平面图是在测绘的地形图的基础上绘制形成的平面图，即在地形图上画出的道路水平投影，它表达了道路的平面位置。当采用1：1000以上较大的比例时，则应将路面宽度按比例绘制在图样中，此时道路中心线为一细点画线。道路纵断面图是沿道路中心线展开绘制的立面图，即用垂直剖面沿着道路中心线将路线剖开而画出的断面图，它表达道路的竖（高）向位置（代替三面投影图的正面投影）。横断面图是沿着道路中线垂直方向绘制的剖面图，即在设计道路的适当位置上按垂直路线方向截断而画出的断面图，它表达了道路的横断面设计情况（代替三面投影图的侧面投影）。由于道路路线狭长、曲折、随地形起伏变化较大，土石方工程量也就非常大，所以用一系列路基横断面来反映道路各控制位置的土石方填挖情况。而构筑物详图则是表现路面结构构成及其他构件、细部构造的图样。用这些图样来表现道路的平面位置、线形状况、沿线地形和地物情况、高程变化、附属构筑物位置及类型、地质情况、纵横坡度、路面结构和各细部构造、各部分的尺寸及高程等。

（二）道路工程图的主要特点

（1）道路工程图上的尺寸单位是以里程和标高来标记的（以 m 为单位，精确到 cm）。

（2）道路工程图采用缩小比例尺绘制。为了在图中清晰地反映不同的地形及路线的变化情况，可取不同的比例。

（3）道路工程图的比例较小，地物在图中一般用符号表示，这种符号称为图例，常用图例应按标准规定的图例使用。

（4）城市道路用地范围是用规划红线确定的。

一、道路工程平面图

道路平面图是根据正投影的原理，将道路建设范围与道路有关联的固定物体投影在水平投影面上，根据标高投影（等高线）或地形地物图例绘制出地形图，然后将道路设计的平面结果绘制在原地形图上，得到的图样为道路工程平面图。

道路工程平面图主要是用来表示城市道路的方向、平面线形、路线的横向布置、路线定位以及沿线两侧一定范围内的地形和地物情况的图样。

（一）道路平面线形设计

城市道路平面设计位置的确定，涉及交通组织、沿街建筑、地上和地下管线、绿化、照明等的经济合理布置。设计中既要依照道路网拟定大致走向，又要从现场实际勘测资料出发，结合道路的性质、交通要求，确定交叉口的形式、间距以及相交道路在交叉口处的衔接等。

道路的平面设计主要是根据线路的大致走向和横断面，考虑从建筑布局的要求下，因地制宜地确定路线的具体方向，选定合适的平曲线半径，合理解决路线转折点之间的线形衔接，设置必要的超高、加宽和缓和路段，并在路幅宽度内合理布置路线的车行道、人行道、绿化带、分隔带以及其他公用设施等。

道路的线形是指道路路幅中心线的立体形状。道路中心线在水平面上的投影形状为平面线形。道路的平面线形，常受地形地物等障碍的影响，在线形曲折时，就需要设置曲线，所以道路平面线形主要由直线和曲线两部分组成。曲线又分为曲率半径为常数的圆曲线和曲率半径为变数的缓和曲线两种。通常情况下，直线和圆曲线可以直接衔接，但当车速较快或对于等级较高的路线，在直线和圆曲线间还要插入回旋型的缓和曲线，此时，该平面线形则由直线、圆曲线和缓和曲线三部分组成。这种线形比起前者，对行车更为有利，对于城市主干道的弯道设计，应尽可能设置缓和曲线。

1. 直线

在道路平面线形中，直线是最简单、最常用的线形。直线的优点有：行进方向明确、里程最短、视距良好、测设和施工最方便，行车迅速通畅；但如果干道直线太长又会产生诸多不利因素，如视力疲劳、注意力不易集中、易发事故、街景单调等。所以在线形设计中，一定要对直线的长度进行合理的布设。

2. 圆曲线

道路为了绕避障碍、利用地形以及通过必要的控制点，致使在平面上常出现转折。在路线转折处，一般均用圆曲线连接，以使车辆平顺地由前一条直线路段转向驶入后一条直线路段。

曲线是使用最多的基本线形，圆曲线在现场设置容易，可以完全表明方向的变化。采用平缓而适当的圆曲线，既可充分引起驾驶者的注意，又常常促使他们紧握方向盘，而且可以正面看到路边景观，起到诱导视线的作用。

车辆在弯道上行驶时应保证足够的稳定性，其中主要是指横向抗滑的稳定性，即保证车辆在横坡路面上不会产生横向滑移。抗滑稳定性取决于路面的潮湿程度、车速、转弯半径的大小及路面类型等。

在平面图中，除绘制出曲线段外，还要标注出曲线要素。曲线要素是给定的道路中线的技术条件和制约。图 2-1 是圆曲线要素的几何图及其符号。

根据图 2-1，按照几何关系可算出 T、R、E 等圆曲线要素：

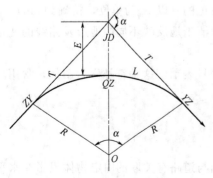

图 2-1　圆曲线要素示意图

切线长：$T = R\tan(\alpha/2)$

曲线长：$L = \pi R\alpha/180$

外距长：$E = R[\sec(\alpha/2) - 1]$

各符号的含义是：

JD——表示道路转折处的交点，用桩号表示；

α——表示转折角，(°)；

R——表示圆曲线半径，m；

T——表示切线长度，m；

E——表示外距长度（矢矩），即指交点到曲线顶点（中点）的距离，m；

L——表示曲线长度，m；

ZY——表示圆曲线起点（进弯点），用桩号表示；

QZ——表示曲线中点，用桩号表示；

YZ——表示圆曲线止点（出弯点），用桩号表示。

在平面图中，曲线起点、中点和止点的位置都用桩号标注。当转折点太多，为方便识图也可采用曲线表的方式，集中反映道路全线的曲线元素。

3. 缓和曲线

（1）设置目的　当车辆从直线进入小半径曲线时，车辆驾驶人应逐渐改变车辆前轮的转向角，使其适应相应半径的曲线，整个前轮逐渐转向的过程是在进入圆曲线前的某一路段内完成的。

直线的半径为无穷大，进入到圆曲线时，半径为圆曲线的固定值 R，所以车辆从直线过渡到圆曲线时，行驶的曲率半径是在不断变化的，这个变化需要在某一路段内完成。

车辆在曲线上行驶时，由于离心力的作用，会使车辆向外推甩，为减少或抵消离心力的作用，在曲线路段的外侧要设置超高，以平衡离心力的作用。

设置缓和曲线，可通过缓和曲线的曲率变化，适应车辆转向操作的行驶轨迹和行驶路线的顺畅；可以缓和离心力的突然产生和行车方向的突变，使离心加速度逐渐变化，不致产生侧向冲击；并缓和超高，作为超高变化的过渡段，来减少行车的震荡。

缓和曲线是平面线形中直线与圆曲线、圆曲线与圆曲线之间设置的曲率连续变化的曲线。

（2）缓和曲线的要素　缓和曲线设置在直线和圆曲线之间，起点与直线段相切，终点与圆曲线相切。

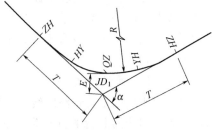

图 2-2　缓和曲线要素示意图

在平面图中是沿车辆前进方向，按顺序将路线的各转折点进行编号的。

如图 2-2 所示，各符号的含义是：

JD_1——表示第一个路线转点；

α——表示偏转角（转折角），它是沿路线前进方向向左或向右偏转的角度；

R——圆曲线的半径；

T——切线长；

E——外矢距。

曲线控制点（基本桩点）有：

ZH——表示第一缓和曲线起点（直缓点），也为曲线的起点；

HY——表示第一缓和曲线终点（缓圆点）；

QZ——表示圆曲线的中点（曲中点）；

YH——表示第二缓和曲线终点（圆缓点）；

HZ——表示第二缓和曲线起点（缓直点），也为曲线的终点。

4. 曲线和曲线的组合

如果线路中有多个曲线，在曲线衔接时应保证设计成型的线形连续均匀，没有急剧的突变。曲线的组合有以下三种。

（1）同向曲线 同向曲线是指转向相同的相邻两曲线。两同向曲线间以短直线相连而成的曲线称为断背曲线，它破坏了平面线形的连续性。如图2-3所示。

（2）反向曲线 反向曲线是指转向相反的两相邻曲线。如图2-4所示。

（3）复曲线 复曲线是指两同向曲线直接相连、组合而成的曲线。如图2-5所示。

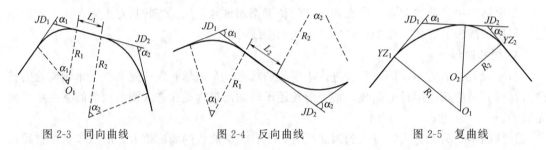

图2-3　同向曲线　　　　图2-4　反向曲线　　　　图2-5　复曲线

5. 行车视距

在道路设计中，为了行车安全，应保持驾驶人员在一定的距离内能随时看到前面的道路和道路上出现的障碍物，或迎面驶来的其他车辆，以便能当即采取应急措施，这个必不可少的通视距离，称为安全行车视距。视距长度是以设计行车速度、驾驶人员发现障碍物至采取措施的时间和车辆仍继续行驶的距离三者为依据的。驾驶人员制动刹车直至车辆完全停下来的距离，以及车辆停止后与前方障碍物必须保持的安全距离等组成了停车视距。两车相向行驶在相互发现后，已无法或来不及错车的情况下，双方采取制动刹车保证安全所必需的最短距离称为会车视距。

（二）道路平面设计图

道路路线平面图是将道路路线、河流、桥梁、房屋等地形、地物的缩影而绘成的一张平面图形，表示路线的曲折顺直及附近的地形地物情况。为了表达清楚，通常采用一定的比例、等高线、地形地物的图例及指北针来绘制道路工程图。

城市道路平面图是由道路现状和道路设计平面两部分组成，并用同样比例画在一张图上，即地形和路线两部分内容。

1. 地形部分的图示内容

（1）图名 看图首先要看图名，然后再看图中必要的说明，了解到该图是道路平面图、采用的比例、尺寸的单位以及图例的说明。

（2）比例 根据地形、地物情况的不同，采用不同的比例。城市道路平面图的比例一般常采用1：500，也可采用1：1000的比例或更大的比例，选择比例应以能清晰表达图样为准。

（3）方位　为了表明道路所在地区方位以及道路的走向，在地形图上需要标出方位，并且可以作为图纸拼接校核的依据。方位确定的方法有指北针和坐标网两种。现基本采用的是指北针，箭头所指的方向为正北的方向，需要在图中适当位置按标准画出指北针。

（4）地形情况　所谓地形是指在地面的高差起伏情况下，道路所在地区的地形情况，一般采用等高线或地形点表示。由于城市道路一般比较平坦，因此采用大量的地形点来表示，从而了解道路所在地区整个地势情况。

（5）地物情况　通常应包括：地面上已有的固定物体，例如房屋、桥梁（立交桥、平交桥、高架桥）、河流、池塘、田地、道路街坊、电杆以及其他地面设施等；地面下已有的固定物体，例如给水排水、电力电信、煤气热力、地铁人防以及其他地下设施等。一般采用统一的图例来表示，通常使用标准规定的图例表示相应地物，即《道路工程制图标准》中的有关图例；如采用非标准图例时，需要在图样中注明。

（6）水准点　水准点的位置及编号应在图中注明，以便施工时对路线的高程进行控制。

2. 平面设计路线部分内容

道路设计施工平面图简称平面图，是设计者表明道路平面布置的情况并为施工服务的图纸。在平面图上标明了道路红线范围，机动车道、非机动车道、人行道、花坛、分隔带、桥涵、排水沟、挡土墙、倒虹吸、立交桥、台阶、雨水口和检查井等地面建筑或构筑物的设计平面位置，以及地下各种管线等设计平面位置。主要包括下列基本内容。

（1）道路设计中心线　简称中线，这是表示道路走向的轴线，常用细点画线绘制。中线是丈量道路的长度、路基和路面的宽度以及平曲线半径等的基准线。

由于城市道路并不完全都是按道路规划的标准横断面一次建成，因此，在平面图中，常可见到的一条细的双点长划线，这就是规划中心线。

（2）里程桩号　是表示道路总长和分段长的数字标注。一般在垂直于道路中心线上画一条细短线，从起点到终点沿道路前进方向的左侧标注，细短线左侧为千米数，细短线右侧为不足 1km 的百米数；也可垂直道路中心线向上引出一条细直线表示桩位，再在图样的旁边注写里程桩号。所标注的两数之间用符号"＋"连接，"＋"号的位置表示桩的中心位置。表示里程的符号是英文字母"K"，单独写桩号时，必须写上千米符号，在平面图上则可不写，例如 4＋405（亦可写成 K4＋405），口语则念成"K4 加 405"，它表示该处位置距离道路起点距离为 4405m。

一般城市道路采用每 20m 设桩的方法（公路为每 50m），在平面图中看到非 20m 整倍数的桩号，称为加桩或碎桩。设置加桩的原因很多，例如地形起伏变化、平面曲线起止位置、桥梁构筑物位置等。通常在平面图中书写桩号都是采用垂直书写的方式。

（3）道路建筑红线（规划红线）　简称红线，它是道路用地与城市其他用地的分界线，即该道路建设的边界线，红线之间的宽度也就是该道路的总宽度。当道路中心线画出以后，则应按城市道路规划宽度画出道路红线，如果有远期规划和近期规划，都应画出并注明。在红线内的一切不符合设计要求或妨碍设计的构筑物、地下管线和其他设施等，都应拆除。在平面内用粗实线绘制。

（4）车道布置　在路面宽度范围内，有机动车道、非机动车道、人行道、分隔带、花坛和树池等。车道线是城市道路平面设计图的重要内容。

（5）坐标　是表示某一点在平面图上的位置。平面图上的道路起点和转折点通常是采用国家规定的北京坐标系的坐标来表示。

（6）水准点　在平面图上常是沿线设置，并且标出它的编号、高程数和平面的相对位置。如在平面图上标出（BM₅ 5.653/2+218.75 右侧约 15m 距离的电线杆），这就是表示 5 号水准点（BM 是水准点中心符号）设置在 2+218.75 右侧约 15m 距离的电线杆上，它的高程为 5.653m。

（7）图例表示　电力、电信、电缆、给水排水、煤气、热力管道等地下管网和其他构筑物，需要与道路同步建设的项目等，在平面图中常采用图例绘制出它们的平面位置和走向。道路工程平面图见图 2-6 所示。

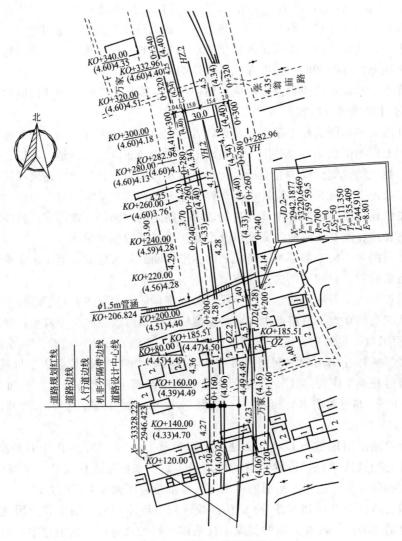

图 2-6　道路工程平面图

（三）道路平面图的阅读

根据道路平面图的图示内容，按以下过程进行阅读。

（1）首先了解地形地物情况　根据平面图图例及等高线的特点，了解该图样反映的地形地物状况、构筑物的位置、道路周围建筑的情况及性质、坐标网参数或地形点方位等。

（2）道路平面设计情况　依次阅读道路中心线、规划红线、机动车道、非机动车道、人行道、分隔带、交叉口及道路中曲线设置情况等。

（3）道路方位及走向，路线控制点坐标、里程桩号等。

（4）根据道路用地范围了解原有建筑物及构筑物的拆除范围以及拟拆除部分的性质、数量，所占农田性质及数量等。

（5）结合路线纵断面图，掌握道路的填挖工程量。

（6）查出图中所标注水准点位置及编号，根据其编号查出该水准点的绝对高程，以备施工中控制道路高程。

二、道路工程纵断面图

道路的纵断面是沿道路中心线的竖向剖面，它表示了道路在纵向的起伏变化状况。在纵断面图上有两条主要的线：一条线表示原地面的标高线称为地面线（又称黑线），地面线上各点的标高称为地面标高，它是根据中线上各桩点的高程绘制的一条不规则的折线，反映了沿中心线地面的起伏变化情况；另一条线是设计线，是沿道路中心线所设计的纵坡线称为纵断面设计线（又称红线），纵断面设计线上的各高程称为设计标高，它是经过技术上、经济上以及美学上诸多因素比较后定出的一条有规则形状的几何线，它反映了道路路线的起伏变化情况。设计线上任一点的设计标高与地面标高之差值称为施工高度，它表示该道路横断面上是填方还是挖方，当设计线高出地面线时为填土，即为填方路段，反之则为挖方路段，设计线与地面线重合则为没有填挖的道路断面。

（一）道路纵断面线形设计

城市道路纵断面设计线受城市道路所经地区的地形、地物以及地上地下各种管线的影响，使得制约纵断面设计线标高的控制点较多，如城市桥梁、铁路跨线、铁路道口、平面交叉点以及沿街建筑物的地坪高等。

1. 纵断面设计的任务、内容和要求

（1）纵断面设计的任务　城市道路纵断面设计的任务是根据交通情况、规划要求、当地地形、气候、水文条件、土质等自然因素，以及地面排水、地下埋设管线等综合考虑，合理地确定道路中线在立面上相对于地面的位置和竖向起伏关系的工作，称为道路纵断面设计。

（2）纵断面设计的内容　纵断面设计主要完成下面的工作。

① 依据控制标高来确定设计线的适当标高。

② 确定设计沿线各路段的坡长与纵坡坡度。

③ 设置竖曲线及计算竖曲线各要素。

④ 计算各桩号的设计标高。

⑤ 计算各桩号的施工高度：施工高度＝设计标高－地面标高，计算值"＋"为填方，"－"为挖方。

⑥ 当道路的纵坡小于排水要求的纵向坡度时，应进行锯齿形街沟设计。

⑦ 标注交叉口、桥涵以及有关构物的位置及高程，完成纵断面图的绘制工作。

（3）纵断面设计的要求　纵断面设计合理与否，对工程造价将产生很大的影响，对车辆的行车安全亦至关重要。因此，纵断面设计时的要求如下。

① 应保证行车的顺畅、安全和有较高的车速，要求设计坡度平缓，坡段的起伏不宜频繁，在较大的转坡处宜用较大半径的竖曲线来连接，并且满足行车视距的要求。

② 应与相交道路、街坊、广场和沿街建筑出入口有较平顺的衔接。

③ 为了减少工程填挖方数量，降低工程造价，力求路基的稳定，工程量小，在纵断面

设计中，应使设计线与地面线相接近，设计时应做到陡坡宜短、缓坡宜长，满足最大纵坡和最小纵坡的要求，使路基填挖土方量可能较少，而且可使路线与地形吻合，最小地破坏自然因素的平衡。一般来说，考虑到自行车和其他非机动车的爬坡能力，最大纵坡宜取小些，一般不大于 2.5%，否则应限制坡长，最小纵坡应满足纵向排水的要求，一般应不小于 0.3%～0.5%，否则应做锯齿形街沟的设计。

④ 道路的设计线要为地下管线的埋设创造条件，道路纵断面设计标高应保证满足城市各种管线的最小覆土深度的要求，管顶最小覆土深度一般不小于 0.7m。另外应考虑路基的适当高度。

⑤ 应注意与平面线形的配合，特别是平曲线与竖曲线的协调。

⑥ 道路侧石的顶面一般应低于街坊地面标高及道路两侧建筑物的地坪标高。

⑦ 旧路改建宜尽量利用原有路面，若加铺结构层时，不得影响沿路范围的排水。

2. 道路纵坡

道路纵断面是由直线和竖曲线组成，直线有上坡与下坡，其坡度是用高差和水平长度之比来表示的。纵坡度的大小和坡段的长短，对车辆行驶的速度、运输经济和行车的安全影响很大。

（1）城市道路控制标高　道路中线的控制标高是影响城市道路中线设计标高的因素之一，主要的控制标高有如下几种。

① 城市桥梁桥面标高 $H_桥$　$H_桥$ 取决于河道设计水位标高，浪高，河道通航净空高度，桥梁上面建筑结构高度和桥上路面结构厚度。

② 立交桥桥面标高

a. 桥下为铁路时，取决于铁路轨顶标高、铁路净空高度、桥梁上面建筑结构高度、桥上路面结构厚度和桥梁预估沉降量。

b. 桥下为道路时，取决于路面标高、道路净空高度、桥梁上面建筑结构高度和桥上路面结构厚度。

③ 铁路道口应以铁路规定标高为准。

④ 相交道路交叉点应以交叉点中心规划标高为准。

⑤ 沿街两侧建筑物前地坪标高。为保证道路两侧街坊地面水的排出，一般侧石顶面标高应低于两侧街坊或建筑物前的地坪标高。

（2）最大纵坡　纵断面上两个转坡点之间连线的坡度为纵坡坡度。城市道路的纵坡通常以‰来表示，按行车方向规定：上坡为"＋"，下坡为"－"。计算公式：

$$i = H/L \times 100\%（或 1000‰）$$

式中　i——道路纵坡坡度，%（或‰）；

H——转坡点之间的高差，m；

L——转坡点之间的水平距离，m。

最大纵坡是指在纵坡设计时，各级道路允许采用的最大坡度值。该值是车辆在道路上行驶时能克服的坡度，即该条道路的最大允许坡度值。我国标准规定在最大纵坡时，经过对交通组成、车辆性能、工程费用等综合分析研究后再确定最大纵坡值。

（3）最小纵坡　道路上行车快速、安全和通畅，是对道路运输的基本要求，这就要求在设计时尽量将纵坡设计得小一些，但是对于道路两侧布满建筑物的城市道路，为保证排水要求，防止积水渗入路基而影响路基的稳定性，要对最小纵坡加以控制，一般以 0.3% 作为控制值，在设计时，纵坡坡度应不小于此值。

（4）合成坡度　合成坡度，又称为流水线坡度，是指由路线纵坡和弯道超高横坡或路拱横坡组合而成的坡度值。合成坡度的计算公式为：

$$i_H^2 = i_h^2 + i_z^2$$

式中　i_H——合成坡度，%；

　　　i_h——超高坡度或路面横坡，%；

　　　i_z——纵坡坡度，%。

汽车在有合成坡度的地段行驶，若合成坡度过大，当车速较慢或停在合成坡度上时，车辆可能沿合成坡度方向产生侧滑或打滑，同时若遇到急转弯陡坡，会使车辆在短时间内在合成坡度方向下坡，速度会突然加快，使汽车沿成坡度冲出弯道之外；还可能对在合成坡度上行驶的车辆造成倾斜，货物偏重时，可能会造成车辆倾倒。我国标准对公路的最大允许合成坡度加以限制。

（5）爬坡车道　爬坡车道是陡坡路段正线行车道外侧增设的供载重车行驶的专用车道。

在设计道路纵坡时，是按照小客车以平均速度行驶顺利通过的最大纵坡值确定的，载重汽车只能降低车速行驶才能通过。当载重汽车在道路上占的比例较大时，就会影响小客车的行驶速度，造成爬坡路段通行能力下降，甚至产生堵塞交通的现象。为了让爬坡速度较低的车辆不影响其他车辆的行驶，要设置爬坡车道作为载重汽车的附加车道，来提高道路整体的通行能力。

爬坡车道要求设置在上坡方向正向行车道的右侧，设置时，应综合考虑线形设计，起终点应在通视良好、便于辨认和过渡圆顺的地点。

3. 竖曲线设计

在进行城市道路设计时，一般均以车行道中线的立面线形作为基本纵断面。根据地形的起伏，有时上坡，有时下坡，在纵坡变化点处需要用一种线形将前后两个坡段连接起来，这就组成了道路的纵断面线形，见图 2-7 所示。

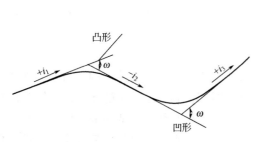

图 2-7　道路纵断面线形

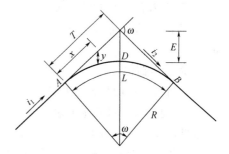

图 2-8　竖曲线要素计算图

在纵断面设计线的变坡点处，为保证行车安全、缓和纵坡折线而设置的曲线称为竖曲线。

各级公路在纵坡变更处均应设置竖曲线。竖曲线的形式为二次抛物线。竖曲线根据变坡点设置的形状可分为凸形竖曲线和凹形竖曲线。

（1）凸形竖曲线　凸形竖曲线设置的目的在于缓和纵坡转折线，保证车辆的行车视距。如变坡角较大时，不设竖曲线就可能影响视距。规范规定，无论变坡角大小如何，均需设置竖曲线，以保证行车安全平顺。

（2）凹形竖曲线　凹形竖曲线主要为缓和车辆行驶时的颠覆与震动而设置。车辆沿凹形竖曲线路段行驶时，在重力方向受到离心力的作用而发生颠簸和引起弹簧负荷增加，因此在凹形断面上设置竖曲线。

（3）竖曲线的要素

① 竖曲线半径　当设计线确定后，根据确定的设计线坡度各转折角的大小，考虑选用竖曲线半径。竖曲线应尽量选用较大值，以利视觉和安全。

② 竖曲线各基本要素　当竖曲线的半径选定后，可根据半径来计算其他基本要素（图2-8）。抛物线形竖曲线的各要素可用下列近似公式计算。变坡角：$\omega = i_1 - i_2$；曲线长：$L = \omega R$；切线长：$T = L/2$；外距：$E = T^2/2R$；纵距：$y = x^2/2R$。

式中，ω 为变坡角，即变坡点处的转角，ω 值近似等于相邻两纵坡坡度的代数差，ω 为正，表示变坡点在曲线上方，为凸形竖曲线；ω 为负，表示变坡点在曲线下方，为凹形竖曲线；i_1、i_2 分别为相邻纵坡线的坡度值，上坡为"正"，下坡为"负"；x 为竖曲线上任一点距切线起（终）点的水平距离；y 为竖曲线上任一点距切线的垂直高度。

③ 各桩号的设计标高

对凸形竖曲线：设计标高＝切线标高－y

对凹形竖曲线：设计标高＝切线标高＋y

（4）设置竖曲线时应注意　在大、中桥上不宜设置竖曲线。竖曲线的起终点应在桥梁两端100m以外设置。

4. 平面线形与纵断面线形的组合

（1）组合原则

① 线形的组合，应保证在视觉上能自然地引导驾驶员的视线，并保持视觉的连续性。

② 应合理选择纵坡度值与横坡度值，以保持排水通畅，而不形成过大的合成坡度。

③ 线形的组合要注意与自然环境和景观的配合与协调。

（2）应避免出现的组合情况

① 小半径竖曲线与缓和曲线相互重叠。

② 平面内有一个长平面曲线时，避免在其内设置两个或两个以上的竖曲线。

③ 直线上的纵断面线形，避免出现暗凹、跳跃、驼峰等线形，这会使驾驶员的视觉中断。

5. 锯齿形街沟设计

（1）街沟　街沟是排水系统的一部分，是指城市道路上利用高出路面的侧石与路面边缘（或平石）地带作为排除地面水的沟道。锯齿形街沟的设计方法是保持侧石的顶面线与路中心线的纵坡设计线平行的条件下，交替地改变侧石的顶面线与平石（或路面边缘）之间的高度，即交替地改变侧石外露于地面的高度，在最低处设置雨水进水口，并使进水口处的路面横坡增大，在两相邻进水口之间的分水点处的路面横坡减少，并小于正常横坡，使车行道两旁平石的纵坡度跟着进水口和分水点标高的变动而变动。这样，雨水由分水点流向两旁低处进水口，街沟纵坡的坡度就由升到降再到升，街沟的纵坡呈上下连续交替的锯齿形，故称之为锯齿形街沟设计。街沟是作为城市道路排除水的三角形沟。

雨水沿横坡从道路上和相邻的地面上流到车行道两侧的街沟，然后沿街沟的纵坡流进雨水口，再经雨水支管、干管排到天然水系。侧石设置不宜过高，否则不便于人跨越，但也不宜过低，过低了将不能容纳应排除的水量，以致漫溢。雨水口处与分水点处的侧石的高差宜控制在6~10cm范围内。雨水口前后的街沟都以大于最小排水纵坡的坡度斜向雨水口。

（2）锯齿形街沟设置的目的 我国的大部分城市都位于平原地区，地形较平坦的城市道路上，城市道路设计中为了减少填挖方的工程量，保证道路中心标高与两侧建筑物前地坪标高的衔接关系，采用较小的甚至是水平的纵坡坡度，这样虽然对行车十分有利，但对路面排水却不利。尽管设置了路拱横坡，以排除雨、雪水，但纵坡很小会使积留的水很难沿街沟的纵向排出，使得纵向排水不畅，为使路面水分快速排除，仅靠路面横向坡度排水不足以完成，特别是在暴雨或多雨季节，将会造成路面局部积水甚至大面积的成片积水，这样就使路面的稳定性受到破坏，同时又会影响交通。根据上海市总结的经验，当道路中线纵坡小于0.3％时，就要采取措施保证路面排水通畅。

《城市道路设计规范》规定，道路中线纵坡小于0.3％时，可在道路两侧车行道边缘1～3m宽度范围内设置锯齿形街沟。当纵坡小于最小纵坡时，应在道路两侧作锯齿形街沟设计。图2-9为锯齿形街沟构造示意。

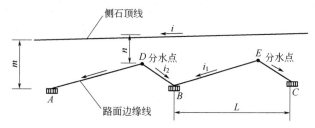

图 2-9 锯齿形街沟构造示意图

m—雨水口处侧石高度；n—分水点处侧石高度

（3）设置锯齿形街沟的条件 在道路纵坡平坦，排水困难的情况下，是否采用锯齿形街沟，视具体条件而异。根据北京市的经验，认为锯齿形街沟施工较困难，影响路边行车，且不利于将来路面的展宽，故很少采用，一般采用调整设计标高的途径来解决最小排水坡度问题。但上海、广州等城市的滨河路，则多采用锯齿形街沟，并认为效果良好，能将地面水直接沿横向雨水管排入水道而不另设纵向雨水管；又如洛阳等城市，亦多采用锯齿形街沟，并认为施工不十分困难。

（二）道路工程纵断面图

道路纵断面图是通过沿道路中心线用假想的铅垂面进行剖切，展开后进行正投影所得到的图样。由于道路中心线是由直线和曲线组合而成的，因此垂直剖切面也就由平面和曲面组成。道路纵断面图主要表达道路中心线沿纵向设计高程变化以及地面起伏、地质变化和沿线设置构筑物的概况。

城市道路纵断面图采用直角坐标绘制，以横坐标表示里程，纵坐标表示垂直高程。纵断面图是由上、下两部分内容组成，上部主要用来绘制地面线和纵坡设计线，还要标注竖曲线及其要素，坡度坡长，沿线桥涵位置、结构类型和孔径，沿线交叉口的位置和标高，沿线水准点位置、桩号、标高等；下部主要用来填写有关内容。由此分为图样和资料表两部分内容。

1. 图样部分

（1）图样比例 由于路线纵向高度变化比横向长度变化小得多，图中为了能清晰反映出路线垂直方向起伏变化，规定垂直方向的比例比水平方向的比例放大10倍。如水平方向采用1∶1000，则垂直方向采用1∶100。这样图上所画出的图线坡度较实际坡度要大，看起来较为明显。为了便于读图，一般在纵断面图的左侧按竖向比例画上高程尺。

（2）地面线　图中不规则的细折线表示沿道路设计中心线处的纵向地面线，它是根据一系列中心桩的地面高程连接而形成的，可与设计高程结合反映道路的填挖状态。对照左侧高程尺，可知道每一个桩号处的地面标高。

图 2-10　道路设计线、原地面线、地下水位线的标注

（3）路面设计高程线　图中比较规则的直线和曲线组成的粗实线是路面中心线处的设计高程线，它反映了道路路面中心的高程。它与地面线结合，可了解道路的填挖情况（图 2-10）。

（4）竖曲线　在设计高程线上方用"⊓"符号表示凸形竖曲线，用"⊔"符号表示凹形竖曲线，标注时符号中部的竖直细实线应对准变坡点所在桩号，线的左侧标注桩号，线的右侧标注变坡点处的高程；符号的水平细实线两端应对准竖曲线的起点和终点。并在符号的水平细实线上方处注明竖曲线的半径 R、切线长 T、曲线长 L、外矢距 E。竖曲线符号的长度与曲线水平投影等长（图 2-11）。

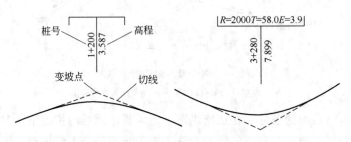

图 2-11　竖曲线的标注

当路线坡度发生变化时，变坡点处应采用直径为 2mm 的中粗线圆圈表示，切线用细虚线表示，竖曲线应采用粗实线表示。

（5）路线中构筑物　当路线有桥梁、涵洞、立交桥、道路交叉口等构筑物时，应在道路纵断面图的相应位置的设计高程线上方、构筑物的中心位置，用竖直引出线标注，线右侧标注构筑物的桩号，线的左侧标注构筑物的名称、规格、编号等（图 2-12）。

（6）水准点　沿路线设置的水准点，按其所在里程标注在设计高程线的上方，并注明编号及高程和其相对于路线的位置。竖直引出线应对准水准点桩号（图 2-13）。

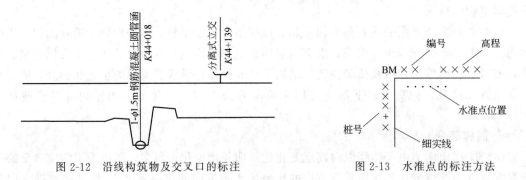

图 2-12　沿线构筑物及交叉口的标注　　　图 2-13　水准点的标注方法

2. 图表部分

道路路线纵断面图的资料表设置在图样下方与图样对应，格式有多种，有简有繁，视具

体道路路线情况而定。资料表主要包括以下内容。

（1）地质情况　道路路段土质变化情况，应在表中注明各段土质名称及土的主要性质。

（2）坡度、坡长　是指设计高程线的纵向坡度和其对应的水平距离，单位为 m。表格中的对角线的方向表示坡度方向，左下至右上表示上坡，左上至右下表示下坡，坡度和距离分别标注在对角线的上下两侧。

（3）设计高程　注明各里程桩的路面中心设计高程，单位为 m。

（4）原地面标高　根据测量结果填写各里程桩处路面中心的原地面标高，单位为 m。

（5）填挖高度　各对应的设计路面标高与原地面标高之差的绝对值就是填方或挖方的高度值。

（6）里程桩号　按比例从左向右标注里程桩号、构筑物位置桩号及路线控制点桩号等，并标注在相应的位置，一般每 20m 设一桩号或 50m 设一桩号。

（7）平面直线与曲线　表示该路段的平面线形，通常画出道路中心线示意图。如"──"表示直线段；平曲线的起止点用直角折线表示，"⌐╌⌐"表示右偏转的平曲线；"⌐╌⌐"表示左偏转的平曲线，再注上平曲线的几何要素。可综合纵断面图的情况，从而想象出路线的空间的形状。道路纵断面见图 2-14 所示。

（三）道路纵断面图的阅读

道路纵断面图应根据图样部分和图表部分结合起来阅读，并与道路平面图对照，得出图样所表示的确切内容。

（1）根据图样的横向、竖向比例读懂道路沿线的高程变化，并对照图表了解确切高程。

（2）图样中竖曲线符号的起止点均对应里程桩号，竖曲线符号的长、短与竖曲线的长、短对应，且读懂图样中注明的各项曲线几何要素，如切线长、曲线半径、外矢距、转角等。

（3）道路沿线中构筑物的图例、编号、所在位置的桩号是道路纵断面示意构筑物的基本方法；了解这些，可查出相应构筑物的图纸。

（4）找出沿线设置的已知水准点，并根据编号、位置查出已知的高程，以备施工时使用。

（5）根据里程桩号、路面设计高程和原地面高程，读懂路线的填挖情况。

（6）根据资料表中坡度、坡长、平面曲线示意图及相关数据读懂路线线形的空间变化。

三、道路工程横断面图

道路是具有一定宽度的带状构筑物。沿道路宽度方向，在垂直于道路中心线的方向上所作的竖向剖面称为道路的横断面。城市道路是由具有不同功能的部分组成。如车行道、人行道、绿化带、地上杆线与地下管线，彼此均有一定的联系和相互影响，其位置和宽度都要在横断面上进行合理的安排，必要时要做艺术处理，从而形成合理可行的横断面。

（一）道路横断面的布置原则

道路横断面规划与设计的主要任务是在满足交通、环境、公用设施管线敷设以及排水要求的前提下，经济合理地确定各组成部分的宽度及相互之间的位置与高差。在对城市道路横断面进行综合布置时，应遵循下列原则。

1. 保证交通的安全与通畅

在城市道路横断面设计中，要满足机动化交通的发展趋势和日益增长的机动化的要求，既要考虑非机动车车行道的设置，又要考虑将来有过渡到机动车道和自行车道的可能；当人行道宽度设计时考虑不足，将会影响车行道的通行能力和交通安全。

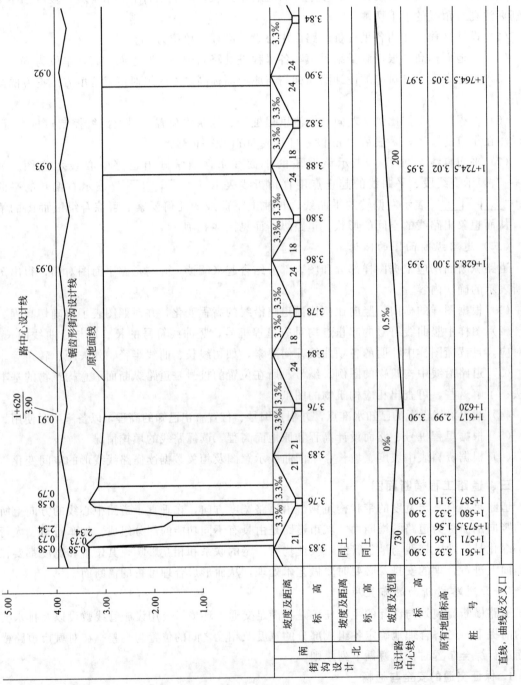

图 2-14 道路纵断面图

2. 在城市规划规定的红线宽度内布置

在进行横断面布置设计时，需从城市规划部门获取相关城市道路网的规划、道路红线宽度、道路等级、道路性质、断面形式、两侧建筑物性质等；需要向有关单位收集道路交通量、车辆组成种类、行车速度、地下管线资料等；结合相关资料进行综合分析研究，以确定横断面形式和各种组成部分的尺寸。

3. 保证雨水排除

要考虑路拱的形式和坡度及雨水口的位置，同时要注意与道路两侧相邻道路内部排水的出口相配合。

4. 避免干扰地上（下）管线、各种构筑物及人防工程等

在布置横断面时要注意道路与各种管线及构筑物间的配合，还要考虑到将来的发展和维修方便。

5. 发挥绿化作用

城市道路中的绿化带，除能起到道路隔离的基本功能外，还应起到环境保护、交通安全和城市美化等作用。

（二）道路横断面的组成

1. 城市道路的宽度

城市道路总宽度是指城市规划红线之间的宽度，也称路幅宽度。它是道路的用地范围。包括车行道、人行道、绿化带、分车带等所需要宽度总和。

（1）车行道 车行道指城市道路上供各种车辆行驶的路面部分。车行道宽度确定的基本要求是保证道路在设计年限内来往车辆能安全顺利通过，在车辆最多时也不会产生交通堵塞现象。城市车行道宽度包括机动车道宽度和非机动车道宽度。

① 机动车道 机动车行驶的车行道为机动车道。

在车行道上供单一纵列车辆安全行驶的地带，称为一条车道。一条车道的宽度取决于车辆车身宽度以及车辆在横向的安全距离，一般以 $3.75 \sim 4.0m$ 为宜。机动车车行道由数条车道组成，车道总宽度是车道条数与一条车道宽度的乘积加上两侧路缘带宽度之和，如果道路中间设有双黄线时，还应该包括双黄线的宽度；如果还设有分隔带、附加车道、紧急停车带等设施时，还应包括它们的宽度。

机动车的车道数量应取决于道路等级、预期的交通量、设计速度等因素。一般从路面的使用年限角度考虑，预测 $15 \sim 20$ 年内日平均和高峰小时机动车交通量而定。我国大、中城市的主干路，除具有特殊要求外，一般均宜采用双向四车道，对于交通量不大的小城镇的主干路可采用双向双车道；次干路则采用双向单车道。

② 非机动车道 非机动车道是专供自行车、三轮车、平板车等行驶的车道。我国目前的城市道路上，甚至今后相当长的时期内都会有一定数量的非机动车行驶，而且在城市运输中占有相当大的比重。为了满足非机动车的行驶和交通安全的要求，在城市道路设计中均需要很好地考虑其车道的布置问题。对于具备条件的城市，可考虑为非机动车规划设计专用的道路系统，交通组织和横断面布置时应尽可能采用与机动车分流行驶的方式。非机动车道的宽度尽可能放宽些，要适当留些余地，各种车辆又具有各自不同的横向宽度和相应的平均车速，故应根据不同车辆进行设计。

一条非机动车道的宽度主要考虑非机动车的总宽度和非机动车在超车、并行时的横向安全距离。每条车道宽度一般为 $1.0 \sim 2.5m$。

（2）人行道　人行道是城市道路上的重要组成部分，设计的合理与否，将会直接关系到车行道上车辆的行驶。人行道设计的不够宽度或者修建的铺面不好、高低不平、积水等，都会使行人占用车行道步行，而影响交通和安全。

人行道可以为行人提供步行交通，供植树、立电杆、布置阅报亭等，还可为地下管线的埋设提供空间。人行道的宽度取决于行人步行道的宽度、人流密度、种植绿化、布设地面杆柱、设置橱窗报栏、沿街散水宽度等因素，同时还要考虑地下管线埋设时所需要的宽度。

在我国大中城市中，主、次干路上的人行道宽度一般不小于 6m，小城市不小于 4m。人行道通常在道路两侧都布置，一般布置成对称等宽，但受地形限制时，不一定要成对称等宽的布置或在同一平面内，可根据具体情况灵活处理。

（3）分车带　在设计城市道路横断面时，采用混合交通还是分隔交通（即设置分隔带），是城市道路规划设计的重要问题之一。它与城市交通行车安全、通畅及用地的节约都密切相关。

分车带按其在横断面中的不同位置与功能分为中央分车带和两侧分车带。它的作用是分隔交通、安设交通标志、公用设施与绿化等。中间分车带通常在高速公路、一级公路与城市快速路上，用来分隔对向车流、防止车辆互撞，保证交通安全。两侧分车带的作用是分隔机动车与非机动车。中间带由分隔带与路缘带组成，在分隔带的两侧设置路缘带，既引导驾驶员的视线，又增加行车的安全性，保证行车所必需的侧向余宽，提高行车道的使用效率。

车行道上的分隔带与路面划线标志不同，它在路面中占有一定宽度，它在道路横断面上的位置与条数，因它在交通组织中所起的作用而不同。道路上的分隔带在交通组织上，起着交流渠化的作用，因此促进了道路通行能力的提高并保证了行车安全。在我国城市道路中，通常分隔带可用来分隔对向机动车流、机动车与非机动车流。

分车带最小宽度不宜小于 1.0m，绿化分车带最小宽度不宜小于 1.5m。

（4）路缘石　路缘石是设在路面边缘与横断面其他组成部分分界处的标石。如人行道边部的缘石，分隔带、交通岛、安全岛等四周的缘石，以及路面与路肩分界处的缘石。

缘石的形式有立式、斜式与平式。立式缘石用于城市道路车行道路面的两侧。斜式或平式适用于出入口、行人道两端及人行横道两端。公路及郊区道路路肩与路面边缘采用平式路缘石。在分隔带端头或路口转弯半径处缘石应做成曲线形。立式缘石又称侧石，其顶面高出路面边缘 10~20cm。平缘石铺砌在路面与立缘石之间。

2. 车行道的横向坡度

横向坡度是指车行道、人行道、绿化带在道路横向布置时，在横向单位长度范围内升高或降低的数值，用"i"表示。横向坡度值以％、‰或小数值表示。

横向坡度的设置是为了保证人行道、车行道及绿化带上的雨水通畅地流入雨水口，这就需要它们都具有一定的横坡。横向坡度的大小取决于路面材料与道路纵坡度值，同时还要考虑车行道、人行道、绿化带的宽度及当地气候条件的影响等因素。从行车安全角度考虑，车行道横坡应尽可能小；从路面排水角度要求，横坡应做得大些，所以横向坡度的选择应综合考虑，合理解决这一矛盾，选用合适的横向坡度值。道路横向坡度值可根据不同路面类型的路拱横向坡度值表来参考选用。

（三）道路横断面的布置形式与选择

1. 道路横断面的布置形式

根据分隔带、机动车道和非机动车道不同的布置形式，道路横断面的布置有以下四种基本形式。

（1）单幅路　也称"一块板"，把所有车辆都组织在同一车行道上行驶，车行道上不设分车带，以路面的划线标志进行交通的组织，或规定机动车在中间，非机动车在两侧靠右行驶。我国城市中旧城区的道路、城市的次干道、支路一般均采用这种形式。单幅路的主要特点是占地面积小，工程投资省；缺点在于各车种混合行驶，不利于交通安全。一般只适用于交通量不大的次要道路使用。如图 2-15 所示。

（2）双幅路　也称"两块板"，用中间分车带将道路从道路中央分开，使对向机动车车流分隔，将单幅路的车行道一分为二。此时，机动车外侧行驶非机动车，两种车辆仍属混合行驶状态，即同向交通仍在一起混合行驶，当行人在中间分车带上穿入穿出时，易发生交通事故，故双幅路的中间分车带在设计时一定要妥善布置。双幅路适用于中小城市，不宜用于城市中心及临街吸引大量人流的公共建筑物较多的街道上，一般是为了迁就地形现状而设计的。如图 2-16 所示。

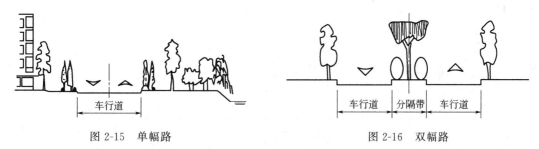

图 2-15　单幅路　　　　　　　　　　　图 2-16　双幅路

（3）三幅路　也称"三块板"，用两条分隔带把机动车和非机动车交通分隔，把车行道分隔为三块，中间为双向行驶的机动车道，两侧为方向彼此相反的单向行驶的非机动车道。我国城市道路上非机动车流量较大，三幅路的形式适用于路幅宽度较大的道路，用于机动车、非机动车流量均较大的主干路，而不宜用于地形复杂的山坡干道。三幅路比较适合城市发展的要求，中小城市在进行规划设计时，可优先选用此断面形式。三幅路的布置形式具有机动灵活、便于分期修建的特点，对于中等城市，近期交通量不大时，可先修建机动车道部分，以供机动车、非机动车分道行驶，待交通量增长后，再扩展为三幅路。如图 2-17 所示。

（4）四幅路　也称"四块板"，是在三幅路的基础上增设一条中央分车带，使机动车对向分流、机动车与非机动车分隔行驶的道路。四幅路将车道全部分隔开，具有车速快、交通安全的特点，但四幅路的布置形式占地面积较大，工程造价高，所以这种形式适用于快速路和大城市中交通量大的主干路。如图 2-18 所示。

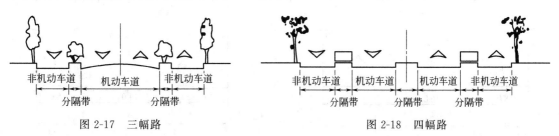

图 2-17　三幅路　　　　　　　　　　　图 2-18　四幅路

2. 横断面布置形式的优缺点

应根据城市规模、道路等级、交通量的大小等因素进行规划设计。表 2-3 所列为四种布

表 2-3　横断面基本形式

序号	项目		单幅路	双幅路	三幅路	四幅路
1	分车带		无	1	2	3
2	交通组织		机动车、非机动车混行	机动车对向分流,机非混行	机动车、非机动车分行	对向分流,机非混行
3	机动车道数		不限,以偶数为佳	单向1~2条	单向至少2条	单向至少2条
4	行车速度		低	较高	高	最高
5	交通安全		差:机非干扰,公交车停靠与非机动车干扰	一般:机非干扰,公交车停靠与非机动车干扰	尚安全:公交车停靠站上下乘客人流与非机动车干扰	最安全:公交车停靠站上下乘客人流与非机动车干扰
6	绿化		仅在人行道上	中间分车带	佳	最佳
7	噪声减少		差	尚可	佳	最佳
8	照明		人行道上布置	分车带上设置	照明效果佳	佳,方便
9	用地(宽度)		省	一般	≥40m	≥42m
10	造价		低	较低	高	最高
11	适用性	机动车流量 非机动车流量 步行交通量	机动车交通量不大 非机动车交通量大	机动车多 非机动车少 少	机动车多或量中等,方向不均匀 非机动车多	双向机动车流量大 非机动车流量大 少
		道路等级	用地不足拆迁困难的旧城道路;次干道;支路	高速公路;城外快速路;郊区道路;风景区道路;中小城市主干路、次干路	主干路 郊区二级公路 大城市次干路	高架路下地面道路 大城市主干路 郊区一级公路

置形式的比较对照表。

下面是一些我国城市干道的横断面布置图（图 2-19～图 2-39）（单位：m）。

（1）单幅路横断面

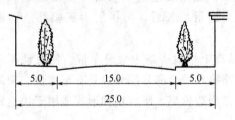

图 2-19　合肥市长江路横断面

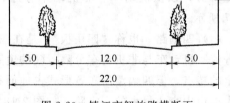

图 2-20　镇江市解放路横断面

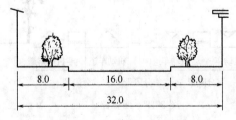

图 2-21　营口市学府路（北）横断面

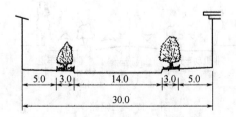

图 2-22　清江市主干道横断面

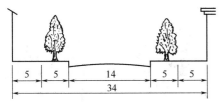

图 2-23　铜陵市东风北路横断面

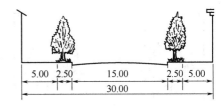

图 2-24　无锡市人民东路横断面

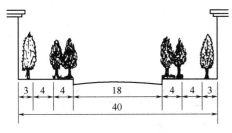

图 2-25　扬州市市府路横断面

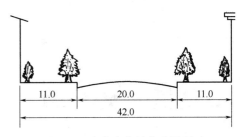

图 2-26　南京市太平北路横断面

（2）双幅路横断面形式

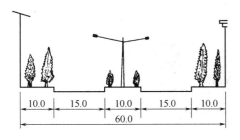

图 2-27　石家庄市中华大街横断面

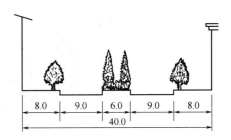

图 2-28　西安市小寨西路横断面

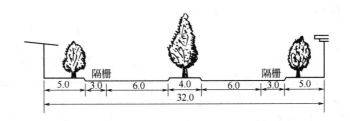

图 2-29　南京市进香河路横断面

（3）三幅路横断面形式

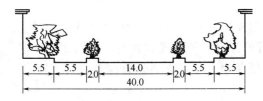

图 2-30　徐州市大庆路横断面

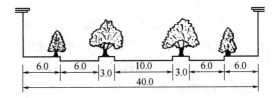

图 2-31　连云港市连海东路横断面

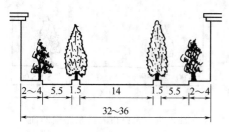

图 2-32　扬州市解放南路横断面

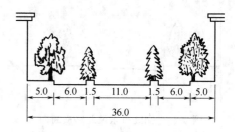

图 2-33　常州市和平北路横断面

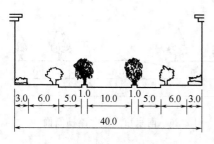

图 2-34　苏州市人民路横断面

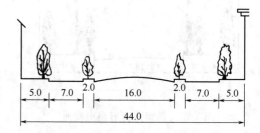

图 2-35　广州市东风路横断面

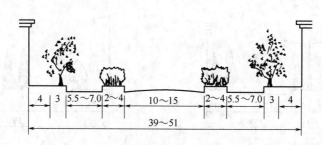

图 2-36　江苏省推荐的三幅路横断面

（4）四幅路横断面形式

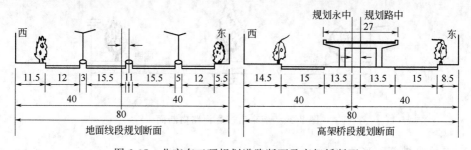

图 2-37　北京东三环规划道路断面及高架桥断面

（四）道路横断面图

道路横断面图是用标准横断面设计图表示的规划设计结果，就是在图中绘出道路用地宽度、车行道、绿地、照明、新建或改建的地下管道等各组成的位置和宽度。以图 2-40（单位：m）所示的城市道路横断面图为例，介绍道路横断面上各组成部分的构造和相互关系。其主要图示内容如下。

（1）比例　一般采用（1∶100）～（1∶200）的比例尺，本图采用 1∶200。

（2）道路中心线用细点画线表示，机动车道、非机动车道、人行道用粗实线表示，分车

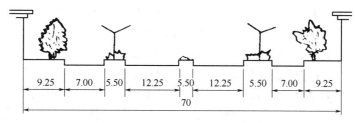

图 2-38 北京广安门内大街横断面

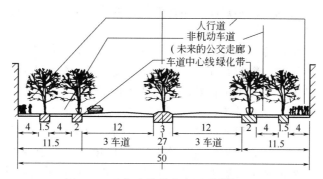

图 2-39 上海市推荐的主干道横断面图

带用中粗实线表示。

（3）机动车道、非机动车道、人行道上应标出横向排水的坡度和水流方向。

（4）用标准图例表示分隔带上的树木、路灯以及路两侧的房屋建筑等结构物。

（5）标注各部分的尺寸，单

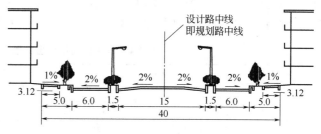

图 2-40 城市道路横断面图

位为 m。本图中机动车道宽 15m，非机动车道宽 6m，人行道宽 3.12m，道路总宽为 40m。由图可知，本道路横断面是三幅路断面形式。

（6）用图例表示出道路下面的地下设施，如地下电缆、污水管、煤气管等，并用文字注明并加以说明。

四、道路工程路面结构图

（一）路面结构

1. 路面结构层次

路面是在路基顶面上的结构，是使用各种材料按不同配制方法和施工方法分层修筑而成的。

（1）按照所处的层位和作用的不同，路面结构层主要是由面层、基层、垫层等组成。

① 道路面层 直接承受自然影响和行车作用的结构层次。故面层应具有足够的抵抗行车作用力（垂直力、水平力、冲击力）作用的能力，还要具有良好的水稳定性、温度稳定性，且耐磨不透水，表面具有良好的抗滑性和平整度。面层一般由两层或三层组成，分别称为面层上层、面层下层或面层上、中、下层。

② 道路基层 位于面层之下，主要承受由面层传递而来的车轮荷载的垂直压力，并将

其向下层扩散分布的结构层次。故基层应具有足够的抗压强度和扩散应力的能力。基层应有平整的表面，便于与面层良好的结合，避免面层沿基层在外力的作用下产生滑移推挤，从而提高路面结构的整体强度。另外基层还要有足够的水稳定性。

③ 道路垫层　设置在基层和土基之间的结构层次。可起到扩散由基层传递来的车轮荷载作用力；调节和改善水及温度的状态，隔断地下毛细水的上升，排除基层或土基中多余的水分；减轻土基的不均匀冻胀。要求垫层具有良好的水稳定性、隔热性、吸水性。

（2）路面结构层次的厚度　路面结构层的总厚度是各结构层次厚度的总和。各结构层厚度的选定，是根据车轮荷载、土基强度和路面材料强度等因素，经过设计计算所求得的技术条件和工程经济最佳的组合。

同一路面的结构层中，各层次的材料强度及其结构厚度，都是相互关联、相互依存和相互补充的。路面面层所用的材料与其他各层比较，强度最高、料价也最高。所以，在车轮荷载和土基强度已定的情况下，力求工程经济合理的条件下，常选用较薄的路面面层，与之相对应的就得选用较强的或较厚的基层、底基层或再加上垫层。反之，如果因为某种原因必须增厚面层时，相应的可以减薄基层或底基层的厚度，有时也可以不用垫层。

各层次的厚度要受到最佳技术经济组合的制约，厚度过大的层次会增加施工方面的困难。因为在施工时，较大的结构层厚度，常需分作两次以上进行铺筑和碾压；在结构上，过多的结构层次会影响它的结构整体性。同时设计路面各结构层次不应太薄，设计时必须有一个最小厚度值，小于这个最小厚度的就不能单独形成一个结构层。现用表格的形式给出路面结构层常用最小厚度值以供参考（表2-4）。

表 2-4　常用路面结构层的最小厚度值

结构层次名称		最小厚度值/cm	附　注
沥青混凝土热拌沥青混合料	粗粒式	5.0	单层最小厚度,不包括连接层的组合厚度
	中粒式	4.0	
	细粒式	2.5	
沥青贯入式		4.0	
沥青碎石表面处治、沥青石屑		1.5	
沥青灰土表面处治、沥青砂		2.0,1.0	
天然砂砾、级配砾石、泥结碎石、水结及干压碎石		8.0	
铺砌片石、铺砌锥形块石		12.0	
灰土类(石灰土、碎石灰土、煤渣灰土等)工业废渣(二渣、三渣、二渣土等)		8.0	新路可增厚至15cm
块石、圆石、拳石基层		10.0	
大块石基层		12.0	
水泥稳定砂砾		8.0	新路可增厚至15cm

2. 路面结构的分类

路面结构各个层次，在力学性质上互有异同，根据不同的实用目的，可将路面做不同的分类。

（1）按材料和施工方法分类　路面按所用材料和施工方法的不同可分为五大类。

① 碎石类　用碎石依照嵌挤原理或最佳级配原理配料铺压而成的路面。一般用作道路的面层、基层。

② 结合料稳定类　掺加各种结合料，使各种土、碎石混合料或工业废渣的工程性质改

善，成为具有较高强度和稳定性的材料，经铺压而成的路面。一般用作基层、垫层。

③ 沥青类 在矿质材料中，以各种方式掺入沥青材料修筑而成的路面。一般用作面层。

④ 水泥混凝土类 以水泥和水合成的水泥浆作为结合料，以碎石为骨料、砂为填充料，经过拌和、摊铺、振捣和养生等过程而筑成的路面。一般用作面层。

⑤ 块料层 用整齐、半整齐块石或预制水泥混凝土块铺砌，并用砂嵌缝后碾压而成的路面。一般用作面层。

（2）按路面力学特性分类 路面按力学特性通常划分为两种类型。

① 柔性路面 指由各类沥青面层、碎石面层、块料面层所组成的路面结构。

柔性路面在荷载作用下所产生的弯矩变形较大，路面结构抗拉能力较低。车轮荷载通过各结构层向下传递到土层，使土基受到较大的单位压力，因而土基的强度和稳定性对路面结构整体强度有较大影响。

② 刚性路面 指用水泥混凝土作为面层或基层的路面结构。水泥混凝土具有较高的抗拉强度，较其他各种路面材料的强度都要高得多，水泥混凝土路面板在车轮荷载的作用下垂直变形小，即弹性模量大，它的弹性模量比其他材料的大得多，故表现出很高的刚性特点。

水泥混凝土路面板在车轮荷载作用下变形极小，荷载通过混凝土板体的扩散分布作用，传递到基础上的单位压力，较柔性路面小得多。

用石灰或水泥稳定土、石灰或水泥处治碎石以及各种含有水硬性结合料的工业废渣做成的基层，在前期具有柔性结构层的力学特性，当环境适应后，其强度和刚度会随着时间的推移而不断增大，到后期逐渐向刚性结构层转化，但最终的抗拉强度和弹性模量比刚性结构层低得多，所以有时也会把这类基层的沥青路面结构单列一类，称为半刚性路面。

3. 路面的等级

路面结构按面层的使用品质、材料组成、结构强度和稳定性的不同，可将路面分为四个等级。

（1）高级路面 指由水泥混凝土、沥青混凝土、整齐块石、预制混凝土块等材料组成的面层。

这类路面的特点是：结构强度、刚度高，使用寿命长，平整少尘，能够保证高速行车状态，适用于交通量较大的道路。由于主路材料的质量要求较高，所以基建投资较大。一般用于高速公路、一级和二级公路、城市快速路、主干路和次干路的路面使用。

（2）次高级路面 由热拌沥青碎石混合料、沥青贯入式（后面道路施工章节中会有具体介绍）、乳化沥青碎石混合料、半整齐块石等材料组成的路面为次高级路面。与高级路面相比，结构强度稍低，使用寿命略短，行车速度相对较低，路面要求定期维修，使养护费用和运输成本提高。一般用于二级和三级公路、城市次干路、支路和街坊路的路面使用。

（3）中级路面 指用不整齐块石、级配碎石等材料组成的面层。强度低、使用期限较短、易扬尘，仅能适应较小的交通流量要求，行车速度较低，且路面需要经常的维修或补充材料，养护维修工作量增大，运输成本提高。一般用于三级和四级公路。

（4）低级路面 用各种粒料或就地取材而改善后的材料所筑成的路面为低级路面。这类路面强度较低，水稳定性较差，易扬尘，雨季可能会影响交通，故一般很少采用。一般用于四级公路。

（二）道路路面结构图

在道路横断面图中，由于比例较小，路面结构没有表示清楚，因此用道路路面结构图表示路面的结构。

（1）沥青混凝土路面结构（图 2-41）

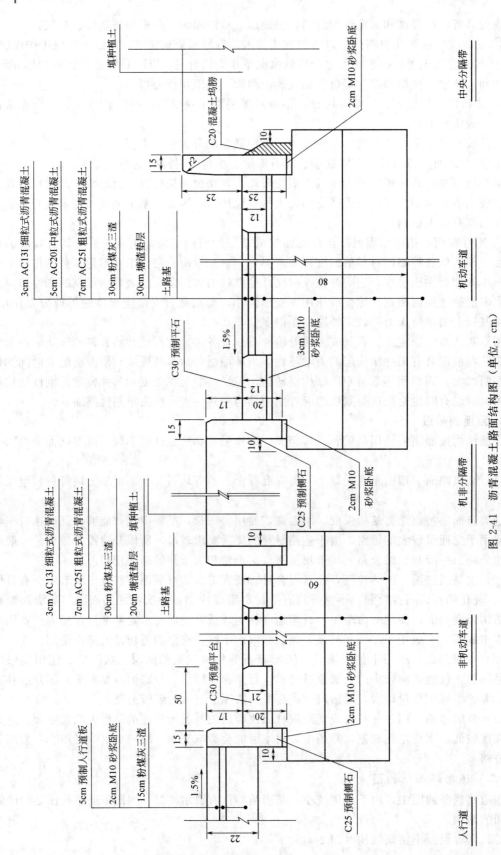

图 2-41 沥青混凝土路面结构图（单位：cm）

① 沥青类路面属于柔性路面，由多层结构组成。在同一车行道的结构层沿宽度一般无变化，不同车道结构一般也不相同，因此选择车道边缘处，即侧石的位置一定宽度范围内作为路面结构图图示的范围。这样既可反映出路面结构的情况又可将侧石的位置的细部构造及尺寸表示清楚，也可只反映路面结构分层情况，并标注图名、比例及必要的说明等。

② 路面结构图的图样中，每层结构都应用图例表示清楚，如灰土、沥青混凝土、侧石等，并用文字加以说明。

③ 图中除用图例表示每层结构外，还用构造层次引出线逐层注明每层结构的厚度、性质、标准、所用材料的名称、配合比，将必要的尺寸注全，并在图样的右侧注明路面整个的结构厚度，尺寸单位一般为厘米。

④ 当不同车道结构不同时可分别绘制路面结构图，分别注明图名、比例，并用文字加以说明。

（2）水泥混凝土路面结构（图 2-42）　水泥混凝土路面的厚度一般为 18～25cm，它的横断面形式有等厚式、厚边式等。根据车辆荷载作用下水泥混凝土板的受力分析，虽然厚边式是符合受力理论要求的，但施工时对路基的整形和立模都比较麻烦，所以现在路面板常采用等厚式断面。

为避免温度的变化使混凝土产生不规则裂缝和拱起现象，需将水泥混凝土路面划块。在直线段道路上是长方形分块，分块的接缝有纵缝、伸缝、缩缝等，在后面的章节中会有具体介绍。

此外，为了弥补等厚式水泥混凝土板边及板角强度不足，在车行道的边缘设置边缘钢筋，在每块板的四角加设角隔钢筋。

五、道路工程路拱详图

为了便于路面上的雨水向两侧街沟排泄，在保证行车安全条件下，沿横断面方向设置不同的横向坡度，使路面车行道的两侧与中间形成一定坡度的拱起形状，称为路拱。车行道路拱的形状，一般多采用双向坡面，由路中央向两边倾斜形成路拱。拱顶到街沟底（侧石）的高差称为路拱度。

（一）路拱的线形

路拱的基本形式有抛物线形、屋顶形和折线形三种。

1. 抛物线形路拱

抛物线形路拱，比较圆顺，没有路中央的尖峰点，车行道中间部分坡度较小，而到路两侧时坡度增大，对于排除雨水十分有利，是城市道路上经常采用的一种形式。但这种形式，道路中心部分横向坡度过于平缓，且车行道横断面上各部分的坡度不同，增加施工难度。主要有以下几种形式。

（1）二次抛物线形路拱　这种形式的路拱，适用于路面宽度小于 12m 且横向坡度较大的中级或低级道路路面。

（2）改进后的二次抛物线形路拱　这种形式的路拱，横向坡度变化较均匀，路边侧和路中央的横坡比较适中，有利于排水和行车。多用于城市道路机动车和非机动车混合行驶的单幅路横断面的形式上。

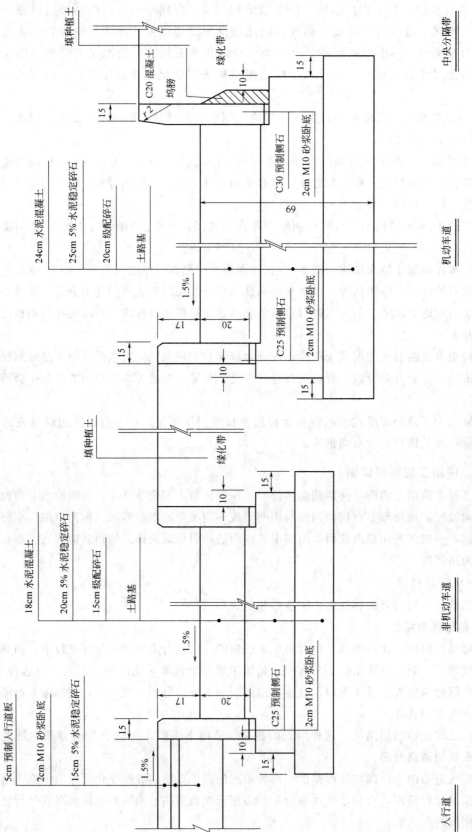

图 2-42 水泥混凝土路面结构图（单位：cm）

（3）改进的三次抛物线路拱　这种形式的路拱，符合排水迅速的要求，也改善了道路中心部分横向坡度过于平缓的缺点，在车行道横向坡度小于 3‰的条件下，能够保证行车的安全，在较多路面上可以使用。

2. 屋顶形路拱

屋顶形路拱的形式，是指在路拱两侧是倾斜的直线，在车行道中心线附近加设竖曲线或缓和曲线。通常用在高级路面宽度超过 20m 的城市道路上。这种形式的路拱，使车辆轮胎与路面接触较为平均，路面磨耗较小；但排水的流畅效果不如抛物线形。

3. 折线形路拱

适用于多车道的城市道路。其优点在于用折线形比用屋顶形的直线段相对短，施工时容易摊压，转折点一般选择在行车的着力点处，如果行车后路面稍有沉陷，雨水也可排除，这种形式比较符合设计、施工和养护的要求。其缺点在于转折点处有尖峰凸出，故不宜设置过多的转折点，也可在施工时用压路机碾压平顺。一般使用于道路较宽的黑色路面上。

路拱的形式很多，各有特点。在设计城市道路横断面时，应根据车行道宽度、横向坡度、路面结构类型、排水和行车等要求来具体选择。

（二）车行道路拱的横向坡度

为了排水的需要，车行道的路拱应做成具有一定的横向坡度，称为路拱横向坡度。路拱横坡的确定应遵循路面排水顺畅和保证行车安全、平稳的原则。在整个车行道宽度上，路拱各点间的坡度是不一样的，它和所选用的路拱形式有关。路拱各点间坡度的平均值称为路拱平均横坡，所说的横坡即指平均横坡而言。

在确定路拱的平均横坡时应考虑以下四个因素。

1. 横向排水

它与路面结构类型和气候条件有关。可根据不同路面的路拱横向坡度表选取。车行道面层越粗糙，雨水在路面上流动就越迟缓，路拱坡度就要做得大一些；反之，路拱坡度可以做得小一些。路拱横坡可根据当地气候条件选用，在一般情况下，干旱地区可取低值，多雨地区可取高值。

2. 道路纵坡

由于路拱设置横向坡度，为了避免与道路纵坡出现过大的合成坡度（合成坡度的平方等于道路纵向坡度与横向坡度的平方和），给行车安全带来不良影响，要根据道路纵坡的大小，适当选择路拱坡度，以控制合成坡度。对于不同道路纵坡的路拱坡度，可参照表格选定数值。

3. 车行道宽度

车行道宽时，路拱横坡应选择平缓一些，否则路拱各点间的高差过大，会影响行车和道路横断面的观瞻性。所以在选定路拱形式和路拱坡度后，应计算出路拱上各点间的高差和横坡值，从而检查能否满足排水、行车和美观的要求。

4. 车速

为保证行车安全，在交通量大、车速高的道路上，路拱坡度设置宜小些。当路拱坡度大于 2%且快速行车的状态下，驾驶员操纵方向盘时会有感觉，紧急制动时会有横向滑移的可能；车辆在双向双车道上超车时，超车车辆将行驶到横坡相反的对向车道上，会出现横向倾斜度的剧变，而且车速越大，影响会越明显。所以在一些城市道路的快速干道上，路拱横向坡度不宜大于 2%。

（三）路拱详图

路拱详图，是根据选定的路拱形式和路拱横向坡度值，从而将路面分成若干份，根据选定的路拱方程计算出每个点相对应的纵坐标值，从而描绘出路面轮廓线即为路拱详图。

路拱详图中，对路拱所采用的曲线形式，应在图中予以说明，如抛物线形的路拱（图2-43），则应以大样的形式标出其纵、横坐标以及每段的横向坡度和平均横向坡度，以供施工放样时使用。

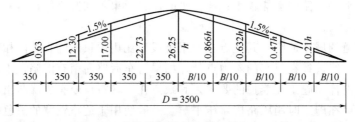

图 2-43　抛物线形路拱大样（单位：cm）

六、道路平面交叉口与施工图

在城市中，道路与道路（或铁路）在同一平面相交的路口称为城市道路的交叉口。道路借助交叉口相互连接形成道路系统，以解决各个方向的联系。交叉路口是道路网络的结点，在路网中起着从线扩展到面的重要作用。交叉口的设置有利于城市道路上车行交通和人行交通的组织和转换，但也可使行车速度下降、通行能力降低，因此需要合理设置。根据各相交道路在交叉点的标高情况，城市道路的交叉可以分为两种基本类型：平面交叉和立体交叉。

平面交叉是指各相交道路中心线在同一高程相交的道口。在平面交叉路口，各路车流、人流互相交叉、汇集、通过，相互影响，不但交通事故多，车速也会降低，通行能力比路段低。因此平面交叉口是道路交通的咽喉，在对交叉口进行规划和设计时，应将其几何形状和交通组织、交通控制方式等一并综合考虑，以减少延误，保证交通安全和通畅，并且提高整个路网的效率。

立体交叉是指交叉道路在不同标高相交时的道口。立体交叉可使各相交道路上的车流互不干扰，可以各自保持原有的行车速度通过交叉口，既能保证行车安全，也可有效地提高道路通行能力。立体交叉的主要组成部分包括跨路桥、匝道、外环和内环、入口和出口、加速车道、减速车道、引道等。

（一）平面交叉口形式分类

平面交叉口的形式，决定于道路网的规划、交叉口的用地、周围建筑的情况等。根据相交道路的条件和交通管制方式的不同，可有多种形式。

1. 按几何形状分类

（1）十字形交叉 ［图 2-44（a）］　十字形交叉的相交道路，采用最多的交叉口形式之一。十字形交叉是夹角在 90° 或 90°±15° 范围内的四路交叉。这种路口形式简单，交通组织方便，街角建筑易处理，适用范围广，可用于相同等级或不同等级道路的交叉口。在任何路网规划中，十字交叉都是常见的最基本的交叉口形式。

（2）T形交叉 ［图 2-44（b）］　T形交叉的相交道路是夹角在 90° 或 90°±15° 范围内的三路交叉。这种形式交叉口与十字形交叉口相同，视线良好、行车安全，也是常见的交叉口形

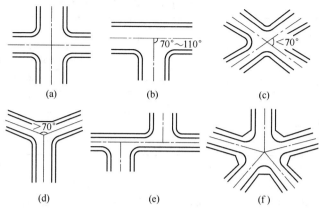

图 2-44　平面交叉口的形式

式，如北京市 T 字交叉口约 30%，十字形占 70%。

（3）X 形交叉［图 2-44(c)］　X 形交叉是相交道路交角小于 75°或大于 105°的四路交叉。当相交的锐角较小时，将形成狭长的交叉口，对交通不利（特别对左转弯车辆），锐角街口的建筑也难处理。所以，当两条道路相交，如不能采用十字形交叉口时，应尽量使相交的锐角大些。

（4）Y 形交叉［图 2-44(d)］　Y 形交叉是相交道路交角小于 75°或大于 105°的三路交叉。处于钝角的车行道缘石转弯半径应大于锐角对应的缘石转弯半径，以使线形协调，行车通畅。Y 形与 X 形交叉均为斜交路口，其交叉口夹角不宜过小，角度小于 45°时，视线受到限制，行车不安全，交叉口需要的面积增大。所以，一般斜交角度宜大于 60°。

（5）错位交叉［图 2-44(e)］　两条道路从相反方向终止于一条贯通道路而形成两个距离很近的 T 形交叉所组成的交叉即为错位交叉。规划阶段应尽量避免为追求街景而形成的近距离错位交叉（长距离错位视为两组 T 形交叉）。由于其距离短，交织长度不足，而使进出错位交叉口的车辆不能顺利行驶，从而阻碍贯通道路上的直行交通。一旦错位交叉不可避免时。 ┴──┬图形较┬──┴图形有利。由两个 Y 形交叉连续组成的斜交错位交叉的交通组织将比 T 形的错位交叉更为复杂。因此规划与设计时，应尽量避免双 Y 形或双 T 形的错位交叉。我国不少旧城区由于历史原因造成了斜交错位，在规划时宜在交叉口设计时逐步予以改建。

（6）多路交叉［图 2-44(f)］　多路交叉是由五条以上道路相交成的道路路口，又称复合型交叉。道路网规划中，应避免形成多路交叉，以免交通组织的复杂化。已形成的多路交叉，可以设置中心岛改为环形交叉，或封路改道，或调整交通，将某些道路的双向交通改为单向交通。

2. 按有无信号灯管制和左转车辆行驶方式分类

平面交叉根据有信号灯、无信号灯管制及左转车辆行驶方式，可分为无信号管制交叉口、信号管制交叉口和环形平面交叉口三种。各类平面交叉适用于路口的高峰小时流量列于表 2-5。

（1）无信号管制交叉口　不加任何交通管制的交叉口，即为无信号管制交叉口。这类交叉口又分三种，一种为环形交叉方式，另两种为优先与非优先方式。无信号管制的交叉口多用于交通量不大的城市道路路口和大多数公路平交路口。在优先交叉方式下，按我国的交通规则规定：后进入交叉口的车辆应让先进入交叉口的车辆通过，公路设计规范规定，主次道

表 2-5　平面交叉口类别与其适应交通量

平面交叉口类别		适应高峰小时交通量 /辆·h⁻¹	相交道路特征
无信号灯管制交叉口		500	支路或小城市
有信号灯管制	简单交叉口	800~3000	次干路，支路
	分流渠化交叉口	3000~6000	主干路，公路
	左转车辆超前待转路口	7300	城市主干路大型交叉口
环形交叉口		2700	多路交叉，中小城市路口、次要公路

注：1. 环形交叉口也分无信号灯管制与有信号灯管制，本表指前者。

2. 左转车辆超前待转路口指信号灯管制的大型平交路口，当左转车流量较大时，采取适量左转车越过人行横道停放候驶，以便于超前待转的左转车辆在绿灯亮时，赶在对向直行车到达左直冲突点前通过冲突点，从而提高路口通行能力。

路相交时，主路优先交叉在次要道路即非优先道路的交叉口进口处应设置"让"或"停"的交通标志，使非优先道路的车辆缓行或停候，判断优先道路车辆间隔允许通过时，方可进入交叉。当两条道路等级接近，也可在各个路口均设"让"或"停"的交通标志，以提醒司机注意，相互谦让，安全通过。相交道路等级均低时采用无优先交叉。

（2）有信号管制交叉口　信号灯管制的平面交叉口，已普遍用于我国大中城市主要道路交叉口。交叉口机动车高峰流量达到表 2-6 规定时，即应考虑装置信号灯。

表 2-6　交叉口设置信号灯的交通流量标准

主道路宽度/m	主路交通流量/辆·h⁻¹		支路交通流量/辆·h⁻¹	
	高峰小时	12h	高峰小时	12h
<10	750	8000	350	3800
	800	9000	270	2100
	1200	13000	190	2000
>10	900	10000	390	4100
	1000	12000	300	2800
	1400	15000	210	2200
	1800	20000	150	1500

注：1. 表中交通流量按小客车计算。其他车辆应折算为小客车当量。

2. 12h 交通流量为 7~19 时的交通流量。

3. 在交叉口间距大于 500m、高峰小时流量超过 750 辆以及 12h 流量超过 8000 辆的路段上，当通过人行横道行人高峰小时流量超过 500 人次时，可设置人行横道信号灯及相应的机动车道信号灯。

信号控制的手段，已从简单的人工操纵逐步向高度自动化、电脑操纵的信号灯控制方式，由孤立的交叉口单独的点控制逐步扩展为一条线上各交叉口信号间有机的联系，甚至由线到面或地区，采取集中统一控制的方式。

① 点控制　由手工控制改为单点定周期自动控制信号，根据流量大小和交通特点，事先确定合理的信号周期和各向绿灯时间，逐步做到各相位变化规律符合路口流量。如上海市采用 6 个时段的数字式定周期信号灯。

② 线控制　在一条主干线上根据流量的大小、交叉口的间距、车辆行驶速度，定出信号周期、相位及时段转换。定出各路口信号之间的相位差，形成一条"绿波带"（又称绿波交通），提高全线通行能力。如北京前门大街实施后通行能力提高 28%，受阻时间下

降 54%。

③ 面控制　设在交通繁忙的中心区，把该区交叉口的控制系统连接起来，组成自动适应网络交通系统控制。根据检测器测得的交通数据自动调节信号的周期时间、相位分配及绿灯时差。

（二）交叉口的交通分析

1. 交叉口的冲突点

交叉口上三种不同类型碰撞点的存在，是直接影响交叉口的行车速度、通行能力，也是发生交通事故的主要原因。其中以左转弯与直行车，以及直行车与直行车所发生的冲突点，对交通的影响和危险性最大。产生冲突最多的是左转弯车辆。在十字交叉口上如无左转弯车辆，则冲突点就可以从 16 个减少到 4 个；五路交叉冲突点可从 50 个减少到 5 个。因此，如何正确处理和组织左转弯车辆，以保证交叉口的交通顺畅和安全，是设计交叉口的关键之一。无信号灯交叉口的交错点图示于图 2-45，有信号灯的交叉口的交错点图示于图 2-46，交叉口的交错点数见表 2-7。

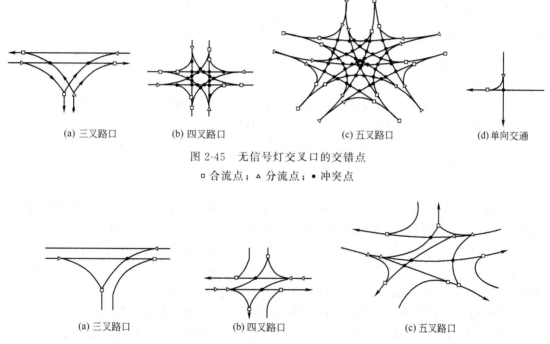

(a) 三叉路口　　　(b) 四叉路口　　　(c) 五叉路口　　　(d) 单向交通

图 2-45　无信号灯交叉口的交错点

□ 合流点；△ 分流点；● 冲突点

(a) 三叉路口　　　(b) 四叉路口　　　(c) 五叉路口

图 2-46　有信号灯交叉口的交错点

□ 合流点；△ 分流点；● 冲突点

图 2-45、图 2-46 与表 2-7 所列为机动车车流在交叉口的交错情况。其中，尚不包括非机动车车流。在机非混行的交叉口上，交通更为复杂，交错点的数目随车流的数目而增加，也随相交道路条数的增加而显著增加。假设只考虑每条道路仅有双车道、上下行各为一股车流到交叉口转向，则表 2-7 数值可用公式表示；左转车和直行车形成的冲突点可由下式计算。

$$P_分 = P_合 = n(n-2)$$

$$\sum P_{左\text{-}直} = n^2(n-1)(n-2)/6$$

式中　$P_合$——合流点数量；

　　　$P_分$——分流点数量；

　　　$\sum P_{左-直}$——直行、左转车辆造成的冲突点总数；

　　　n——相交道路的条数。

由计算可知，五路交叉的冲突点总数从三路交叉的 3 个冲突点增加到 50 个。因此规划道路系统应避免 5 条或 5 条以上道路相交，以使交通简化和顺畅。

表 2-7　交叉口的交错点

交错点类型	无信号控制			有信号控制		
	相交道路的条数			相交道路的条数		
	3 条	4 条	5 条	3 条	4 条	5 条
分流点	3	8	15	2 或 1	4	4
合流点	3	8	15	2 或 1	4	6
左转车冲突点	3	12	45	1 或 0	2	4
直行车流冲突点	0	4	5	0 或 0	0	0
交错点总数	9	32	80	5 或 2	10	14

2. 减少或消除冲突点的方法

（1）规划方面

① 从规划方面着手，可以设置平行道路。设置平行道路可以在交通量多的路段开辟单行道，变双向交通为单向交通，使交叉口冲突点明显减少。

② 规划道路系统时，特大城市可以规划非机动车专用道路系统，以减少非机动车车流与机动车车流的冲突。

（2）交通管制方面

① 以信号控制交叉口，用时间分隔车流，使在同一时间内只允许某一方向的车流通行。这种按顺序开放各路交通的方法使冲突点明显减少，保证了安全，但增加了交叉口延误时间，交叉口周期性刹车和启动，使燃料和汽车零件与轮胎的消耗增大，特别是影响交叉口的通行能力。常规信号控制（感应式、线、面控制例外）交叉口通行能力较之路段通行能力的减少量，与相交道路条数成正比，如三路交叉约 30%，四路交叉约 50%，五路交叉约 70%。由于设置信号灯的交叉口降低整个路线的通行能力，所以相邻信号灯路口的间距宜采用 400m，而信号灯周期通常采用 80～120s。延长信号灯周期并不能有效地提高交叉口的通行能力。

② 限制部分交通

a. 限制大型载货汽车进入中心街道。

b. 定时限制非机动车交通，即除上下班高峰可通行外，非上下班时间在某些主要交通干道上禁止通行自行车。

c. 禁止左转弯交通。通常在交通量特别多的路口，由于左转车辆经常阻挡直行交通，引起与对方车流的冲突，所以采用禁止左转的办法来改善某一交叉口交通的矛盾。禁止左转弯，使左转车辆绕街坊行驶变左转为右转（图 2-47）；但这种办法不宜普遍或过多采用，因为这将使交通矛盾转移到另一个交叉口。如一条路上连续有三个交叉口禁止左转，则必将所有的左转车辆移至第四个交叉口。同时还使车行里程增加，汽车为了避开禁止左转的地点而改走别的途径。这样还将导致整个路网上的交通量增加。所以禁止左转交通可以因地制宜，仅宜在局部地点采用，但不能滥用。

d. 封闭多路交叉口的某条支路或次要道路的交通，也可以减少冲突。

e. 组织单向交通。实施单向交通，即由一对相距较近的平行道路使对向车流分道通行，可以消除左转车和对向直行车流之间的冲突，缓解交叉口矛盾。如单向交通街道交

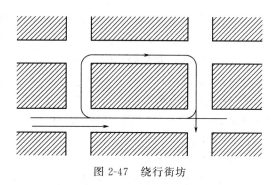

图 2-47 绕行街坊

叉口，其冲突点只有一个；倘若设置信号灯，则不存在冲突点。所以单向交通是减少交通事故、提高行车速度、提高通行能力的有效交通管理措施。特别对于市区狭窄道路尤为如此。如纽约有一半以上街道规定为单行线，其总长度达 4000 余千米。日本横滨市路宽在 5.5m 以下的街道有 5320km，占总里程的 66.1%，组织单向交通。莫斯科单行线有 120 条，巴黎有 1400 条。

（三）交叉口的交通组织

1. 机动车车辆交通组织

（1）交通组织原则　交叉路口供分流行驶用的车道数，应根据路口流量和流向确定；交叉路口交通岛的位置应按车流顺畅的流线设置；进、出口道分隔带或交通标线应根据渠化要求布置，并应与路段上的分隔设施衔接协调。

（2）渠化交通　设置交通标线、标志和交通岛等，引导车辆和行人各行其道的方法，称为渠化交通。

用分车线或分隔带、交通岛等，把不同行驶方向和速度的车辆划分车道行驶，使行人和司机很容易看清互相行驶的方向，避免车辆相互侵占车道和干扰行车线路，从而减少车辆相互碰撞的机会，提高行车安全程度。图 2-48 为某渠化交叉口实例。

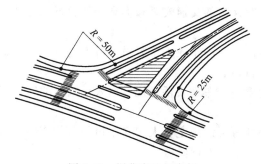

图 2-48 渠化交叉口实例

交通岛是高出路面的岛状设施，又分中心岛、导流岛和安全岛。中心岛是设置在平面交叉中央的圆形岛。导流岛是将车流引向规定行进路线而设置的异形小岛。岛的面积最小为 5m²。安全岛设置在路口车行道中间，供行人横穿道路临时停留用。

交通岛（见图 2-48 中三角岛）的构造，系用路缘石围筑而成，其形状为直接连接圆弧而构成的图形，为防止车辆驶入，缘石高度一般为 15~25cm，有行人通过的交通安全岛高度为 12~15cm。交通岛顶端处应做成圆弧状，半径不小于 0.5m。

（3）进口道交通组织　一般采取设置专用车道的方法。通过组织不同行驶方向的车辆在各自的车道上分道行驶，使得各向车辆互不干扰。根据行车道宽度和左、直、右行车辆的交通量大小可做出多组合的车道划分。

① 左、直、右方向车辆组成均匀，各设一条专用车道。

② 直行车辆很多且左、右转也有一定数量时，设两条直行车道和左右转各一条车道。

③ 左转车辆多而右转车辆少时，设一条左转车道，直行和右转共用一条车道。

④ 左转车辆少而右转车辆多时，设一条右转车道，直行和左转共用一条车道。

⑤ 左、右转车辆都较少时，分别与直行车合用车道。

⑥ 行车道宽度较窄时，不设专用车道，只划分快、慢分道线，用于一般支路。

⑦ 行车道宽度很窄时，快、慢车也不划分。用于支路街坊路。如前所示，左转车辆时引起交叉口车辆冲突的主要原因，合理地组织左转车辆的交通，是保证交通安全，提高交叉口通行能力的有效方法。

2. 非机动车交通组织

在交叉口内，非机动车道通常不置在机动车道和人行道之间。通常车流下，非机动车随机动车按交通规则在右侧行驶，不设分离设施。当车流量大时，可采用分隔带将机动车和非机动车分离行驶，减少相互干扰。当车流量很大，机动车、非机动车之间干扰严重时，可考虑采用立体非机动车交通组织，并与人行天桥或地道一起考虑。

为减少左转非机动车与同向直行机动车和对向直行机动车、非机动车交通流的冲突，提高交叉口的通行能力和交通安全性，在交叉口左转非机动车的流量较大且用地条件受限时，应尽可能利用或创造条件使得非机动车左转交通流两次过街。必要时可以设置非机动车左转待行区，并且应在面积上满足非机动车停车的需要，且不影响其他各类交通流的通行。

3. 公交车辆的交通组织

公交车辆在路边停车时会占用机动车道，造成拥阻，从而影响到路段和交叉口的通行能力。因此，在交叉口附近设置公交停靠站，应充分注意处理好方便乘客和降低公交停靠站交叉口通行能力的影响。

在新建和改建交叉口附近设置的公交停靠站，原则上设在交叉口的出口道附近。左转或右转的公交线路，为了避免对进口道通行能力的影响，应先转弯后再停靠，但其位置不应影响到流出交通流的正常加速。因此，可以在交叉口附近设置港湾式的公交停靠站，其中非机动车可以部分地借用人行道，这样可以为港湾式停靠站让出部分空间。

4. 行人交通组织

为行人交通提供安全方便的通过条件对保证交叉口的交通安全和提高交叉通行能力具有重要意义。

（1）交叉口转角处人行道 转角处人行道宽度，应等于或大于路段人行道宽度，人流繁多或机动车流量大时，宜用栏杆分隔车行道与人行道。

拟远期设置人行立交的交叉口，人行道的宽度还应考虑天桥或地道出入口踏步的所需宽度，为此转角处要加宽人行道。

（2）人行横道 在交叉口进口道处，用斑马线等标线规定行人横穿车道的步行范围称为人行横道。

① 人行横道的设置方向，原则上应垂直于道路，使人过街距离最短，并可缩短交通信号控制中对行人的配时。X形交叉口的人行横道，可以平行相交道路设置，以减小交叉口面积，从而减少信号控制中的损失时间（黄灯时间）。交叉口上交通标志见图2-49。

在渠化交通中交通岛的设置，应

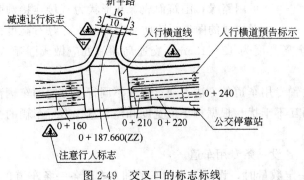

图2-49 交叉口的标志标线

根据交叉口上各车道的行驶方向绘制行车轨迹线，所得出的非行驶区即为交通岛的位置。

停车线设在人行横道（第二条线）后至少1m处，通常与相交道路中心线平行。停车线位置宜尽量靠近交叉口，以缩小交叉区域，减少车辆通过交叉口的时间，但应保证一条路上过交叉口的绿灯尾车，不干扰侧向另一条路绿灯头车的顺利通过。人行横道的位置如远离交叉口，不但不利于车辆的通过能力，而且使行人过街绕行，还将增加车辆到达横道线时的速度而影响交通安全。停车线前移，即人行横道前移，将使行人横道长度增加。当车行道车道数大于等于6条时，必须设置安全岛，以确保行人安全过街。

② 人行横道的宽度　人行横道的宽度与行人过街交通量和行人交通信号配时长度有关，因此，应根据交叉口的具体情况而定。其最小宽度为4m，当过街人流量较大时，可适当加宽，但不宜超过8m。

③ 人行横道的长度　人行横道越长，所需交通信号中保证行人通过的配时也越长，而且行人在通过过长的人行横道时，会使思想紧张导致判断困难，不利于交通安全。因此，不希望人行横道过长，一般应控制在15m以下。当车行道宽度大于15m时，为了缩短行人过街时间，便于行动不方便的行人过街，确保行人安全，体现"以人为本"的宗旨，可在车行道的中央设置人行过街安全岛，使每次过街长度不超过限度。

（四）交叉口的视距

为保证交叉口上的车辆行驶安全，司机在进入交叉口前的一段距离内，必须能看清相交道路的车辆行驶情况，以便能顺利地驶过交叉口或及时停车，避免发生碰撞，这一段距离必须大于或等于停车视距。

交叉口转角处由两相交道路的停车视距所组成的三角形称为视距三角形（图2-50），在视距三角形的范围内，不得有妨碍司机视线的任何障碍物，以保证通视和行车安全，特别是对无信号管制的交叉口。

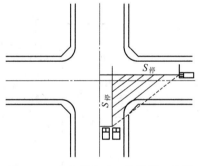

图2-50　十字形交叉口的视距三角形

视距三角形应以最不利的情况来绘制。绘制时，首先根据交叉口计算行车速度，计算相交道路的停车视距，绘制出直行车与左转车辆行车的轨迹线，找出各组的冲突点，从最危险的冲突点向后沿行车方向的轨迹线（即行车的车道中线）量取停车视距 $S_{停}$ 值，然后连接线段末端，三条线所构成的就是视距三角形范围。

十字形交叉口，出行车辆可能的最危险冲突点是最靠右边的第一条直行机动车道的轴线与相交道路靠中心线的第一条直行车道的轴线所构成的交叉点；Y字形或T字形交叉口，最危险的冲突点则在直行道路最靠近右边的第一条直行车道的轴线与相交道路最靠近中心线的一条转车道的轴线所构成的交叉点。

（五）立体交叉的形式

（1）根据立体交叉结构物形式的不同可分为隧道式和跨路桥两种。

（2）根据相交道路上行驶车辆相互转换方式可分为分离式和互通式两种。

在互通式立交中，根据交叉口的立交完善程度和几何形式不同，又可分为部分互通式、完全互通式和定向式三种。

① 部分互通式。常见的有菱形交叉、两层十字形立交、三层十字形立交和部分苜蓿叶式立交等。

② 完全互通式。是每个方向都采用立体交叉，是立交的基本形式。常见的有喇叭形立交、梨形立交、苜蓿叶式立交、环形立交等。

③ 定向式立交是指每条匝道都从一指定的路口直接连接另一指定路口，不通向其他道路。

（六）环形交叉口

环形交叉是在交叉口中央设置圆形（包括椭圆形或不规则圆形）中心岛，组织渠化交通的一种交叉形式。环形交叉的交通特点是进入交叉口的不同方向交通流，均按一定的速度要求及统一的转向（通常是逆时针方向）绕中心岛作单向行驶，并以较低的速度连续进行合流与交织，一般无信号控制。

环形交叉与一般交叉相比，一方面减少冲突点，提高车辆行驶的安全性；另一方面，进入环道的车辆可以不用信号管制，以一定速度连续通过环道，这样可以避免一般交叉口内信号控制而产生的周期性交通阻滞，从而提高了交叉口的运行效率。

（七）交叉口施工图的识读

交叉口施工图是道路施工放线的依据和标准，因此施工前一定要将施工图所表达的内容全部弄清楚。施工图一般包括交叉口平面设计图（图 2-51）和交叉口立面设计图。

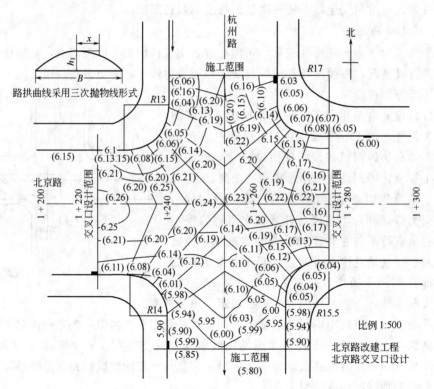

图 2-51 城市道路交叉口平面设计图

1. 交叉口平面设计图的识读要求

（1）了解设计范围和施工范围。

（2）了解相关道路的坡度和坡向。

（3）了解道路中心线、车行道、人行道、缘石半径等位置。

2. 交叉口立面设计图识读要求

（1）了解路面性质及所用材料。

（2）掌握旧路现况等高线和设计等高线。

（3）了解胀缝的位置和胀缝所用材料。

（4）了解方格网的尺寸。

第四节　桥梁工程图

不管是城市道路还是乡村道路，当路线跨越河流、小溪、山谷或与其他线路立体交叉时，需要修筑各种类型的桥梁或涵洞与道路连成一体，以保证车辆的正常行驶、水流的宣泄及船只的通航。桥梁成为交通线中重要的组成部分。随着城市建设的高速发展，迫切需要新建、改造许多城市桥梁。人们对桥梁的建设提出了更高的要求，雄伟壮观的城市桥梁也成为城市的标志之一。

设计和建造一座桥梁需要许多图纸，从桥梁位置的确定到各个细部的情况，都需用图纸来表达，无论桥梁的形式和使用的材料有何不同，桥梁工程图的图示方法基本相同。桥梁工程图主要由桥位平面图、桥位地质图、桥梁总体布置图和构件结构图等组成。其中较为重要的是桥梁的总体布置图和构件图。

桥梁结构图的主要图示特点为：桥梁的下部结构大部分埋于土及水中，画图时常把土和水视为透明体拿掉而不在图中画出，只画构件的投影；桥梁位于路线的一段，除标注桥梁本身大小尺寸外，还要标出桥梁的主要部分相对于整个路线的里程桩号；绘制桥梁工程图时，仍采用缩小比例，不同的图样可以采用不同的比例。

下面主要介绍桥位平面图、桥位地质断面图、桥梁总体布置图、构件结构图的形成、图示内容及阅图方法。

一、桥梁的平面图、纵断面图、横断面图

（一）桥位平面布置图

桥梁的线形及桥头引导要保持平顺，使车辆能平稳的通过。修建一座桥梁所需的图纸很多，主要有桥位平面图、桥位地质断面图等。

1. 桥位平面图

将桥梁的设计结果用图例的形式绘制在实地测绘处的地形图上，所得到的图样称为桥位平面图（如图 2-52）。主要表达桥梁在道路路线中的具体位置及桥梁周围地形地物的情况。桥位平面图中的主要内容和读图方式如下。

（1）比例　桥梁图示一般采用 1：500、1：1000、1：2000 的比例。

（2）方位　一般采用指北针的方式来表示所处的位置，箭头方向指向正北方向。本图中图纸的上方为正北方向。

（3）地形　平面图是绘制在地形图上的图样，主要表现桥梁在整个地形中所处的位置，所以图纸上反映的地形采用等高线的形式来表示。从图中可以看出，这座桥梁的东西两侧各有一个山峰，中部地势比较平坦。

（4）地物　对于桥梁所在范围内的各种地物，应该用标准图例绘制在图纸中。通过本图可了解到在该桥周围有：一条清水河，河上有一座木桥，河的两侧有堤坝，河的两侧有旱田、水稻田和果园，还有池塘。

（5）路线　主要反映线路的设计走向，和该桥梁与线路的连接情况。从图中可看出，道路自西南向东北方向，在道路上有两个转折点，路线上有千米标和百米标。在河流位置处设

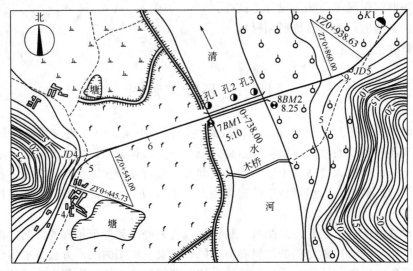

图 2-52　桥位平面图

立交桥。还可以看到三个钻探孔，以及它们的位置、编号。

（6）水准点　在道路沿线上和道路范围内所涉及的水准点，应该标准出其位置、编号、标高等。如图 2-52 所示。

2. 桥位地质断面图

桥位地质断面图是根据水文调查和实地钻探所得到的水文地质资料绘制而成，表明桥梁所在河床处的水文地质断面情况的图样。

（1）坐标　以横坐标（水平方向）表示长度，纵坐标（垂直方向）表示标高。

（2）比例　在同一个图纸上，一般采用相同的比例来进行绘图，有时为了把图纸中所想表达的内容都能清晰地反映出来，则会采用不同的比例。在桥梁地质断面图中，为了更好地显示地质及河床深度变化的情况，可将竖直方向的比例较水平方向的比例放大数倍。如图所示，图中水平方向的比例为 1∶500，竖直方向为 1∶200，同时在图的左侧用相应的比例（1∶200）画上高程标尺。

（3）图样　在桥位地质断面图中，应标注出河床三条水位线的位置和标高，河床线下的土层应用图例分别绘出，并用文字注明土质的名称，如有钻孔，则应标出钻孔所在的编号、具体位置及其钻孔深度，还要标示出河床两岸控制点的桩号、位置。

（4）图表　在图中不能完全标示清楚的可用图样下方的表来表示。可以标注图中构筑物相应的位置、对应的数据。一般标注的项目有钻孔编号、孔口标高、钻孔深度、钻孔之间的距离等。如图 2-53 所示。

3. 桥梁总体布置图

桥梁总体布置图反映河床地质断面及水文情况，主要表明桥梁的形式、跨径、净空高度、孔数、总体尺寸，各主要构件的数量和相互位置关系，还要对桥梁各部分的标高、使用材料及总体设计说明等。

桥梁总体布置图在施工时可以作为施工时确定墩台位置、安装构件和控制标高的主要依据，所以在图中应清晰准确地反映出墩台所在的里程桩号、构件及水位等控制点的标高。当混凝土桩埋置深度较大时，为了节省图幅，一般在绘图时将桥梁和地质资料一起采用折断画法，在图的上方应将桥梁两端和桥墩的里程桩号标注出来，以便于读图和施工放样。

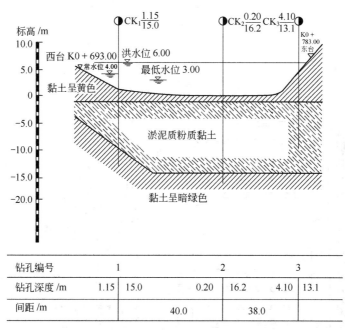

钻孔编号		1		2		3
钻孔深度 /m	1.15	15.0	0.20	16.2	4.10	13.1
间距 /m			40.0		38.0	

图 2-53　桥位地质断面图

　　桥梁总体布置图是由立面图、平面图、侧剖面图和横断面图组成。通常采用较构件图小的比例绘图，一般可采用的比例为（1：50）～（1：500）。

　　图中表示的尺寸有桥梁总长、孔径（跨径）、桥面中心标高、河床线上墩（台）所在处的标高、水位线标高、桩的截面尺寸等，其中标高的单位用"m"，其余均以 cm 或 mm 作单位。

　　图中的线型：一般情况下，轮廓线用粗实线表示，河床线用加粗实线表示，其他尺寸线、中心线等用细实线表示。

　　现以上海地区某一桥梁工程图为例来具体介绍桥梁总体布置图，分析桥梁总体布置图的图示内容和读图方法。图 2-54 所示为上海地区某一桥梁的总体布置图，它是用立面图（半剖面图）、平面图（半剖面图）和横剖面图表示；比例均采用 1：150。

　　（1）立面图　总体立面图一般采用半立面图和半纵剖面来表示，半立面图表示外部形状，半纵剖面图表示内部构造。由于剖切到的部分截面较小，故涂黑表示。从图中可以看出以下内容。

　　① 上部结构中桥面到梁底之间共有三条线，表示了桥面的铺装厚度和梁的高度；从半纵剖面图并结合横剖面图中可以看到中间孔的梁与边孔的梁结构是相同的，均为空心板梁。

　　② 下部结构是由两端桥台和中间两个桥墩的外形投影图。全桥由三孔组成，中孔跨径和两边孔跨径均为10m，桥梁全长30m。第一跨梁的左端搭在桥台的台帽上，桥墩自上而下有盖梁、墩柱、承台和桩组成。图的上方标出了桥梁两端桥台和桥梁中心点的里程桩号。根据图示标高尺寸可知，桩和桥台基础的埋深情况，由于钢筋混凝土桩埋置深度较大，为节省图幅，桩可采用折断画法来表示。

　　③ 河床断面　图中反映了河床线与桥梁之间的位置关系，有些图上还可反映出河床地质断面及水文情况。图中标出了水位标高，有些图上要求详细地标注出常水位和洪水位的标高，以便施工时使用。

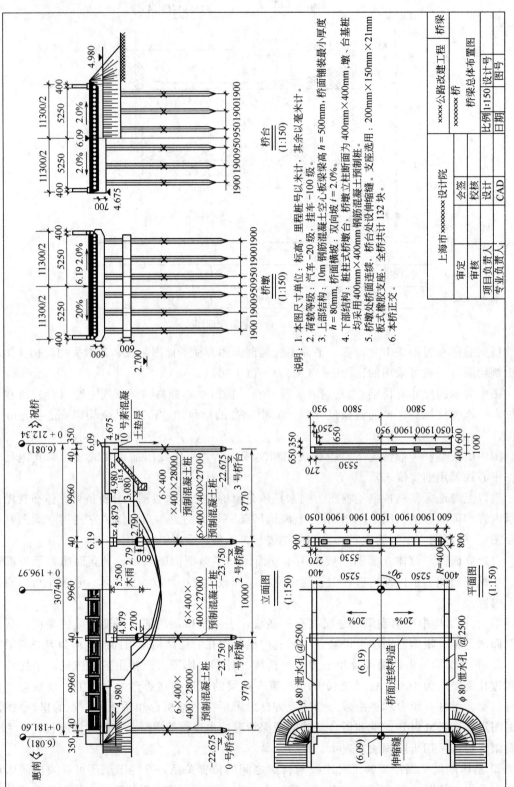

图 2-54 桥梁总体布置图

（2）平面图　平面图一般采用半平面图半剖面图的形式来表示，即采用半平面和半墩台桩柱平面图相结合的表示方法。半墩台桩柱平面图是根据不同图示内容的需要进行正投影得到的图样，读图时应对照立面图整体来看。本图采用的半剖面图中，桥墩是剖切在柱式桥墩和钢筋混凝土方桩处，桥台是剖切在钢筋混凝土方桩和桥台结构桩处。

① 半平面图部分　从图中可看出，桩号 0+181.6～桩号 0+196.97 之间，图示了桥面的构造情况，可看到桥面中心线、桥面、栏杆、道路边线、桥面横坡设置、桥台两侧锥形护坡、伸缩缝几个部分的尺寸等主要内容。

② 从桩号 0+196.97 向主桥方向部分，是把桥梁上部结构揭去后在水平面上的投影形状。图示了半个桥墩桥台的水平投影形状。

③ 2 号桥墩处是将桥墩的盖梁揭去后所得到的水平投影图。图示了桥墩是由六根圆柱组成及其相互的位置尺寸，桥墩承台的水平投影形状。

④ 桩号 0+212.34 处，是将桥台上面回填土揭去后得到的水平投影图。图示了桥台的水平投影及长度、宽度方向的尺寸，和桥台下桩的布置及相互间的位置尺寸。

（3）横剖面图　该图是由 2 号桥墩和 3 号桥台两个剖面图组成。

① 上部结构　从图中可看出桥面的布置情况，即桥面宽度、栏杆的位置、路面的横向排水坡度、方向。可知桥梁净宽 10.5m，栏杆宽 0.4m，两侧不设人行道，图中也显示了钢筋混凝土方桩的横向位置。

② 桥墩下部结构　图示为桥墩的侧立面投影图，从图中可反映出帽梁、墩柱、承台、桩的形状、尺寸和相互的位置。

③ 桥台下部结构　图示为桥台的侧立面投影图，从图中可反映出台帽、前墙、桥台基础、锥形护坡的形状、尺寸。

最后，再将三个图联系起来看，可以知道全桥主要由 2 个桥台（包括 12 根桩）、2 个桥墩（包括 12 根桩）、11 片空心板梁等构件组成。

（二）桥梁的纵断面图

桥梁纵断面图是桥梁纵断面设计的结果，因为在纵断面图中应包含桥梁的总跨径、桥梁的分孔、桥面标高、桥下净空、桥上及桥头纵坡布置等。

1. 桥梁的总跨径及分孔

对于跨河桥，桥梁的总跨径必须保证桥下有足够的泄洪面积，不至于对河床造成过大的冲刷；对于跨线桥（城市立交桥）应保证桥下车辆、行人交通的畅通和安全。桥梁的分孔与诸多因素有关，如是否应考虑通航要求、地质条件怎样、结构类型如何、施工难易程度等，应尽可能使得分孔后上下部结构总造价趋于最低。如图 2-55 所示，整座桥全长范围内共分为 5 孔，中孔跨径较大，中孔两侧的边孔跨径较小，全桥的总跨径应等于 5 孔净跨径之和。

2. 桥梁的标高及高度

在桥梁的纵断面图中，表示有若干个标高。如梁式桥中的桥面标高、支座底面标高、基底标高及最低水位、通航水位、设计洪水位等标高，见图 2-56 所示；拱式桥中有桥面标高、拱线标高、水位等。这些标高和水位都应满足桥梁设计规范的要求。

（三）桥梁横断面图

桥梁的横断面图中主要表现了桥面的宽度和桥跨结构的横截面布置形式。桥面宽度决定于桥上的交通需要（车辆和行人的行驶）。如图 2-57 所示表示的是整体式梁桥的横断面形状。图中 W 表示桥面行车道净宽。我国《公路工程技术标准》将公路桥面行车净宽标准分

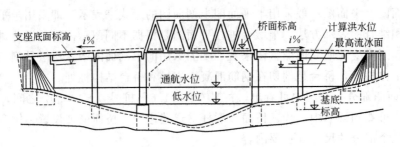

图 2-55　梁式桥纵断面图

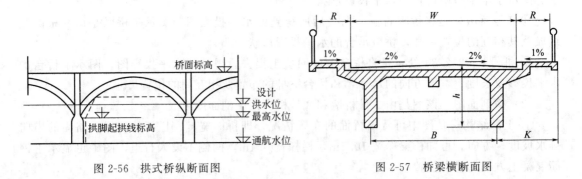

图 2-56　拱式桥纵断面图　　　　图 2-57　桥梁横断面图

为五种：$2 \times$ 净-7.5、$2 \times$ 净-7.0、净-9、净-7 和净-4.5，即 $W = 7.5\text{m}$、7.0m、9m、7m、4.5m。1‰~2‰表示桥面行车道的路拱横坡。R 表示两侧人行道（安全带）的宽度，一般为 0.75m 或 1.0m，若大于 1.0m 时则按 0.5m 的倍数增加。为了排除人行道上的雨水，将人行道做成倾向于行车道为 1‰的横坡。为确保行人和行车的安全，人行道（安全带）应高出车行道面至少 20~25cm。

二、桥梁结构构件图

在桥梁总体布置图中，桥梁各部分的构件是无法详细表达完整的，施工时如果单凭总体布置图是无法进行施工的。为此还必须分别把各构件（如桥台、桥墩等）的形状、大小及其钢筋布置完整地表达出来才能进行施工。

结构构件图主要表明构件的外部形状及内部构造（如配置钢筋的情况等）。构件图又包括构造图与结构图两种。只画构件形状、不表示内部钢筋布置的称为构造图（当外形简单时可省略）。其图示方法与视图完全一致。主要表示钢筋布置情况，同时也可表示简单外形的称为结构图（非主要的轮廓线可省略不画）。结构图一般应包括钢筋布置情况、钢筋编号及尺寸、钢筋详图（为加工需要要把每种钢筋分别画出）、钢筋数量表等内容。钢筋直径以 mm 为单位，其余均以 cm 为单位。受力钢筋用粗实线表示，构造钢筋比受力筋在作图时要略细一些。

图纸中的线型：构件的轮廓线用中粗实线表示，尺寸线等用细实线表示。

（一）桥梁墩（台）

桥梁墩（台）主要由墩（台）帽、墩（台）身和基础三部分组成，如图 2-58 所示梁桥重力式桥墩和桥台。

桥梁墩（台）的主要作用是承受上部结构传来的荷载，并通过基础又将该荷载及本身自重传递到地基上。桥墩一般系指多跨桥梁的中间支撑结构物，将相邻两孔桥跨结构连接起来。它除了承受上部结构的荷载外，还要承受水压力，水面以上的风力及可能出现的流冰压力，船只、排筏或漂浮物的撞击力等。桥台除了是支撑桥跨结构的结构物以外，它又是衔接两岸接线路堤的构筑物：既要能挡土护岸，又要能承受台背填土及填土上车辆荷载所产生的附加内力。因此，桥梁墩台不仅本身应具有足够的强度、刚度和稳定性，而且对地基的承载能力、沉降量，地基与基础之间的摩擦阻力等也都提出了一定的要求，以避免在这些荷载作用下有过大的水平位移、转动或者沉降发生。

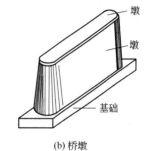

图 2-58　梁桥重力式墩台

桥梁墩台的类型很多，常用的形式大体上可归纳为重力式和轻型两大类。

① 重力式墩台　这类墩台的主要特点是靠自身质量来平衡外力而保持其稳定。因此，墩台身比较厚实，可以不用钢筋，而用天然石材或片石混凝土砌筑。适用于地基良好的大中型桥梁，或流冰漂浮物较多的河流中。其主要缺点是圬工体积较大，自重和阻水面积也大。

② 轻型墩台　属于这类墩台的形式很多，而且都有自身的特点和使用条件。一般来说，这类墩台的刚度小，受力后允许在一定的范围内发生弹性变形。所用的建筑材料大都以钢筋混凝土和少量配筋的混凝土为主，但也有一些可用石料砌筑。

在选择墩（台）的形式、构造材料时，必须坚持就地取材因地制宜的原则，根据桥跨结构的特点，墩（台）高度、地形、地质及水文条件等施工条件和因素，经技术经济综合比较予以确定。

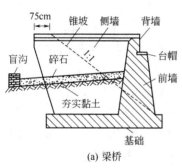

(a) 梁桥

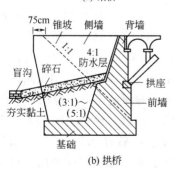

(b) 拱桥

图 2-59　U 形桥台

1. 桥台

（1）重力式 U 形桥台　重力式 U 形桥台为梁桥和拱桥上常用的桥台，由台帽、台身和基础三部分组成。由于台身是由前墙和两个侧墙构成的 U 形结构，故而得名。梁桥、拱桥桥台构造示意图如图 2-59。前墙除了承受上部结构传来的荷载外，还承受路堤的水平压力。前墙顶部设置台帽，以放置支座和安设上部构造。台顶部分用防护墙将台帽与填土分隔开，侧墙用以连接路堤并抵挡路堤土向两侧的压力。

U 形桥台的优点是构造简单，可以用混凝土或片石、块石砌筑。它适用于填土高度在 8～10m 以下或跨度稍大的桥梁。缺点是桥台体积和自重较大，增加了对地基的要求。此外，桥台的两个侧墙之间填土容易积水，结冰后冻胀，使侧墙产生裂缝。所以宜用渗水性较好的土夯填，并做好台后排水措施。以梁桥 U 形桥台为例介绍桥台的各部分构造。

① 台帽　梁桥台帽顶面只设单排支座，并在一侧砌

筑挡住路堤填土的矮墙，或称背墙（图2-59）。背墙的顶宽，对于片石砌体不得小于50cm，对于块石、料石砌体及混凝土砌体不宜小于40cm。背墙一般做成垂直的，并与两侧侧墙连接。如果台身放坡时，则在路堤一侧的坡度与台身一致。在台帽放置支座部分的构造、钢筋配置及混凝土强度等级可按构造要求进行设计。

② 台身 台身由前墙和侧墙构成。前墙正面多采用10∶1或20∶1的斜坡。侧墙与前墙结合成一体，兼有挡土墙和支撑墙的作用。侧墙正面一般是直立的，其高度视桥台高度和锥坡坡度而定。前墙的下缘一般与锥坡下缘相齐，因此，桥台越高，锥坡越平坦，侧墙则越长。侧墙尾端，应有不小于0.75m的长度伸入路堤内，防止填土松塌，以保证与路堤有良好的衔接。台身的宽度通常与路基的宽度相同。

两个侧墙之间应填以渗透性较好的土壤。为了排除桥台前墙后面的积水，应于侧墙间在略高于高水位的平面上铺一层向路堤方向设有斜坡的夯实黏土作为不透水层，并在黏土层上再铺一层碎石，将积水引向设于台后横穿路堤的盲沟内。桥台两侧的锥坡坡度，一般由纵向为1∶1逐渐变至横向1∶1.5，以便和路堤的边坡一致。锥坡的平面形状为1/4的椭圆。锥坡用土夯实而成，其表面用片石砌筑。

重力式U形桥台，主要依靠自身重力和台内填土重力来保持稳定，其构造虽然简单，但圬工数量大，并由于自身质量大而增强对地基的压力，一般用于填土高度和跨径不大的桥梁中。

（2）轻型桥台 与重力式桥台不同，轻型桥台力求体积轻巧、自重要小，它借助结构物的整体刚度和材料强度承受外力，从而可节省材料，降低对地基强度的要求和扩大应用范围，为在软土地基上修建桥台开辟了经济可行的途径，下面仅介绍梁桥常使用的轻型桥台。

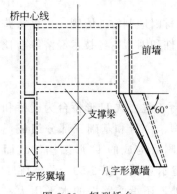

图2-60 轻型桥台

① 设有支撑梁的轻型桥台 这种桥台的特点是，台身为直立的薄壁墙，台身两侧有翼墙。在两桥台下部设置钢筋混凝土支撑梁，上部结构与桥台通过锚栓连接，于是便构成四铰框架结构系统，并借助两端台后的被动土压力来保持稳定（图2-60）。它的基础将视作为作用于弹性地基上的梁来计算，一般用C15混凝土，当基础长度大于12m时须配置钢筋。支撑梁的截面尺寸为20cm×30cm，用C20钢筋混凝土浇筑，搁置在基础之上，并垂直于桥台。支撑梁应对称于桥中心线布置，中距约为2~3m。支撑梁也可用混凝土或块石砌筑，达到节约钢筋的目的，但截面尺寸不应小于40cm×40cm。

按照翼墙（侧墙）的形式和布置方式，这种桥台又可分为：一字形轻型桥台、八字形轻型桥台、耳墙式轻型桥台。一字形或八字形轻型桥台的台身均为圬工砌体，当桥的跨径不超过6m、台高不超过4m时，可用M12.5浆砌块石；当跨径大于6m、台高大于4m时，需用C15混凝土浇筑。台帽为C20钢筋混凝土，台帽内的预埋栓钉应与上部结构互相锚固。为了保证支撑梁牢固地埋入土中，一般埋置深度为1.5m，在有冲刷的河流上，还应用片石铺砌河床。如果基础能嵌入风化岩层15~25cm时，也可不设下部支撑梁。台身前墙与翼墙之间设沉降缝分离。这类桥台不设路堤锥坡，前墙承受土压力及支座传来的荷载，两侧翼墙只承受土压力。翼墙顶面与路堤边坡平齐，其高度与底宽是变动的。八字形翼墙在平面上与路堤中心线通常呈60°角斜交。只有当土壤的天然坡角较大或桥位处设置锥坡有困难时才采用这类桥台。

② 埋置式桥台　埋置式桥台是将台身埋在锥形护坡中，只露出台帽在外以安置支座及上部构造。当路堤填土高度超过6～8m时，可采用埋置式桥台。这样，桥台所受的土压力大为减少，桥台的体积也就相应减少。但由于锥坡伸入到桥孔，压缩了河道，有时因此需增加桥长。它适用于桥头为浅滩，锥坡受冲刷小，填土高度在10m以下，孔径在10m以上的桥梁。埋置式桥台附有短小耳墙，耳墙与路堤衔接，伸入路堤的长度一般不小于50cm。常见的埋置式桥台有下列四种型式，除重力式埋置桥台外，还有立柱式埋置桥台、框架式埋置桥台和柱式埋置桥台，这些桥台均比重力式桥台轻巧，能节省大量圬工。见图2-61所示。

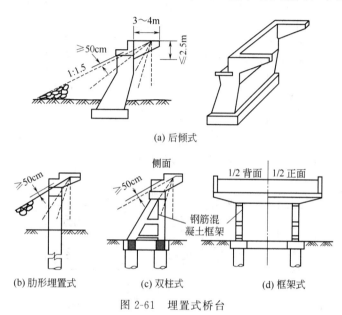

图 2-61　埋置式桥台

③ 钢筋混凝土薄壁桥台　钢筋混凝土薄壁桥台是由扶壁式挡土墙和两侧的薄壁侧墙构成如图2-62所示。挡土墙由厚度不小于15cm（一般为15～30cm）的前墙和间距为2.5～3.5m的扶壁所组成。台顶由竖直小墙和支于扶壁上的水平板构成，用以支撑桥跨结构。两侧薄壁可以与前墙垂直，有时也做成与前墙斜交。前者称U形薄壁桥台，后者称八字形薄壁桥台，如图2-62所示。这种桥台可减少圬工体积，与重力式U形桥台相比较，可减少圬工体积40%～50%，同时因重量轻可减轻对地基的压力。

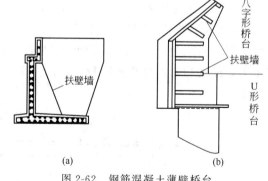

图 2-62　钢筋混凝土薄壁桥台

适用于软弱地基的条件，但构造和施工比较复杂，而且用钢量也较多。

2. 桥墩

图2-63为桥墩的构造图。桥墩由墩帽、两根柱身和两根混凝土灌注桩组成，它的图形是由立面图和侧面图表示。

（1）重力式桥墩　重力式桥墩由墩帽、墩身和基础组成。

① 墩帽　墩帽是桥墩顶端的传力部分，它通过支座承托着上部结构，并将相邻两孔桥

上的恒载和活载传到墩身上。因此，墩帽的强度要求较高，一般都用 C20 以上的混凝土或钢筋混凝土做成。墩帽平面尺寸的合理确定，应符合规范规定。对于大跨径的桥梁不得小于 40cm；对于中小跨径的桥梁不得小于 30cm。其顶面常做成 10％的排水坡。墩帽的四周较墩身出檐 5～10cm，并在其上做成沟槽形滴水（图 2-64）。墩帽的平面形状应与墩身形状相配合，其平面尺寸取决于支座布置情况。

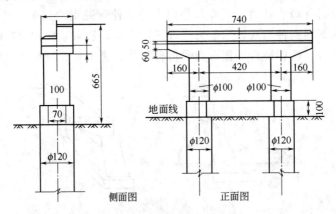

图 2-63 桥墩的构造图（单位：cm）

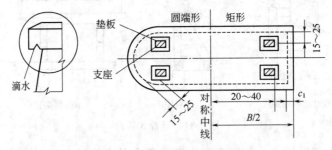

图 2-64 墩帽构造（单位：cm）

在支座下面的墩帽内应设置钢筋网，其余部分大中桥应设构造钢筋，构造钢筋为直径 6～8mm 的 I 级钢筋，间距为 15～25cm，支座垫板下设钢筋网，一般为直径 8～12mm 的 I 级钢筋，间距为 7～10cm。钢筋网尺寸为支座垫板的两倍，这样使支座传来的很大的集中力，能较均匀地分布到墩身上。图 2-65 为普通墩帽和具有支撑垫石墩帽的钢筋构造示例图。

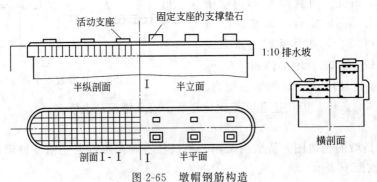

图 2-65 墩帽钢筋构造

另外，在一些宽桥或者墩身较高的桥梁中，为了节省墩身及基础的圬工体积，常利用挑出的悬臂或托盘来缩短墩身横向的长度，做成悬臂式或托盘式墩帽（图 2-66）。悬臂式墩帽采用 C20 以上混凝土，墩帽长度和宽度视上部构造的形式和尺寸、支座的尺寸和布置以及上部构造中主梁的施工吊装要求等条件而定。墩帽的高度视受力大小和钢筋排列布置的需要而定。挑出部分的高度可向两端逐渐减小。端部高度通常采用30～40cm。这种墩帽需要布置受力钢筋和增设悬臂部分的施工

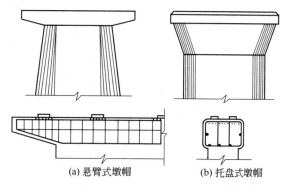

(a) 悬臂式墩帽　　　　(b) 托盘式墩帽

图 2-66　悬臂式和托盘式墩帽

脚手架。托盘式墩帽是将墩帽上的力逐渐传递到紧缩了的墩身截面上。墩帽内是否配置钢筋要视主梁着力点位置和托盘扩散角的大小而定。

② 墩身　墩身是桥墩的主体。重力式桥墩墩身的顶宽，对小跨径桥不宜小于 80cm；对中跨径桥不宜小于 10cm；对大跨径桥的墩身顶宽，视上部构造类型而定。侧坡一般采用（20:1）～（30:1），小跨径桥的桥墩也可采用直坡。

墩身通常由块石、混凝土或钢筋混凝土这几种材料建造。为了便于水流中漂浮物通过，墩身平面形状可以做成圆端形或尖端形；无水的岸墩或高架桥墩可以做成矩形，在水流与桥梁斜交或流向不稳定时，宜做成圆形（图 2-67）。在有强烈流冰或大量漂浮物的河道（冰厚大于 0.5m，流冰速度大于 1m/s）上，桥墩的迎水端应做成破冰棱体，破冰棱体可由强度较高的石料砌成，也可以用高强度等级的混凝土辅之以钢筋加固。

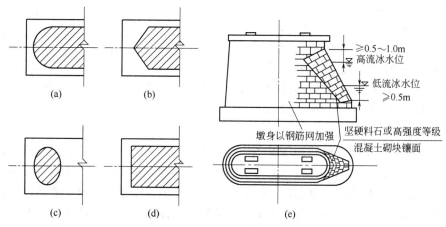

图 2-67　墩身平面形状

此外，在一些高大的桥墩中，为了减少圬工体积、节约材料，或为了减轻自重，降低基底的承压应力，也可将墩身内部作成空腔体，即所谓空心桥墩（图 2-68）。这种桥墩在外形上与实体重力式桥墩无大的区别，只是自重较实体重力式的轻。因此，它介于重力式桥墩和轻型桥墩之间。

③ 基础　基础是介于墩身与地基之间的传力结构。基础的种类很多，这里仅介绍设置在天然地基上的刚性扩大基础。它一般采用 C15 以上的片石混凝土或用浆砌块石筑成。基础的平面尺寸较墩身底截面尺寸略大，四周放大的尺寸对每边约为 0.25～0.75m。基础可以做成单层的，也可作成 2～3 层台阶式的。台阶或襟边的宽度与它的高度应有一定的比例，

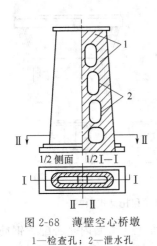

图 2-68　薄壁空心桥墩
1—检查孔；2—泄水孔

通常其宽度控制在刚性角以内。

为了保持美观和结构不受碰损，基础顶面一般应设置在最低水位以下不少于 0.5m；在季节性流水河流或旱地上，则不宜高出地面。基础的埋置深度，除岩石地基外，应在天然地面或河底以下不少于 1m；如有冲刷，基底埋深应在设计洪水位冲刷线以下不少于 1m；对于上部结构为超静定结构的桥涵基础，除了非冻胀土外，均应将基底埋于冰冻线以下不小于 0.25m。

（2）轻型桥墩　当地基土质条件较差时，为了减轻地基的压力，或者减轻墩身重量，节约圬工材料，可采用各种形式的轻型桥墩。轻型桥墩的墩帽尺寸及构造也由上部结构及其支座的尺寸等要求来确定，这与重力式桥墩相似。在梁桥中，通常采用以下几种类型。

① 钢筋混凝土薄壁桥墩　图 2-69 所示为钢筋混凝土薄壁桥墩，墩身直立，其厚度（30～50cm）与高度的比值较小（1/10～1/15），墩身内配置有适量的钢筋，含钢量约为 60kg/m³。桥墩材料采用 C15 以上的混凝土。薄壁桥墩的特点是圬工体积小，结构轻巧，且施工简便，外形美观，过水性良好，适用于地基土软弱的地区。它的缺点是：当采用现浇混凝土时，需耗费大量的木模和钢筋。

② 柱式桥墩和桩式桥墩　柱式和桩式桥墩的结构特点是由分离的两根或多根立柱（或桩柱）所组成，是公路（城市）桥梁中应用较多的桥墩形式之一。它的外形美观，圬工体积少，且重量较轻。

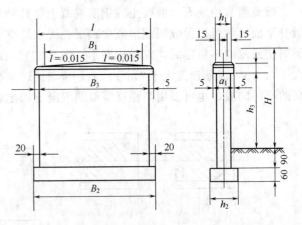

图 2-69　钢筋混凝土薄壁桥墩（单位：cm）

柱式桥墩是由两个腰圆形柱和设置在柱顶上的墩帽以及联系梁所组成，如图 2-70(a) 所示为双柱式桥墩。柱的底端被连接成整体。这种桥墩的刚度较大，适用性较广，并可与桩基配合使用。缺点是模板工程较复杂，柱间空间小，易于阻滞漂浮物，故一般多在水深不大的浅基础或高桩承台上采用，而避免在深水、深基础及漂浮物多、有木筏的河道上采用。

桩柱式桥墩一般分为两部分，地面以上的称为柱，地面以下称为桩。柱与桩直接相连，柱即是桩。可分为单柱式和双柱式两种，其中单柱式桩墩适用于水流方向不稳定或桥宽不大的斜交桥；双柱式桩墩，对于桩位施工的精确度要求较高。近年来，我国较多采用钻孔灌注桩双柱式桥墩，如图 2-70(b)，它由钻孔灌注桩与钢筋混凝土墩帽组成。当墩身桩柱的高度大于 1.5 倍的桩距时，通常就在桩柱之间布置横系梁，以增加墩身的侧向刚度。桩柱式桥墩施工方便，特别是采用钻孔灌注桩时，钻孔直径较大，墩身的刚度也比较大，桩内钢筋用量不多。

③ 柔性排架桩墩　柔性排架桩墩是由成排打入的钢筋混凝土桩构成，一般在墩高小于 5～7m，跨径小于 13m 的桥梁上使用。对于漂浮物严重和流速较大的河流，由于桩墩容易

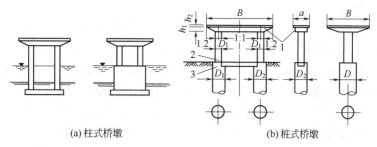

图 2-70 柱式和桩式桥墩（单位：cm）

1—盖梁；2—系梁；3—桩

磨耗，不宜采用。可分为单排或双排的钢筋混凝土桩与钢筋混凝土盖梁连接而成（图2-71）。其主要特点是：可以通过一些构造措施，将上部结构传来的水平力（制动力、温度影响力等）传递到全桥的各个柔性墩台，或相邻的刚性墩台上，以减少单个柔性墩所受到的水平力，从而达到减少桩墩截面的目的。

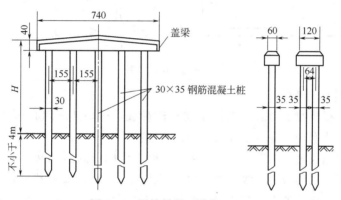

图 2-71 柔性桥墩（单位：cm）

柔性桩墩一般采用预制的矩形桩，其截面尺寸常为 25cm×35cm、30cm×35cm 和 30cm×40cm 等。桩长不超过 14m，过长则柔性更大，且施工也不方便。桩间中距为 1.5～2.0m，双排架的两排间净距不大于 30～40cm。盖梁也采用矩形截面，截面高度采用 40～50cm，其宽度对于单排桩为 60～80cm。盖梁均为 C30 混凝土。

柔性桩墩的优点是用料省，修建简便，施工速度快。主要缺点是用钢量大，使用高度和承载力都受到一定限制。因此它只适合于低、浅、宽滩河流，在通航要求低和流速不大的水网地区河流上修建小跨径桥梁时采用。

（二）装配式板桥的构造及识读

1. 装配式板桥构造

我国常采用的装配式板桥，按其横截面形式主要有空心板和实心板两类。下面详细介绍这两类板桥的构造。

（1）矩形实心板桥 实心板桥是目前采用最广泛的形式，具有形状简单、建筑高度小、施工方便等特点，其跨径通常不超过 8m。我国交通部颁布的装配式钢筋混凝土矩形实心铰接板桥标准图的跨径为 1.5m、2.0m、2.5m、3.0m、4.0m、5.0m、6.0m 和 8.0m，板高 0.16～0.36m，桥面净宽为净-7 和净-9 两种，荷载为汽车-15 级、挂车-80 和汽车-20 级、挂车-100 两种。钢筋一般采用Ⅱ级，当做成预应力混凝土板时，也可以用Ⅲ级钢筋作预应力主筋，以代替Ⅱ级钢筋。

（2）矩形空心板桥　无论对钢筋混凝土还是预应力混凝土装配式板桥来说，跨径增大，实心矩形截面就显得不合理。因而将截面中部部分挖空，做成空心板，不仅能减轻自重，而且对材料的充分利用也是合理的。空心板较同跨径的实心板重量轻，运输安装方便。

钢筋混凝土空心板桥的跨径范围在6～13m，预应力混凝土空心板桥在8～16m，相应于这些跨径的板厚，钢筋混凝土板为0.4～0.8m，预应力混凝土板为0.4～0.7m。

空心板的几种较常用的开孔形式如图2-72所示，其中图（a）和图（b）开成单个较宽的孔，挖空率最大，重量最轻，但顶端需配置横向受力钢筋以承担车轮荷载。图（a）略呈微弯形，可以节省一些钢筋，但模板较图（b）复杂。图（c）挖空成两个圆孔，施工时用无缝钢管作芯模较方便，但挖空率较小，自重较大。图（d）的芯模由两个半圆和两块侧模板组成。当板的厚度改变时，只需更换两块侧模板，故较图（c）为好。空心板横截面的最薄处不得小于7cm。为保证抗剪强度，应在截面内按计算需要配置弯起钢筋和箍筋。

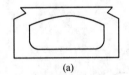 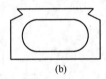 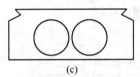 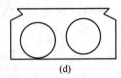

| (a) | (b) | (c) | (d) |

图 2-72　空心板截面形

2. 装配式板的横向连接

为了使装配式板桥组成整体，共同承受车辆荷载，在块件之间必须具有横向连接的构造。常用的连接方法有企口混凝土铰连接和钢板连接。

（1）企口混凝土铰连接（图2-73）　企口混凝土铰的形式有圆形、菱形、漏斗形三种。铰缝内用强度等级较预制板高一级的细骨料混凝土填实。如果要使桥面铺装层也参与受力，也可以将预制板中的钢筋伸出以与相邻板的同样钢筋互相绑扎，再浇筑在铺装层内。

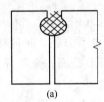 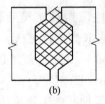 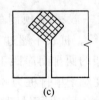

| (a) | (b) | (c) |

图 2-73　企口混凝土铰连接

（2）钢板连接（图2-74）　由于企口混凝土铰需要现场浇筑混凝土，并需待混凝土达到设计强度后才能通车，为了加快工程进度，亦可采用钢板连接。它的构造是：用一块钢盖板焊在相邻两构件的预埋钢板上。连接构造的纵向中距通常为80～150cm，根据受力特点，在

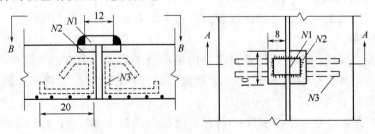

图 2-74　钢板连接（单位：cm）

跨中部分布置较密，向两端支点处逐渐减疏。

（三）装配式钢筋混凝土简支梁桥的构造及识读

钢筋混凝土或预应力混凝土简支梁桥受力明确、构造简单、施工方便，属于单孔静定结构，是中小跨径桥梁中应用最广的桥型。简支梁桥的结构尺寸易于设计成系列化和标准化，这就有利于在工厂内或工地上广泛采用工业化施工，组织大规模预制生产，并用现代化的起重设备进行安装。采用装配式的施工方法，可以大量节约模板，降低劳动强度，缩短工期，显著加快建桥速度。因此，近年来在国内外对于中小跨径的桥梁，绝大部分均采用装配式的钢筋混凝土或预应力混凝土简支梁桥。

目前国内外所建造的装配式钢筋混凝土简支梁桥，以 T 形梁桥最为普遍。我国已拟定了标准跨径为 10m、13m、16m 和 20m 的四种公路梁桥标准设计。

图 2-75 所示的就是典型的装配式 T 形梁桥上部构造，它由几片 T 形截面的主梁并列在一起装配连接而成。T 形梁的顶部翼板构成行车道板，与主梁梁肋垂直相连的横隔梁的下部以及梁翼板的边缘，均设焊接钢板连接构造将主梁连接成整

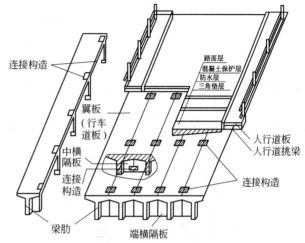

图 2-75 装配式 T 形简支梁桥构造

体，这样就能使作用在行车道板上的局部荷载分布给各片主梁共同承受。

（1）主梁、横隔梁的构造 主梁、横隔梁的布置主梁间距的大小与钢筋、混凝土材料的用量、构件安装重量、翼缘板刚度等有关。跨径大，主梁间距可大，可减少钢筋和混凝土用量，但构件重量增大后吊装困难，所以主梁间距一般采用 1.5～2.2m，常用主梁间距 1.6m。横隔梁是把各主梁连接成整体的梁格体系，在荷载作用下各主梁能共同参与受力，所以 T 形梁格上按奇数设置横隔梁（一般为 3 道、5 道）。

（2）主梁、横隔梁的钢筋构造 主梁钢筋构造包括主筋（受力钢筋）、弯起钢筋、箍筋、架立钢筋和防裂缝钢筋。纵向主筋数量多采用多层叠置焊接骨架。

通常在设有端横隔梁和中横隔梁的装配式 T 形梁桥中，均借助横隔梁的接头使所有主梁连接成整体。接头要有足够的强度，以保证结构的整体性，并使在运营过程中不致因荷载反复作用和冲击作用而发生松动。

（四）梁式桥的支座

梁式桥在桥跨结构和墩台之间均须设置支座，其作用为传递上部结构支撑反力，包括恒载和活载引起的竖向力和水平力；保证结构在活载、温度变化、混凝土收缩和徐变等因素作用下的自由变形，使结构的受力情况与计算图式相符合。

梁式桥支座可分为固定支座和活动支座两种。固定支座既要固定主梁在墩台的位置并传递竖向力和水平力，又要保证主梁发生挠曲时在支撑处能自由转动；活动支座只能传递竖向力，并保证主梁在支撑处既能自由转动又能水平移动。

梁式桥的支座，通常用钢、橡胶或钢筋混凝土等材料来制作。下面介绍几种常用的支座类型和构造。

图 2-76 简易垫层支座

1. 简易垫层支座

对于板桥和标准跨径小于 10m 的梁桥，可不设专门的支座，而直接把板或梁的端部支撑在墩台顶面的油毛毡（两层）或石棉做成的简易垫层上面。垫层经压实后的厚度不小于 1cm。为了防止墩台顶部前缘被压裂并避免上部结构端部和墩、台顶部可能被拉裂，通常应将墩台顶部的前缘削成斜角（图 2-76），并最好在板或梁端底部以及墩台顶部内增设 1～2 层钢筋网予以加强。

2. 平面钢板支座

平面钢板支座（图 2-77）适用于跨径 10m 左右的梁桥。该支座通常是用 20～25mm 厚的两块钢板制成。固定支座为一块中心钻孔的钢板，安装时套在锚固于墩台帽混凝土内的锚栓上，而锚栓又伸入预埋在梁体混凝土体内的套管里；活动支座则为两块钢板，上面一块焊接在锚栓上，锚固于梁体混凝土内，下面一块则焊接在墩台帽上的预埋垫板上，为减少摩擦阻力，在两块钢板接触面涂石墨粉。

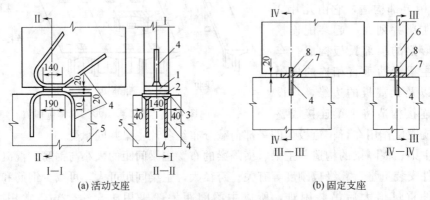

(a) 活动支座　　　　　　　(b) 固定支座

图 2-77　平面钢板支座（单位：cm）

1—上座板；2—下座板；3—垫板；4—锚栓；5—墩台帽；6—主梁；7—齿板；8—齿槽

3. 弧形钢板支座

当跨径为 10～20m、支撑反力不超过 600kN 的梁桥可设置弧形钢板支座，这种支座是由两块厚约 4～5cm 铸钢制成的上、下座板组成，上座板为平面钢板，下座板为弧形钢板，安装时焊接在墩台帽上的预埋钢垫板上。圆弧形状是为保证梁发生自由变形时有较长转动范围。固定支座的下座板两侧焊有两块齿板或上下座板中心钻孔内用栓钉固定；活动支座所不同的是不焊齿板也不用栓钉固定，其他与固定支座相同。

4. 钢筋混凝土摆柱式支座

对跨径等于或大于 20m 的梁式桥，由于荷载大，用钢筋混凝土摆柱式支座来代替弧形钢板活动支座。摆柱式支座由两块平面钢板和一个摆柱组成，摆柱是一个上下有弧形钢板的钢筋混凝土短柱，两侧面设有齿板，两块平面钢板的相应位置设有齿槽，安装时应使齿板与齿槽相吻合，钢筋混凝土柱身用 C40～C50 混凝土制成。

5. 橡胶支座

橡胶支座与其他金属刚性支座相比，具有构造简单、加工方便、省钢材、造价低、结构高度低、安装方便、减振性能好等优点。

（1）板式橡胶支座 板式橡胶支座构造最简单，从外形看是一块黑色橡胶板，是利用橡胶板两侧不均匀弹性压缩和其剪切变形来实现转动位移和水平位移。与弧形钢板支座不同，橡胶支座无固定支座与活动支座之别。常用的板式橡胶支座用几层薄钢板或钢丝网作加劲层。为使橡胶支座受力均匀，在安装时把梁底面和墩台顶面清洁平整，不平整时可在墩台顶面抹一层水灰比不大于1∶3的水泥砂浆。可把支座直接安放上去，当支座比梁肋宽时，支座上加放一块钢垫板（图2-78）。

（2）盆式橡胶支座 盆式橡胶支座是将纯氯丁橡胶块放置在钢制的凹形金属盆内，由于橡胶处于无侧限受压状态，大大提高了支座承载力；利用嵌放在金属盆顶面填充的聚四氟乙烯板与不锈钢板，摩擦系数很小，可满足梁的水平位移要求。其特点是：摩擦系数小，承载力大，重量轻，结构高度小，转动及滑动灵活，成本较低，适用于大中跨径梁式桥（图2-79）。

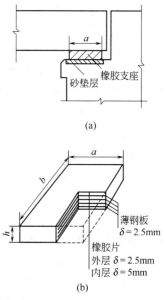

图 2-78　板式橡胶支座

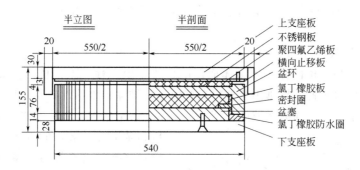

图 2-79　盆式橡胶支座的构造（单位：cm）

（五）桥面系的构造与施工图

钢筋混凝土和预应力混凝土桥的桥面部分通常包括桥面铺装、防水和排水设施、伸缩缝、人行道（或安全带）、缘石、栏杆和灯柱等构造（图2-80）。

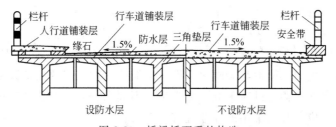

图 2-80　桥梁桥面系的构造

1. 桥面铺装

桥面铺装又称为行车道铺装，其功能是保护属于主梁整体部分的行车道板不受车辆轮胎的直接磨耗，防止主梁遭受雨、雪水的侵蚀，并能扩散车轮荷载。因此要求铺装层有一定的强度，防止开裂及耐磨。目前常使用以下几种形式。

（1）水泥混凝土或沥青混凝土铺装　这种形式的铺装就是直接在桥面上铺筑 6～8cm 的水泥混凝土或沥青混凝土，铺装层的混凝土强度等级一般同桥面板或略高一级，在铺筑时应有较好的密实度，一般适用于非严寒地区的小跨径桥上。

（2）水泥混凝土铺装　这种形式是在桥面板上铺一层厚 8～10cm 并有横坡的防水混凝土作铺装层，混凝土强度等级不低于行车道板，适用于非冰冻地区需作适当防水处理的桥梁。为延长使用寿命，可在上面铺一层 2cm 厚的沥青作为磨耗层。

（3）有贴式防水层的水泥混凝土或沥青混凝土铺装　贴式防水层设在低强度等级混凝土排水三角垫层上面，是先在垫上用水泥砂浆抹平，待硬化后在其上涂一热沥青底层，随即贴上一层油毛毡，上面涂一层沥青胶砂，贴一层油毛毡，最后再贴一层沥青胶砂，从而形成三油二毡的防水层。这种防水层厚 1～2cm。为了保护贴式防水层不受到损坏，防水层上需用厚 4cm 强度等级不低于 C20 细骨料混凝土作为保护层。等它达到足够强度后再铺筑沥青混凝土或水泥混凝土路面铺装层。

由于这种防水层的造价高，施工也较复杂故应根据建桥地区的气候条件、桥梁的重要性等，在技术和经济上充分考虑后再采用。一般在防水程度要求高，或在桥面板位于结构受拉区而可能出现裂纹的桥上采用此种形式。

（4）桥面横坡设置　为使桥面迅速排除雨雪水，把桥面铺装层做成表面以桥面中心向两侧 1.5%～2.0% 的双向横坡，通常在桥面板顶面铺设混凝土三角垫层而构成，人行道设 1% 的向内横坡。

2. 桥面排水设施

为防止雨水滞积于桥面并渗入梁体而影响桥梁的耐久性，除在桥面铺装内设置防水层外，应使桥上的雨水迅速引导排出桥外，这些引导并排除积水的设施就是桥面的排水设施。

桥面排水是借助于桥面纵横坡的作用，把雨水汇入集水碗，并从泄水管排出。对于跨线桥和城市桥梁最好的方式是像建筑物那样设置完善的落水管道，将雨水排至地面阴沟或下水道内。

泄水管设置在行车道两侧，可对称排列，也可交错排列。泄水管的过水面积按每平方米桥面至少设 $1cm^2$ 的泄水管面积计算。常用的泄水管有钢筋混凝土管和铸铁管两种（图 2-81）。

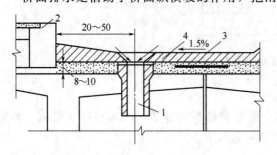

图 2-81　泄水管布置图（单位：cm）
1—泄水管；2—缘石；3—防水混凝土；
4—沥青表面处理

3. 桥面伸缩缝

当温度变化时，梁长也随之变化，因此必须在梁端与桥台之间、梁端与梁端之间设置伸缩缝。伸缩缝的构造既要保证梁在纵向能自由伸缩变形，又要在车辆通过时平顺、无噪声、不漏水、便于安装和养护。在设置伸缩缝处的铺装层和栏杆均应断开。常用的伸缩缝有以下几种。

（1）U 形镀锌薄钢板式伸缩缝　是以镀锌薄钢板作为跨缝材料的伸缩缝，其构造是在上层镀锌薄钢板的圆弧部分开梅花眼。这种伸缩缝具有构造简单、伸缩量相对小、使用年限短的特点。

（2）钢板伸缩缝　是以钢板为作为跨缝材料的伸缩缝，构造较复杂，且噪声较大，一般适用于温差较大或跨径较大的桥梁上。

（3）橡胶伸缩缝　是以橡胶条作为跨缝材料的伸缩缝，利用橡胶材料的弹性、易胶贴的特性，来满足伸缩缝变形和防水的要求，这样的伸缩缝可吸收振动，且无噪声。

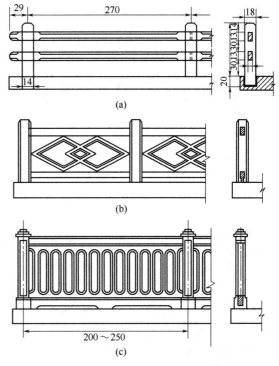

图 2-82　栏杆图式（单位：cm）

4. 人行道、栏杆和灯柱

城市和近郊的桥梁上均应设置人行道，在行人较少的地区可不设人行道，而改设安全带。

（1）人行道　对于大中型桥梁和城市桥梁而言，均应设置人行道。人行道的块件通常采用肋板式截面，安装在桥上有悬臂式和非悬臂式两种。其中悬臂式借助锚固钢筋获得稳定。

（2）安全带　在人群稀少地区，可不设人行道，为保障行车安全，可改用宽度和高度均不小于 25cm 的护轮安全带。安全带的构造有矩形截面和肋板式截面两种。

（3）栏杆和灯柱　桥梁上的栏杆是一种安全防护设备，应简单实用。对道路桥梁可采用简单的扶手栏杆，栏杆柱之间用两根扶手连接，对于城市桥梁，可选用一些比较美观的栏杆用于美化环境。图 2-82 为栏杆图式。

城市桥梁上需要设置照明设备，照明灯柱可设在栏杆位置上，照明用灯一般高出行车道 5m 左右。其他管线可在人行道下面的预孔道通过。

（六）桥梁图的读图步骤

1. 总体布置图

可按下列步骤进行读图（图 2-83）。

（1）看图纸右下角的标题栏，了解桥梁名称、结构、类型、比例、尺寸、单位、荷载级别等。

（2）弄清楚各图之间的关系，如有剖面、断面，则要找到剖切的位置和观察方向。看图时应先看立面图（包括纵剖面图），了解桥型、孔数、跨径大小、墩台数目、总长、河床断面等情况，再对照看平面图、侧面图和横剖面图等，了解桥的宽度、车行道、人行道的尺寸和主梁的断面形式等，同时要阅读图纸中的技术说明。这样，对桥梁的全貌便有了一个初步的了解。

2. 构件图

在看懂总体布置图的基础上，再分别读懂每个构件的构件图。构造图的读图方法与"视图"完全相同，不再重复。图可按下列步骤进行读图。

（1）先看图名，了解是什么构件，再对照图中画出主要外形轮廓线，了解构件的外形。

（2）看基本视图（如立面图、断面图等），了解钢筋的布置情况，各种钢筋的相互位置等。找出每种钢筋的编号。

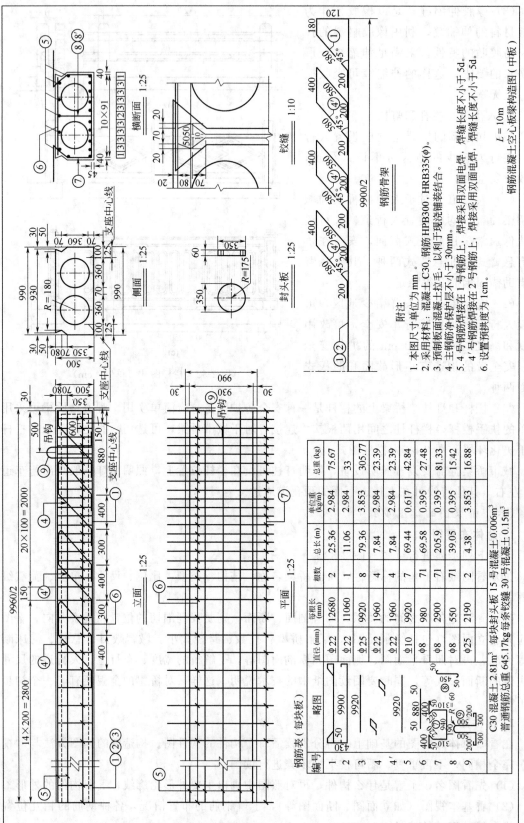

图 2-83　桥梁总体布置图

（3）看钢筋详图，了解每种钢筋的尺寸、完整形状，基本视图中是不能完全表达清楚的。有时基本视图比较难读时，要与详图一起对照起来读。

（4）再将钢筋详图与钢筋数量表联系起来看，搞清楚数量、直径、长度等。

三、涵洞工程图

涵洞是用来宣泄地面水流而设置的横穿路基的小型排水构筑物。涵洞的构造主要由基础、洞身和洞口组成。不同构造形式涵洞的常用跨径见表 2-8，其适用性和优缺点见表 2-9。圆管涵洞分解图见图 2-84。

表 2-8 不同构造形式涵洞的常用跨径

构造形式	跨（直）径/cm							
圆管涵	50[①]	75	100	125	150			
盖板涵	75	100	125	150	200	250	300	400
拱涵	100	150	200	250	300	400		
箱涵	200	250	300	400	500			

① 仅为农用灌溉涵洞。

注：盖板涵中石盖板时为75cm、100cm、125cm，其余均为钢筋混凝土盖板涵。

表 2-9 各种构造形式涵洞的适用性和优缺点

构造形式	适 用 性	优 缺 点
管涵	有足够填土高度的小跨径暗涵	对基础的适应性及受力性能较好，不需墩台，圬工数量少，造价低
盖板涵	要求过水面积较大时，低路堤上的明涵或一般路堤暗涵	构造较简单，维修容易，跨径较小时用石盖板，跨径较大时用钢筋混凝土盖板
拱涵	跨越深沟或高路堤时设置，山区石料资源丰富。可用石拱涵	跨径较大，承载潜力较大。但自重引起的恒载也较大，施工工序较繁多
箱涵	软土地基时设置	整体性强。但用钢量多，造价高，施工较困难

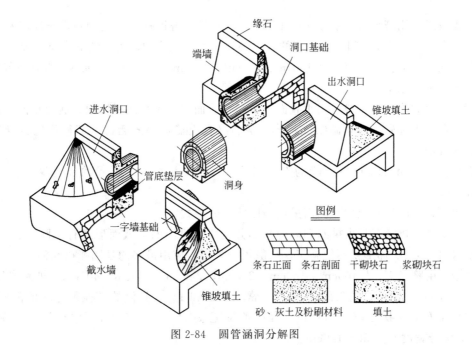

图 2-84 圆管涵洞分解图

1. 涵洞的洞身构造

洞身是涵洞的主要组成部分。洞身的作用是承受活载压力和土压力等，并将其传递给地基，它应具有保证设计流量通过的必要孔径，同时本身要坚固而稳定。

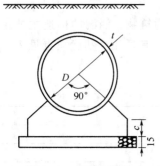

图 2-85 圆管涵洞身

由于涵洞构造形式和组成部分的不同，洞身也有不同的形式。下面简单介绍几种常见的形式。

（1）圆管涵 圆管涵洞身（图 2-85）主要由各分段管节和用来支撑圆管的基础垫层组成。圆管涵洞的常用孔径 D 已在表 2-8 中给出，相应的管壁厚度 t 分别为 6cm、8cm、10cm、12cm、14cm。管基础厚度根据管径大小采用 15cm、20cm、25cm 不等。

（2）盖板涵 盖板涵洞身［图 2-86(a)］由涵台、基础和盖板组成。盖板有石盖板及钢筋混凝土盖板等。当跨径较小时，洞顶具有一定填土高度时，可采用石盖板；当跨径较大时，宜采用钢筋混凝土盖板。

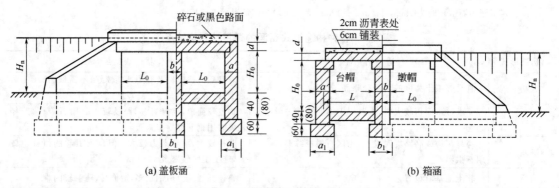

(a) 盖板涵 (b) 箱涵

图 2-86 涵洞身（单位：cm）

石盖板涵常用跨径 L_0 为 75cm、100cm、125cm，盖板厚度 d 随洞顶填土高度和跨径而变，一般在 15~40cm 之间。作盖板的石料必须是不易风化的、无裂缝的优质石板。

钢筋混凝土盖板涵的跨径为 150cm、200cm、250cm、300cm、400cm，相应的盖板厚度 d 在 15~22cm 之间。

圬工涵台的临水面一般采用垂直面，而涵台背面采用垂直或斜坡面，涵台顶面一般做成平面。涵台的下部砂浆与基础结成整体。钢筋混凝土盖板涵的涵台上部往往比台身尺寸略大，做成台帽。

石盖板涵的涵台墙身高一般为 75~175cm，钢筋混凝土盖板涵的涵台墙身高一般为 75~450cm。

涵台基础可随地基土壤不同而采用整体式或分离式。

（3）拱涵 拱涵洞身由拱圈和涵台两部分组成。拱涵的横截面形式有半圆拱、圆弧拱、卵形拱（图 2-87）。卵形拱不便施工，一般很少采用，应用最多的是圆弧拱涵洞。

拱涵常用跨径 L_0 为 100cm、150cm、200cm、250cm、300cm、400cm。拱圈厚度 d 一般为 25~35cm。圆形拱的矢跨比 f_0/L_0 常取 1/3 和 1/4。拱涵的其他尺寸取值范围如下：台（墩）高 H_0 一般为 50~400cm，台顶护拱宽 a 为 45~140cm，台身底宽 a_1 为 70~260cm，墩身宽度 b 为 50~140cm。

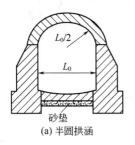
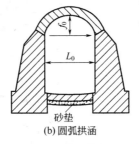

图 2-87　拱涵横截面形式

基础底面埋置深度一般为 1m，但地基土质较差时，可适当加深。当基础设在冻土层中时，除了以上的要求之外，其基底最小应设置在冰冻线下 25cm。

（4）箱涵　箱涵洞身 ［图 2-86（b）］可采用钢筋混凝土封闭薄壁结构，根据需要做成长方形断面或正方形断面。因施工较困难，造价较高，仅在软土地基上采用。

箱涵常用跨径 L_0 为 200cm、250cm、300cm、400cm、500cm。箱涵壁厚度 δ 一般为 22～35cm。垫层厚度 t 为 40～70cm，箱涵内壁面四个角处往往做成 45°的斜面，其尺寸为 5cm×5cm。

2. 洞口构造

（1）洞口的作用　洞口建筑是由进水口和出水口两部分组成。洞口应与洞身、路基衔接平顺，并起到调节水流和形成良好流态的作用，同时使洞身、洞口两侧路基以及上下游附近河床免受冲刷。另外洞口形式的选定，还直接影响着涵洞的宣泄能力和河床加固类型的选用。

涵洞和路线相交，可分为正交和斜交两种。当涵洞沿轴线方向与路线轴线方向相互垂直时，称为涵洞与路线斜交。

（2）正交洞口类型及其使用条件　洞口建筑类型有八字式、端墙式、锥坡式、直墙式、扫坡式、平头式、走廊式及流线式等，其中常用的有八字式、端墙式、锥坡式、走廊式和平头式。

① 八字式 ［如图 2-88（a）］　八字式洞口建筑为敞开斜置，两边八字形翼墙墙身高度随路堤的边坡而变。为缩短翼墙长度并便于施工，将其端部设计为矮墙。八字翼墙配合路基边坡设置，工作量较小，水力性能好，施工简单，造价较低，因而是最常用的洞口形式。

② 端墙式 ［如图 2-88（b）］　端墙式（又称一字墙式）洞口建筑为垂直涵洞纵轴线、部分挡住路堤边坡的矮墙，墙身高度由涵前壅水高度而定，若兼作路基挡土墙时，应按挡土墙需要的高度确定。端墙式洞口构造简单，但水力性能不好，适用于流速较小的人工渠道或不易受冲刷影响的岩石河沟上。

在人工渠道上，端墙应伸入渠道两侧边坡内一定距离。为防止涡流淘刷，必要时对靠近端墙附近的渠段进行砌石加固。

③ 锥坡式 ［如图 2-88（c）］　锥坡式洞口建筑，是在端墙式的基础上将侧向伸出的锥形填土表面予以铺砌，视水流被涵洞的侧向挤压程度和水流流速的大小，可采用浆砌或干砌。这种洞口多用于宽浅河流及涵洞对水流压缩较大的河沟。锥坡式洞口圬工体积较大，不如八字式经济，但对于较大较高的涵洞，因这种结构形式的稳定性较好，是常用的洞口形式。

④ 直墙式 ［如图 2-88（d）］　直墙式洞口可视为敞开角为零的八字式洞口。这种洞口要求涵洞跨径与沟宽基本一致，且无须集纳与扩散水流。适用于边坡规则的人工渠道以及窄而

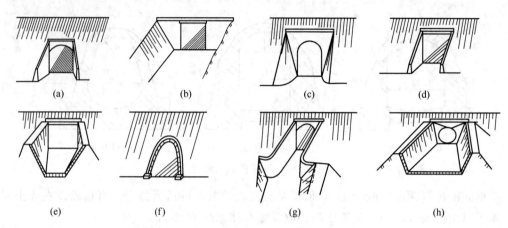

图 2-88 涵洞洞口各种类型

深、河床纵断面变化不大的天然河沟。这种洞口形式，因翼墙短，且洞口铺砌少，较为经济。在山区进水口前，迎陡坡设置的急流槽后，配合消力池也常采用直墙式翼墙与之衔接。

⑤ 扫坡式［如图 2-88(e)］ 扫坡式洞口主要用于盖板涵、箱涵、拱涵洞身与人工灌溉渠的连接。其设置目的，是将原灌溉渠梯形断面的边坡通过洞口逐渐过渡为涵身迎水面的坡度，涵身迎水面往往是垂直的。这样可使水流顺畅，但施工工艺较复杂。

⑥ 平头式［如图 2-88(f)］ 平头式又称领圈式，常用于混凝土圆管涵。因为需要制作特殊的洞口管节，所以模板耗用较多。平头式洞口适用于水流通过涵洞挤束不大和流速较小的情况。

⑦ 走廊式［如图 2-88(g)］ 走廊式洞口建筑是由两道平行的翼墙在前端展开成八字形或圆曲线形构成的。这种进水口建筑，使涵前壅水水位在洞口部分提前收缩跌落，因此可以降低无压力式涵洞的计算高度或提高涵洞中的计算水深，从而提高了涵洞的宣泄能力。

⑧ 流线式［如图 2-88(h)］ 流线式洞口建筑，主要是指将涵洞进水口端节在立面上升高形成流线型，有时平面上也做成流线型，使沿涵长向的涵洞净空符合水流进洞收缩的实际情况。

（3）斜交洞口的处理 当涵洞与路线斜交时，其洞口建筑所采用的各种形式与正交时基本相同。根据洞身的构造不同，有两种处理方法。

① 斜交斜做 为求外形美观及适应水流条件，可使涵洞洞身端部与路线平行，此种做法称为斜交斜做，对于盖板涵和箱涵，运用斜交斜做法比较普遍。

② 斜交正做 在圆管涵或拱涵中，为避免两端圆管或拱的施工困难，可采用斜交正做法处理洞口，即涵身部分与正交时完全相同，而洞口的端墙高度予以调整，一般将端墙设计成斜坡形或阶梯形。

表 2-10 为各种洞口形式的适用性和优缺点比较。

表 2-10 各种洞口形式的适用性和优缺点比较

洞口形式	适 用 性	优 缺 点
八字式	平坦顺直，纵断面高差不大的河沟。配合路堤边坡设置，广泛用于需收纳、扩散水流处	水力性能较好，施工简单，工程量较小
端墙式	平原地区流速很小、流量不大的河沟、水渠	构造简单，造价低，但水力性能不好

续表

洞口形式	适 用 性	优 缺 点
锥坡式	宽浅河沟上,对水流压缩较大的涵洞。常与较高、较大的涵洞配合	水力性能较好,能增强高路堤的洞口、涵身稳定性。但工程量较大
直墙式	涵洞跨径与沟宽基本一致,无须集纳与扩散水流的河沟、人工渠道	水力性能良好,工程量少。在山区能配合急流槽、消力池使用。应用不广泛
扫坡式	涵身迎水面坡度与人工水渠、河沟侧向边坡不一致时采用	水力性能较好,水流对涵洞冲刷小。施工工艺较复杂
平头式	水流过涵洞侧向挤束不大,流速较小。洞口管节需大批使用,可集中生产时采用	节省材料,工艺较复杂,水力性能稍差
走廊式	需收纳、扩散水流的无压力式涵洞。涵洞孔径选用偏小时采用	水力性能较好,工程量比八字式多,施工较麻烦
流线式	需通过流速、流量较大的水流。路幅较宽,涵身较长,大量使用时采用	充分发挥涵洞孔径的宣泄能力,水力性能最好。但施工工艺复杂,材料用量较多

3. 涵洞工程图的内容与识读

涵洞是窄而长的工程构造物,涵洞构造图主要图示涵洞的整体构造、各部分之间的关系及尺寸等。通常以流水方向为纵向,并以纵剖面图代表立面图。为了使平面图表达清楚,画图时不考虑洞顶的覆土,如进、出水口形状不一时,则均要把进、出水口的侧面图画出。有时平面图与侧面图以半剖面形式表达,水平剖面图一般沿基础顶面剖切,横剖面图则垂直于纵向剖切。除上述三种投影图外,还有一些必要的构造详图,如钢

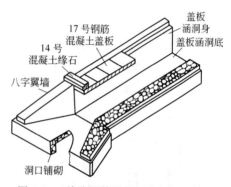

图 2-89 单孔钢筋混凝土盖板涵立体图

筋布置图、翼墙断面图等。现以常用的圆管涵、盖板涵和拱涵三种涵洞为例,说明涵洞施工图的识读方法。

(1) 钢筋混凝土盖板涵 图 2-89 所示为单孔钢筋混凝土盖板涵立体图。图 2-90 所示则为其构造图,比例为 1:50,洞口两侧为八字翼墙,洞高 120cm,净跨 100cm,总长 1482cm。由于其构造对称故采用半纵剖面图、半剖平面图和侧面图等表示。

① 半纵剖面图 从图中可以看出:八字翼墙的顶面坡度为 1:1.5,洞身的板厚为 14cm,洞底流水坡度为 1‰,洞底铺砌 20cm,涵洞基础为砖砌,盖板为钢筋混凝土。

② 半平面图及半剖面图 从图中可以看出涵洞洞身长 1120cm,洞口形状为八字形。八字翼墙和洞身均为砖石所砌。翼墙上有四条断面剖切位置线,其中 Ⅰ—Ⅰ、Ⅱ—Ⅱ、Ⅲ—Ⅲ 断面已画出,从断面图上能清楚了解翼墙的详细尺寸,墙背坡度以及材料情况。

③ 侧面图 本图反映出洞高 120cm 和净跨 100cm,同时反映出缘石、盖板、八字翼墙、基础等的相对位置和它们的侧面形状,侧面图常又称为洞口立面图。

(2) 石拱涵 图 2-91 所示为石拱涵立体图。图 2-92 所示为石拱涵构造图,净跨 $L_0 = 300cm$,矢跨比 $f_0/L_0 = 1/2$。从构造图中可以看出如下内容。

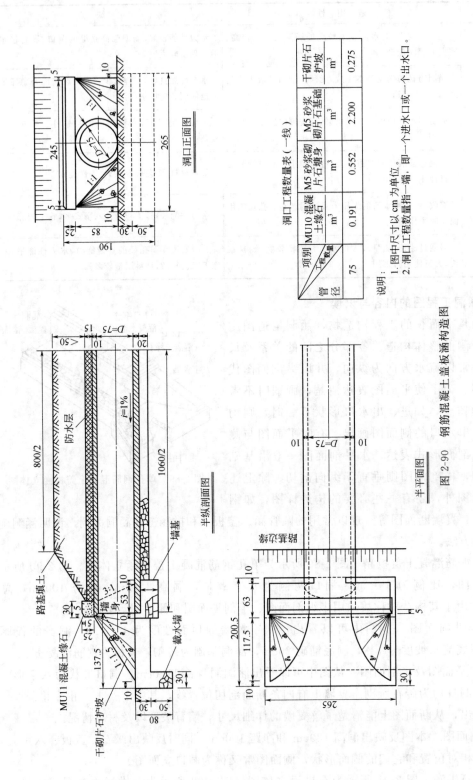

洞口工程数量表（一线）

项别 工程数量 管径	MU10 混凝 土缘石 m³	M5 砂浆砌 片石墙身 m³	M5 砂浆 砌片石基础 m³	干砌片石 护坡 m³
75	0.191	0.552	2.200	0.275

说明：
1. 图中尺寸以 cm 为单位。
2. 洞口工程数量指一端，即一个进水口或一个出水口。

图 2-90 钢筋混凝土盖板涵构造图

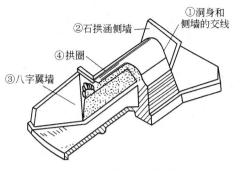

图 2-91 石拱涵立体图

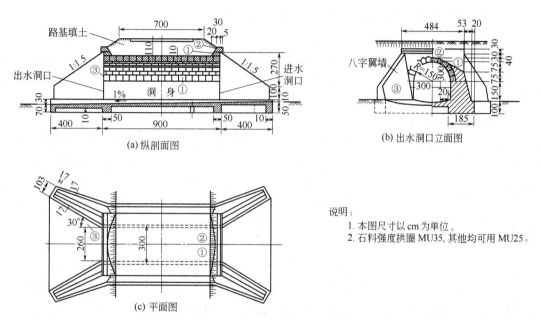

图 2-92 石拱涵构造图

① 纵剖面图　本图是沿涵洞纵向轴线进行全剖，从图中可以看出涵洞全长 1700cm，洞身长 900cm，翼墙坡度为 1∶1.5，洞底流水坡度为 1%。为了显示拱顶为圆柱面，故每层拱石投影的厚度不一，下疏上密。在图的上部为路基横断面，路基宽为 700cm。

② 平面图　本图的特点是拱顶与拱顶上的两端侧墙的交线均为椭圆弧，从图上还可以看出，八字翼墙与盖板涵的翼墙不同。盖板涵的翼墙是单面斜坡，端部为侧平面，而本图为两面斜坡，端部铅垂面。

③ 侧面图　本图采用了半侧面图和半横剖面图，半侧面图反映出洞口外形，半横剖面图则表达了洞口的特征和洞身与基础的连接关系。从图上还可看出洞口基顶的构造是一个曲面。

以上介绍的两种涵洞工程图是典型的比较标准的工程图，表明各构筑物的整体构造。在实际工程中，由于每个工程的具体情况不同，因此图示内容也有所不同，除整体结构构造图之外，还有很多大样图和细部构造图以供施工采用。而且实际工程中，在一条线路中可能有多座涵洞采用同种类型，只是尺寸有所不同，为了节省图纸，有时以一套通示，不同尺寸可用表格列出。

第五节　排水工程图

排水工程图与道路工程图相似，主要用来表示排水管道的平面位置及高程布置的工程图。主要是由排水工程平面图、排水纵断面图和排水工程构筑物详图组成。施工中还应结合规定的排水管道通用图一并阅读和使用。目前，上海地区使用的排水管道通用图有：《上海市排水管道通用图》（第一册）、《上海市排水管道通用图》（二通转折窨井部分）和《上海市排水管道通用图》（三通转折窨井部分）及《上海市排水管道通用图》（四通交汇窨井部分）。其他特殊管道应按其具体要求执行，如玻璃钢夹砂管等。

一、排水管道与附属构筑物

城市道路排水管道系统，主要由排水管道与附属构筑物组成。前面已作了简单的介绍，这里主要介绍这些结构物的构造特点，以及在道路上的布置情况，便于更好地了解道路排水系统。

（一）排水管道

1. 排水管道的布置要求

在城市的市区内，一般利用管道排除排水。城市道路的排水管线一般平行于道路中心线或规划红线。排水干管一般设置在街道中间或一侧，并以设在快车道以外，在个别情况下亦可以采用双线分别设置在街道的两侧（图2-93）。

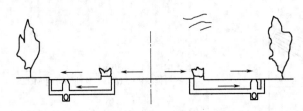

图 2-93　双线排水管布置示意图

在交通量大的干道上，排水管也可以埋置在街道的绿地下和较宽的人行道下，以减少由于管道施工和检修对交通运输产生较大的影响。但不可埋设在种植树木的绿化带下和灯杆线之下。

排水管线应尽可能避免或减少与河流、铁路以及其他城市地下管线的交叉，否则将会造成施工复杂以致增加造价。在不能避免相交处应以直交方式设置，并保证相互之间有一定的竖向间隙。排水管道与房屋及其他管道之间的最小距离应满足给排水设计规范的要求。排水管线与其他管线发生平交时，其他管线一般可采用倒虹管的办法，如排水管与污水管相交，一般将污水管用倒虹管穿过排水管的下方。

不同直径的管子在检查井内衔接时，根据规范的要求，应使上下游管段的管顶等高，称为管顶平接，这样做可以避免在上游管中形成回水现象。

排水在管道内的流动是依靠重力的作用，所以排水管道的纵坡应尽可能与街道纵坡一致。这样不会使管道埋设过深，节省土方量。如果车行道过于平坦，排出地面排水有困难时，应使街沟的纵坡大于 0.3%，并用锯齿形街沟形式，以保证排水通畅。

2. 排水管道的埋置深度

排水管道埋设在地面以下，管顶以上应有一定厚度的覆土，以保证管道内的水在冬季不会因冰冻而结冰，在正常使用时，管道不会因各种地面荷载作用而损坏，同时满足管道衔接的要求，保证上游管道中的污水能够排除。在非冰冻地区，管道覆土厚度的大小主要取决于地面荷载、管材强度、管道衔接情况以及敷设位置等因素，以保证管道不受破坏。

管道埋深不宜过大，一般在干燥的土壤中，管道的最大埋深不超过 7～8m。当地下水位较高，且可能产生流沙的地区，管道埋深不超过 4～5m，否则埋深过大将增加施工难度及工程造价。

管道的最小埋置深度决定于管道上面的最小覆土深度。

《城市排水设计规范》规定：在车行道下，管顶最小覆土深度一般不小于 0.7m。在管道保证不受外部荷载损坏时，最小覆土深度可适当减小（图 2-94）。

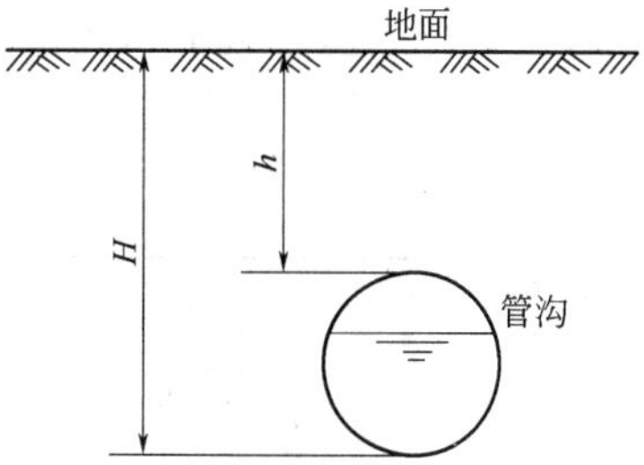

图 2-94　管道覆土深度
h—盖土厚度；H—埋深

3. 常用排水管道材料

常用的排水管道为圆形断面，管材一般有两种类型：金属管材和非金属管材。金属管材一般有铸铁管和钢管等，由于管材造价较高，一般只在排水管道穿越铁路、高速公路以及严重流沙地段、地震烈度超过 8 度的地区才考虑使用。非金属管材常用的有混凝土管、钢筋混凝土管、塑料管等。详细内容将在第五章管道施工中有具体介绍。

4. 排水管道的基础

排水管道的基础包括地基、基础和管座三部分（图 2-95）。地基是沟槽底的土层，承受管道和基础的质量、管内水质量、管上土压力和地面上的荷载。基础是地基与管道之间的设施，当地基的承载力不足以承受上面的压力时，要靠基础增加地基的受力面积，把压力均匀地传给地基。管座是管道底侧与基础顶面之间的部分，使管道与基础连成一个整体，以增加管道的刚度和稳定性。

常用的基础有混凝土基础和砂土基础。砂土基础又称素土基础，适用于管道直径小于 600mm 的混凝土管和钢筋混凝土管，包括弧形素土基础和砂垫层基础两种。混凝土基础由管基和管座两部分组成。根据结构形式的不同，混凝土基础可分为枕形基础和带形基础两种。

（1）枕形基础　混凝土枕基（图 2-96）是只在管道接口处设置的管道局部基础。通常在管道接口下用混凝土做成枕形垫块，适用于干燥土层中雨水管道及不太重要的污水支管，常与砂土基础联合使用。一般情况下，枕形基础是仅设置在管道接口处的局部的管基与管座结构。

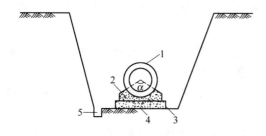

图 2-95　管道基础示意图
1—管道；2—管座；3—管基；4—地基；5—排水沟

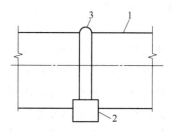

图 2-96　混凝土枕形基础
1—管道；2—基础；3—接口

（2）带形基础　混凝土带形基础是沿管线全长铺设的基础，分为 90°、135°、180° 三种管座形式。适用于各种潮湿土层及地基软硬不均匀的排水管道。管道覆土厚度不同，可采用不同角度的基座。当管道覆土厚度在 0.7～2.5m 时，采用 90° 管座；覆土厚度在 2.6～4.0m

时，采用 135°管座；覆土厚度在 4.1～6.0m 时，采用 180°基座。带形基础是一种沿着管线全长方向敷设的管基和管座结构。带形基础及其适用条件见表 2-11 所示。

表 2-11 带形基础及其适用条件

基础形式	示 意 图	适用条件	基础形式	示 意 图	适用条件
C9 基座		管顶以上覆土层厚度 0.7～2.5m	C36 Ⅰ型基座		管顶以上覆土层厚度小于 0.7m 或需要加固处管径 1000mm 以下
C13.5 基座		管顶以上覆土层厚度 2.6～4.0m	C36 Ⅱ型基座		条件同上管径大于 1000mm
C18 基座		管顶以上覆土层厚度 4.1～6.0m			

（二）附属构筑物的布置

1. 检查井的形式和构造

在排水管道系统中，为便于管渠的衔接以及对管道进行定期检查和清通，必须设置检查井。检查井通常设在管道交会处、转弯处、管道尺寸改变或坡度改变处、跌水处等，以及直线管道段上每间隔一定距离处。

检查井的平面形状一般为圆形，也有方形、矩形或扇形的。方形和矩形检查井用在大直径管道上，一般情况下均采用圆形检查井。

一般检查井的基本构造可分为井底（基础部分）、井身、井口和井盖四部分。

检查井的井底一般由混凝土浇筑而成，基础采用碎石、卵石或低强度等级的混凝土建成。检查井内上、下游管道的连接，是通过检查井底的半圆形或弧形流槽，按上、下游管内底高程顺接。这样可以使管内水流在过井时，有较好的水力条件。流槽两侧与检查井井壁面间的沟肩宽度，一般不应小于 20cm，以便维护人员下井时立足。设在管道转弯或管道交会处的检查井，其流槽的转弯半径，应按管线转角的角度及管径的大小确定，以保证井内水流通顺。

井身多为砖砌、石砌而成，也可用混凝土或钢筋混凝土现场浇筑，内壁必须用水泥砂浆抹面，以防渗漏；井身在构造上分为工作室、渐缩部和井筒三部分。检查井的井口应能够容纳人身的进出。井室内也应保证下井操作人员的操作空间。为了降低检查井的井室和井口之间，必须有一个减缩部分连接。

井口、井盖多为铸铁、钢筋混凝土、新型复合材料或其他材料制成，以防止雨水流入，盖顶应略高出地面。

排水检查井、污水检查井的构造基本相同，只是井内的流槽高度有差别。当一般管道按管顶平接时，排水检查井的流槽高度：如果是同管径的管道在检查井内连接时，流槽顶与管中心平；如果管径不同，则流槽顶面一般与小管中心平（图 2-97、图 2-98）。污水检查井的流槽高度：在按管顶平接时，流槽顶面一般与管内顶平。也就是说，在同等条件下，污水检

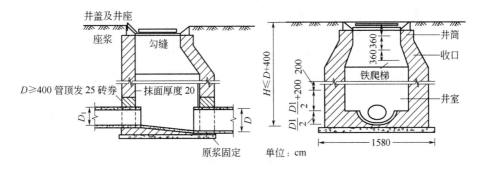

图 2-97 ϕ1000mm 圆形排水检查井（D 为 200～600mm）

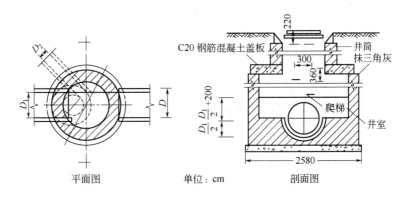

图 2-98 ϕ1500mm 圆形排水检查井（D 为 800～1000mm）

查井的流槽要比排水检查井的高些。

2. 雨水口形式及构造

雨水口，俗称收水井，是在雨水管道或合流管道上设置的收集地表径流的雨水构筑物。地表径流的雨水通过雨水口连接管进入雨水管道或合流管道，使道路上的积水不致漫过路缘石，保证城市道路雨天时的正常使用。

雨水口是排水管道或合流管道上汇集排水的构筑物。街道上的雨、雪水首先进入雨水

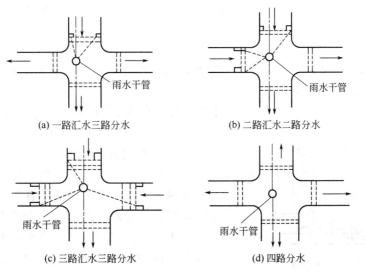

图 2-99 路口雨水口布置

口，再经过连接管流入排水管道。因此雨水口的位置是否正确非常重要，如果雨水口不能汇集雨、雪水，那么排水管道就失去了作用。

雨水口的设置应根据道路（广场）情况、街坊及建筑情况、地形情况（应特别注意汇水面积大、地形低洼的积水点）、土壤条件、绿化情况、降雨强度，以及雨水口的泄水能力等因素确定。

雨水口宜于设置在汇水点（包括集中来水点）上和截水点上，前者如道路的汇水点、街坊中的低洼处等。后者如道路上每隔一定距离处、沿街各单位出入口及人行横道线上游（分水点情况除外）等。道路交叉口处，应根据排水径流情况布置雨水口（图 2-99）。

雨水口一般由基础、井身、井口、井箅等部分组成（图 2-100）。其水平截面一般为矩形。按照集水方式的不同，雨水口可分为平箅式、立箅式与联合式三种。

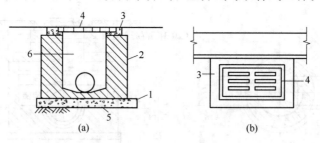

图 2-100 雨水口基本构造

1—基础；2—井身；3—井箅圈；4—井箅；5—支管；6—井室

（1）平箅式（图 2-101） 平箅式就是雨水口的收水井箅呈水平状态设在道路或道路边沟上，收水井箅与排水流动方向平行。平箅式雨水口又分成单箅式和双箅式。

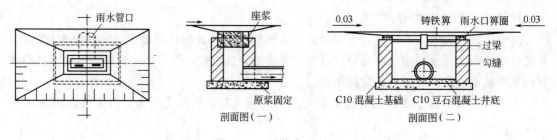

图 2-101 平箅式雨水口

（2）立箅式（图 2-102） 立箅式是雨水口的收水井箅呈树枝状态设在人行道的侧缘石上。井箅与排水流动方向呈正交。

（3）联合式 联合式是雨水口兼有上述两种吸水井箅的设置方式，其两井箅成直角。联合式雨水口又分成单箅式和双箅式（图 2-103）。

3. 排水管道出水口

市政排水管道出水口是排水管道将排水排入池塘、小河的出口。出水口的位置和形式，应根据污水的水质、受纳水体的水位、水流方向和下游用水情况等因素综合考虑确定。出水口和受纳水体的岸边应采取防冲刷和加固等措施，在受冻胀影响的地区，还应采取防冻措施。

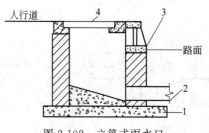

图 2-102 立箅式雨水口

1—基础；2—支管；3—井箅；4—井盖

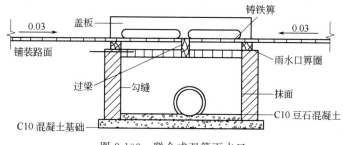

图 2-103　联合式双箅雨水口

出水口一般采用的是非淹没式，即出水管的管底高程应在排放水体常年水位以上，并且最好在常年最高水位以上，以防倒灌。出水口与河道连接部分应作护坡，以保护河岸和固定管道出水口的位置（图 2-104）。

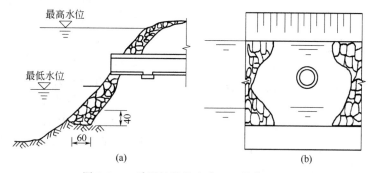

图 2-104　采用护坡的出水口（单位：cm）

二、排水工程平面图

排水管道工程图主要用来表示排水管道的平面位置及高程布置情况，一般由平面图、纵断面图、构筑物详图组成。

（一）排水工程平面图

1. 排水工程平面图的图示内容

排水管道工程平面图主要是以道路平面图的内容为基础，表明城区、厂区等某一条道路的排水管道平面布置情况的图样。图示的主要内容有：排水管道平面位置、管道直径、管道长度、管道坡度、检查井布置位置、编号及水流方向等内容。一般雨水管道采用粗点画线、污水管道采用粗虚线表示，也可在检查井边标注"Y""W"字样，分别表示雨水、污水检查井；排水管道的图示位置均为管道中心线。

（1）比例　排水管道平面图一般采用1：500或1：1000的比例。

（2）方位　一般采用坐标网或指北针的表示方式，表示管道所在区域的方位。

（3）道路平面图　道路中心线用细点划线表示，道路边线及两侧的地物等均用细实线表示，还应标出道路的里程桩号等内容。有时为了避免与管线重叠，道路中心线可不画出。

（4）管线　一般情况下，在排水管道平面图中用不同的线型表示不同的管线；有时也用管道的代号来表示不同的管道，用汉语拼音字母表示：污水管用"W"、排水管用"Y"、排水管用"P"。污水管用粗虚线表示，排水管用粗单点长划线；有时也用粗实线表示污水管线，用粗虚线表示排水管线。管道在图中均用单线画在管道的中心线位置上，排水管道的平面定位即是指到管道中心线的距离。

（5）附属构筑物　排水管道上的检查井、排水口等构筑物均用图例画出，并对管线上的检查井编号，检查井的编号顺序，从上游到下游。如"Y1"表示该段管线上的第 1 个雨水检查井；"W2"表示该段管线上第 2 个污水检查井。排水口主要收集地面排水，通过支管送到排水检查井中。

（6）标注尺寸

① 尺寸单位　排水工程平面图上管道的直径以 mm 计，其余尺寸都以 m 为单位，并精确到小数点后两位数。

② 标高　室外排水管道的标高应标注管内底的标高。

③ 管道　应在排水工程平面图中标出排水管道的直径、长度、坡度、流向和与检查井相连的各管道的管内底标高。

④ 检查井　在平面图上应标注检查井的桩号、编号。检查井的桩号是指检查井至排水管道某一起点的水平距离，它可以反映出检查井之间的距离和排水管道的长度。工程上排水管道检查井的桩号与道路平面图上的里程桩号一致。桩号的标注方法是用×+×××.××表示，"+"前数字代表千米数，"+"后的数字为米数（至小数点后两位数），如 0+200 表示到管道起点距离为 200m。

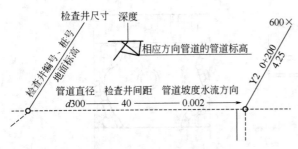

图 2-105　管道、检查井标注

如图 2-105 所示，某一检查井相连各管道的标注。包括管内底标高的标注，排水管管径、坡度及检查井桩号、编号、标高的标注。

2. 排水工程平面图的阅读

（1）了解设计说明，熟悉有关图例的表示方法。

（2）区分不同的排水管道，弄清排水体制。

（3）逐个了解检查井、排水口以及管道的位置、数量、坡度、标高、连接情况等内容。

3. 图例

以某条道路排水管道部分管段平面图为例，见图 2-106。该图为排水管道的平面详图，一般比例为（1:200）～（1:500），整个平面图以布置排水管道的道路为中心。

图上注明了：排水管网干管、主干管的位置；设计管段起讫检查井的位置及其编号；设计管段长度、管径、坡度及管道的排水方向。

除了上述管道的主要内容需要注明外，还需注明道路的宽度，并绘制道路边线及建筑物轮廓线；设计管线在道路上的准确位置，以及设计管线与周围建筑物的相对位置关系；设计管线与其他原有或拟建地下管线的平面位置关系等。

（二）排水工程纵断面图

由于地下管线的种类繁多，布置方式较复杂，因此应该按照管道的种类分别绘制出每一条管道的纵断面图。排水工程纵断面图主要用来显示路面起伏变化、管道敷设的坡度、管道直径、坡度、路面标高、埋深和管道交接等情况。

排水管道纵断面图是沿着管道的轴线沿铅垂剖开后所画出的断面图，由图样和图表两部分组成。读图时应将图样部分和图表部分结合起来阅读，并与管道平面图对照阅读，最后得出图样中所表示的管道的实际情况。

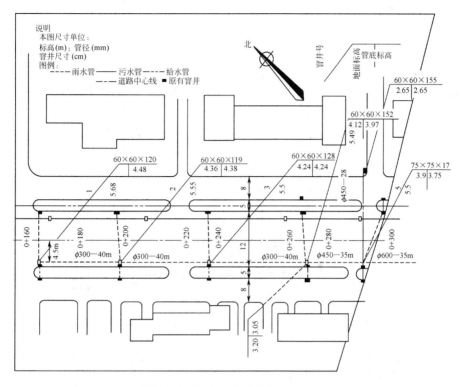

图 2-106 排水管道部分管段平面图

纵断面图中水平方向表示管道的长度、垂直方向表示管道直径及标高。

1. 排水工程纵断面图的图示内容

（1）图样部分

① 比例 图样中水平方向表示道路的长度，垂直方向表示管道的直径。由于管道的长度比其直径大得多，通常在纵断面图中垂直方向的比例按水平方向比例放大 10 倍或 20 倍，如水平方向 1∶1000，则垂直方向 1∶100。

② 线形 图样中用不规则细折线表示原有的地面线，用比较规则的中粗实线表示设计地面线，用两条粗实线表示管道。

③ 检查井 图中用两根平行的竖线表示检查井。竖线上连地面线，接地面的检查井盖处，竖线下接管道顶部。应在检查井图示的位置上方标出井的编号和井的类型。若竖线延伸至管内底以下，则表示落底井。

④ 管道 与检查井相连的上、下游的管道，应根据设计的管内底标高画管道纵断面图，并注明各管段的衔接情况，一般的连接方式有两种：管顶平接和水面平接；接入检查井的支管，按管径及其管内底高画出其横断面。与管道交叉的其他管道，按其管径、管内底标高以及与其相近检查井的平面距离画出其横断面，注写出管道类型、管径、管内底标高和平面距离。如支管标注为"SYD400"，表示"方位"（由南向接入）、代号（雨水管）、管径（400）。

在图样左侧按比例设有高程标尺，以便对照读图。

（2）图表部分 管道纵断面图的图表设置在图样下方，并与图样对应，具体内容如下。

① 编号 在编号栏内，对正图形部分的检查井位置填写检查井的编号。

② 平面距离 相邻检查井的中心间距。

③ 管径及坡度 管径是指两检查井之间管道的直径。当若干个检查井之间的管道的管

径相同时，只标一个；管道坡度是指两相邻检查井之间管道的坡度，当若干个检查井之间的管道的管径相同时，只标一个。该栏应根据设计数据填写。

④ 设计管内底标高　设计管内底标高指检查井进、出口处管道内底标高。如两者相同，只需填写一个标高；否则，应在该栏纵线两侧分别填写进、出管道内底标高。

⑤ 设计路面标高　设计路面标高是指检查井井盖处的地面标高。当检查井位于道路中心线上时，此高程即为检查井所在桩号的路面设计标高；当检查井不在道路中心线上时，此高程应根据该横断面所处桩号的设计路面标高、道路横坡及检查井中心距道路中心线的距离推算而定。

⑥ 原地面标高　即图中的自然地面标高。表示检查井盖处原地面点所对应的标高值。

2. 排水工程纵断面图的阅读

排水工程纵断面图应将图样部分和资料部分结合起来阅读，并与管道平面图对照，得出图样中所表示的确切内容。下面以图 2-107 为例说明阅读时应掌握的内容。

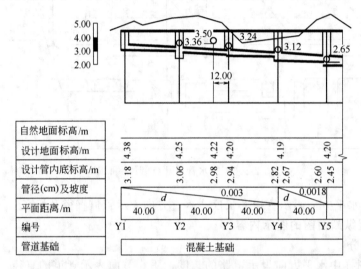

图 2-107　排水管道纵断面图

（1）了解地下排水管道的埋深、埋设坡度以及该管段处地面的起伏情况。

（2）了解与检查井相连的上、下游排水干管的连接形式；与检查井相连的排水支管的管内底标高。如图 2-107 中编号为 Y2 的排水检查井，上、下游干管采用的连接方式为管顶平接，接入的支管其管内底标高为 3.36m。

（3）了解排水管道上检查井的类型。检查井有落底式和不落底式，图 2-107 中 Y2 检查井为落底式，Y3 为不落底式；另外在管道纵剖面图上还表明了排水跌水井的设置情况，如图 2-107 中在检查井 Y4 处设置了跌水井。

3. 图例

以某条道路排水管道部分管段纵断面图为例，见图 2-108。该图为排水管道的断面详图，与平面图相互对应并互为补充的。断面图是重点反映设计管道在道路以下的设置状况。一般将纵断面图绘制成沿管线方向的比例与竖直方向的比例不同的形式。沿管线方向的比例一般与平面图比例相同，比例为（1∶200）～（1∶500）；竖直方向通常采用（1∶50）～（1∶100）。这样做的目的是为了使管道断面加大，位置变得更明显。

图上反映了：涉及管道的管径、坡度、管道内底高程、地面高程、检查井修建高程、检查井的编号以及管道材料、管道基础类型和与之相连的支管的位置等。

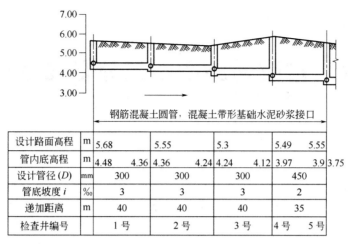

设计路面高程	m	5.68		5.55		5.3		5.49　　5.55
管内底高程	m	4.48　　4.36		4.36　　4.24		4.24　　4.12		3.97　　3.9　3.75
设计管径(D)	mm	300		300		300		450
管底坡度 i	‰	3		3		3		2
递加距离	m	40		40		40		35
检查井编号		1 号	2 号		3 号		4 号	5 号

图 2-108　排水管道部分管段纵断面图

习　题

1. 识读工程图时应该注意哪些问题?
2. 市政工程图常用的图样有哪几种,其作用是什么?
3. 识读工程图时应注意的问题是什么?
4. 市政工程中常用的图样有哪几种,其作用是什么?
5. 什么是道路路线?道路路线的线型是如何确定的?
6. 道路平面设计的主要内容是什么?
7. 道路平曲线要素有哪些?
8. 道路平面图包括哪些内容?设置缓和曲线的目的是什么?
9. 纵坡坡度的定义是什么?
10. 合成坡度的定义是什么?合成坡度过大有何危害?
11. 竖曲线的种类有哪些?
12. 竖曲线的要素有哪些?
13. 各个里程桩的填挖高度如何确定?
14. 为了保证良好的纵断面线形应注意的问题是什么?
15. 平面线与竖曲线的不良的组合是什么?
16. 道路路线纵断面图的图示内容是什么?
17. 什么是道路的横断面?它是由哪几部分组成?横断面设计的主要任务是什么?
18. 城市道路横断面的布置形式有哪几种?
19. 什么是路面?它有哪些功能?路面应满足的要求是什么?
20. 路面结构层有哪些,各有何要求?
21. 什么是渠化交通?
22. 桥梁由哪些部分组成,各组成部分的作用是什么?
23. 按承重构件的受力体系桥梁可分为哪几种类型?
24. 名词解释:计算跨径、标准跨径、净跨径、桥梁全长、桥下净空、矢跨比。
25. 参照图能够熟练识读桥梁的纵断面、横断面及平面图中的各项内容。
26. 桥梁墩台的组成及其作用是什么?
27. 涵洞按照构造形式分为哪几类?
28. 涵洞构造主要由哪几部分组成?洞身的作用是什么?
29. 道路雨水排水系统有哪几类?它们由哪几部分组成?
30. 雨水管道的布置有哪些要求?

第三章　市政道路桥梁工程施工综合管理

知识点

● 市政道路桥梁工程施工综合管理的主要内容。

学习目标

● 通过对本章的学习，培养学生工程施工管理意识，为今后走向工作岗位起到铺垫作用。

随着城市经济的发展，城市的向外扩张以及郊区城市化的进程发展，市政道路桥梁工程的作用就不仅是交通需求，还是城市与郊区、城镇的联系纽带，具有其他运输方式不可替代的优势。并且市政道路桥梁工程作为城市现代化建设的重要组成，面对不同的道路桥梁结构，建筑施工单位常要运用各种不同的施工技术，特别是新时期工程建筑标准出现了很大的变动，这些对施工管理工作提出了更高的要求。针对这一点，采取措施保证施工综合管理在相对较短的时期内达到成果性目标。目前我国市政道路桥梁工程施工管理中存在以下问题。

1. 施工进度控制不够严格

市政道路桥梁工程项目施工难度大，且在市区内施工，给市区交通和居民生活带来很大干扰，故往往建设工期较短，施工过程中如果进度控制不够严格，就会导致延期完工。我国的市政道路桥梁工程建设任务繁重，施工中涉及诸多方面，如地质、地形、气候条件、施工环境等，在施工过程中经常会出现各种事先不可预见的困难，导致在工程施工管理方面难度加大，而且由于工程的建设周期比较长，但是合同工期一般又比较短，施工进度一旦不能严格控制，就会造成延期竣工验收的现象。

因此，在施工过程中，严格把控质量，同时需要严控进度，保质保工期地完成建设项目。

2. 施工资源配置不够合理

施工资源配置是指施工现场动态投入生产所要达到的最佳组合，目前市政工程建设市场普遍存在的问题就是施工材料采集不优化，在很大程度上给工程投资增加了成本，造成严重的资金浪费情况。

因此，在施工过程中，应对施工资源进行合理配置，把控好施工成本的管理。

3. 施工质量监管不严格

我国市政道路桥梁工程在扩大施工管理内容的同时，带来了工程数量、成本与质量之间的矛盾愈显突出的后果。因此，在施工过程中，应加强施工质量监管方面力度，严把质量关，杜绝偷工减料、不满足设计和施工规范要求的现象发生。同时，施工过程中不可避免地会出现设计变更，且都具有不可预见性，过多的设计变更，会给市政道路桥梁工程施工带来不稳定因素，在日常施工管理中，应保证设计变更符合相关的技术标准和质量要求，同时要考虑对工程进度和成本带来的不可估量的损失和困难。

第一节 市政道路桥梁工程施工质量管理

市政道路桥梁工程的质量管理主要是为了保证工程质量符合要求，能够实现道路桥梁工程的长期使用。每个市政道路桥梁工程项目都是综合性的项目，所以需要涉及的内容是不同方面、不同要求的。另外，由于市政道路桥梁工程施工的特殊性，在项目施工完成后必须保证工程结构具备足够的使用性能，同时市政道路桥梁工程对人、车辆、环境等因素的维持，应该与国家标准政策相同。市政道路桥梁的质量是企业的生命，也关系着人们的生命和财产安全，所以在市政道路桥梁工程中，质量问题至关重要，必须通过深入分析道路桥梁在施工中存在的质量问题并加以有效预防，才能提高道路桥梁建设质量，从而保障市政道路桥梁交通运输的安全。

1. 我国目前市政道路桥梁工程施工质量存在的问题——道路与桥梁过渡段的不均匀沉降

道路桥梁工程的桥台与邻接路段之间的不均匀沉降差异，超过了一定的极限值时，会导致车辆在通过桥梁时产生颠簸、不稳，也就是车辆行驶过程中出现的桥头跳车的根本原因。造成跳车现象的原因主要是在施工过程中，压实机具的压实度没有达到规范要求，台背材料与台身的刚度差别大，从而造成不均匀沉降；另外分层压实时，分层厚度过大时，压实度检测不能准确反应实际情况而且无法发现内部存在的未压实的空洞，当桥梁承受大的荷载量时，桥台和相邻路堤之间就会产生沉降差，从而造成错台或纵坡不顺，导致跳车现象。最后，检查井与路面接缝处易出现塌落缺陷，致使检查井变性下沉，也会造成跳车现象。

2. 对市政道路桥梁工程质量的严格控制，需要经过详细的工作安排

具体包括以下几部分内容：

（1）制定目标 工程项目施工管理应采取合适的目标制度管理方式，能引导施工操作按照预定的方向进行。

（2）掌握质量 施工阶段过程中，应对所涉及的质量控制内容进行严格的质量控制，尤其要针对可能导致质量下降的因素，如人员技能、施工方案、生产机械等，进行质量监控。

（3）坚持领导 施工阶段的质量控制要在项目监理总工程师的引导下进行，整个领导工作过程要交给现场监理工程师引导实施。检查工程质量并填写质量检查表是质量检查人员的主要工作，这就需要在质检表中把对应的数据作为工程信息看待处理。

第二节 市政道路桥梁工程技术管理

技术管理决定了一个项目能否顺利开展，是确保一个项目顺利施工的前提和保证，也是施工项目管理过程中一项基础性管理工作。合理的施工组织设计、施工方案的编制和可操作性，将直接影响项目的施工进度计划部署、生产效率和经济效果。要做好道路桥梁工程技术管理，就要从以下几个方面进行：

一、做好图纸会审工作

积极组织研究施工设计图纸会审，及时发现图纸存在的问题，在图纸会审会议上与设计人员沟通，将施工设计的缺陷消除在施工之前。

二、充分吸收国内外先进的施工工艺和技术

要不断创新，运用新材料、新技术、新工艺、新设备，为提高施工效率、效果创造条

件，同时编制操作性强的施工技术交底单，做好技术交底工作。

三、及时发现问题、及时解决问题

施工实施过程中，技术人员应提高自身的应变能力，以便能够及时发现问题，尽量做到现场解决，如果有现场不能解决的疑问，则及时上报公司业务系统，组织专家会诊解决。

四、做好工程变更相关工作

技术人员必须认真研究合同，发现合同外的增量内容或合同变更，要及时与项目经理部经营人员联系沟通，并做好技术洽商的追认。

五、严格技术资料管理

建立技术资料管理系统，明确由专人负责，做到分类管理，分类存档。

六、编制专门施工方案

对于重大、特殊的分部分项工程，要编制专门的施工方案。

第三节　市政道路桥梁工程施工进度管理

一个项目的施工进度直接影响项目工期，为保证道路桥梁工程项目能够按期交付，就要进行施工进度管理。道路桥梁工程施工进度管理的重点在于施工单位必须要拟定出合理且经济的施工进度计划，同时在实施工程方案时要严格按照规定的内容操作，还要定期对实际进度进行检查和控制，发现各种问题时能尽早采取措施处理，对原有的方案进行修改调整。进度管理控制的最终目的就是保证工期，以在规定的时间内完成工程项目。进度管理工作的开展包括：

一、设计方案

设计方案应包含项目的基本情况、项目的工序及前后关系、资源等数据的输入，施工者通过参照这些方面的数据能够引导正确的操作。

二、检查进度

检查的范围有对实际数据的输入、施工工序的检查和施工工期的控制，发现问题后要及时进行施工方案的修改。

三、听取建议

根据工程的施工进度与操作者们的建议及实际条件，及时修改工程方案。

第四节　市政道路桥梁工程施工安全管理

"安全第一"是核心宗旨，故道路桥梁施工也要遵循安全的原则。安全管理是经过辨识、估计和评价等对风险采取全面性的处理，保证各个环节的生产能达到理想的质量标准。对于市政道路桥梁工程来说，施工安全管理可从两个层面理解：

一、建筑安全

建筑安全是为保证建筑内部结构的稳定性，避免在施工作业中出现倒塌等问题，使勘察、设计、施工管理要求符合工程建设强制性标准。

二、人员安全

施工操作过程中必须保证施工人员的安全，防止出现人员伤亡等意外因素。由于各种复杂因素的存在，使得风险存在有偶然性和突发性，但风险的出现也存在一定的必然性。若施工单位没有按要求采取维护措施防范，并在施工过程中没有做到检查和提醒，那么风险的出现就是意料之中的事情了。

第五节　市政道路桥梁工程施工成本管理

随着经济的不断发展，企业之间的竞争越来越激烈。建设施工单位所占有的市场优势，靠的不仅仅是品牌效益、技术管理和资本运作，成本管理在企业发展过程中已经成为一个重要环节。故成本管理成为现代企业经营的重点内容，也是直接影响建筑单位效益的决定性因素。

成本管理主要分为两个方面：一方面是指生产经营过程中的成本，包括显性成本和非显性成本；另一方面是指管理人员为企业创造竞争优势，提供企业及竞争对手的分析资料，从而让企业具备长久竞争力。科学的成本管理制度，首先要制订项目施工实施时在一定时间内的成本计划，然后会计人员要定期统计已经完工的工程量及成本消耗量，做好建筑施工的财务工程，为成本造价的控制提供依据，最后还需要建筑施工单位制定有效的处理方法，以便企业能够应对外部持续变化的环境。

加强施工项目成本控制的措施：

1. 树立和落实科学发展观，减少人力资源和材料的耗用

施工企业必须落实以人为本，全面、协调、可持续的科学发展观，重视发挥人才优势，加强对施工人员的技能培训，让他们具备同行业领先的施工技术，采用新技术、新工艺、新设备和新产品提高施工项目的科技含量，把项目成本控制转移到提高项目部各级人员技能和依靠先进科学技术上来。具体落实节约能源、文明施工的目标，各级人员职能分工明确，让每一位项目部人员都能切实做好自己的各项施工任务，完成本职工作，从根本上合理运用人力资源。建筑材料和施工机械等直接费用占据项目成本的较大部分，其成本控制的合理与否直接关系整个施工项目的成本。因此，建筑材料费要从使用数量和价格上予以严格控制，材料员必须严格控制领取材料数量，改进技术手段，在确保公路工程质量的前提下，严格减少材料的使用。

2. 建立健全成本控制制度

一是要建立责、权、利相结合的原则。要想使成本控制方法真正发挥及时有效的作用，必须严格按照经济责任制的要求，贯彻责、权、利相结合的原则，在工程项目施工过程中，形成一个由项目经理、工程技术人员、业务管理人员及各施工队、生产班组组成的成本控制责任网络，同时还可以在规定的权力范围内自主决定费用的开支。二是加大奖罚制度力度。成本控制制度下，成本检查和业绩考核可以和工资挂钩，严格执行奖罚制度，使成本控制真正落实到位。三是建立风险预测机制。可以根据本单位或借鉴他人的经验，对施工中可能存在的风险进行评估，并采取一些回避、转移等措施，将风险损失降到最低。

3. 完善施工项目成本管理

树立新的成本管理理念是搞好成本管理工作的前提条件，伴随着市场经济的发展，企业的外部环境不断变化，现代成本管理应该紧紧围绕影响成本变化的各个因素去实施运作。对于成本管理方法的选择，要根据项目自身的特点和实际情况，结合经济实力、技术状况、人员因素以及项目的工期、质量要求等选择科学合理的管理方法，以真正达到降低成本、提高经济效益的目的。此外，还要建立科学的成本管理保障体系，制定切实可行的具体管理措施，做好施工项目成本管理工作。

4. 制定出经济、可行的施工方案，提升工程质量

施工环节的成本控制是整个项目成本管理的重点。城市桥梁道路施工项目想较大幅度地降低施工成本，就必须在各施工阶段明确各道施工工序技巧、能掌握施工要领，现场管理工作做好，可行的技术管理措施落实到位，施工准备时编制好各项施工方案，从每一个环节控制好成本支出。时刻关注成本运行的动态情况，及时统计好已完成任务所消耗的原材料和设备等情况，并积极开展各项技术论证，探讨下一道施工工序降低成本的方法，掌握成本的动态波动状况，采取有效措施予以降低。

5. 建立健全制约和监督机制

从组织上明确企业各部门成本管理的任务。在施工企业，成本管理与计划同步是非常困难的，成本控制是一种动态的过程。监理必须时刻把握主要影响因素，认真分析并解决主要矛盾，尤其善于寻求那些被掩盖而暂时未能起约束作用的矛盾。及时或提前提出调整意见，确保施工顺利进行，合理控制施工成本。在工程建设中经常出现分目标互相制约的情况，要保证工程建设整体效益，理顺各种关系，实现综合协调和总体优化。在工程建设的特殊时段，应加大监控力度，实行现场办公跟踪，提高办事效率，将工程问题解决在萌芽时期。如某河道治理度汛或要求在某日之前通清水等关键时段，监理每天主持召开由参建各方参加的进度、质量检查和协调例会。由于掌握情况准确，处理及时，确保了控制项目实际施工成本。对于在施工中要用的原材料及机械设备，必须做到有条有理地核查、送检，检测报告出来后看是否符合施工的材料标准，必须检测合格、达标的材料，才可以进入施工现场使用；使用质量不合格材料出现返工，会使工程项目成本增加。财务部门要做好预算工作，资金需调动合理，项目财务负责人要认真监督运转情况。项目经营部要做好合同的运行和管理目标，实行项目进度款第一时间上报制度，还需妥善处理施工的索赔问题。公司从上到下，各职能部门都须明确自身职责及任务，并相互监督与制约，才会更加高效地投身于成本管理的工作中。

结论

当前市场变化多端，使得工程投资的确定与控制变得更为复杂化，这就需要建设单位对工程成本的管理既全面又有侧重点。在工程实施的各个阶段，发挥建设单位第一控制优势，认真分析和充分利用建设周期中的重要信息，减少项目建设中的失误，避免建设资金无谓的流失，充分发挥工程成本管理的作用。

习 题

1. 目前我国市政道路桥梁工程施工管理存在哪些问题？
2. 道路与桥梁过渡段的不均匀沉降产生原因是什么？
3. 如何做好市政道路桥梁工程的质量把控？
4. 如何做好市政道路桥梁工程技术管理？
5. 市政道路桥梁工程施工进度管理的重点是什么？
6. 加强施工项目成本控制的措施有哪些？

第四章　道路工程结构与施工

知识点

● 道路工程施工准备、工序、基层、面层材料与施工。

学习目标

● 通过本单元学习，掌握道路施工工序，各层材料的选择、施工特点，附属设施的施工，并了解城市道路施工的验收规范。

本章着重介绍市政工程主要组成部分的结构构造特点，在此基础上进一步介绍各组成部分的施工工艺，包括道路工程的路基、路面施工以及道路附属设施施工等基本内容。

道路工程施工的内容一般包括土石方工程、道路基层、道路面层、道路附属工程的施工四大部分。各部分的施工必须遵循总体顺序，应该按先上后下、先主体后附属的顺序。为确保工程质量，施工操作过程必须遵守规定的工艺顺序，即各自的施工程序。

第一节　道路施工准备工作

施工准备是指施工企业在工程中标后，着手进行的工程前期准备工作；是指针对整个工程项目具备开工条件以及开工后能够顺利进行施工所做的全面性准备工作，包括组织准备、技术准备、现场准备、协作准备等。

一、施工组织准备

为了全面开展工作并按计划顺利进行，主要是建立和健全施工队伍和管理机构，针对施工任务的情况，制定规章制度，确定预期应达到的目标，明确分工，落实责任。

（一）组建项目管理机构（项目经理部）

项目经理部的机构设置要根据项目的任务特点、项目规模、施工工期等条件确定。项目经理部的设置和人员配备，可根据项目具体情况而定，尽量实行弹性制，符合现代组织的原则设置，使得组织管理的功能完备。

项目经理部一般设置：项目副经理、项目总工，负责管理工程技术部、安全质检部、材料供应部、测量实验部、经营管理部等职能部门，综合调度管理各施工队伍。

（二）组建施工队伍

1. 施工班组的选择

根据施工组织设计，估算出全部用工日数、平均日出工人数等，同时计算出技术工种、机械操作工种、普通工种等的用工比例，选择适应工程质量、进度要求的作业队伍。

2. 施工队伍配备原则

一般遵循的规律是：开始时调少量工人进行准备工作，随着工程的进展，陆续增加人员；工程全面开展后，可将工人人数增加到计划总需要量的最高额，然后尽可能保持人数稳定，直到工程部分完成后，逐步分批减少人员，最后留有少数工人进行收尾工作。

3. 施工人员的技术培训

应注重施工人员的技术熟悉程度、施工能力以及技术人员对于规范等相关内容的掌握程度的培训工作。

对于专业技术人员而言，应重点加强合同条款、本专业规定条款、施工验收规范等的熟练掌握程度，以提高管理水平。

对于操作技术工人，主要是提高操作水平，要懂得工种的生产技术原理、技术标准、技术操作和安全操作的规程等。

二、施工技术准备

技术准备是开工前期的一项重要准备工作。通过技术准备，在施工前应全面熟悉施工图纸，了解设计意图和业主的要求，并会同设计单位、监理单位进行现场核对和调查。根据核实的工程数量、工地特点、工期要求及施工设备准备情况，编制施工组织设计，从而对整个工程进行整体的部署，对施工计划、施工方法、施工进度、施工质量、安全施工等做出科学安排。

（一）图纸会审、技术交底

通过图纸会审，了解工程全貌、工程整体情况和设计意图。根据设计图纸提出的施工部署、施工安排，深入施工现场，对现场的自然环境、客观条件进行调查了解，作为编制施工组织设计的依据。

根据设计图纸的内容，收集技术资料、标准、国家规范、试验规程等内容，收集自然条件的相关资料，如气象资料、水文地质资料等，同时还要收集施工条件资料，包括当地材料价格以供应情况，当地机具设备的供应情况，当地交通运输水平等相关内容。

图纸会审可以由若干个技术人员相互独立的审查图纸并提出问题，然后经过相互交流补充，最终达到审查图纸的目的；也可以根据工程内容、施工区段划分，由技术人员分别审阅相对应图纸。图纸审查时，对一些内容要进行必要的计算，如对主要工程量、主要设计等，对设计图中存在的问题进行记录，并提出修改意见，可在技术交底会上提出讨论。

（二）编制施工组织设计

施工组织设计是编制施工计划的基础，也是指导施工全过程的重要技术文件，在合同条款的规定时间内必须提交监理工程师审批后方可实施。施工组织设计包括施工方案、施工进度计划、劳动力分配计划、材料机具供应计划、施工现场平面布置图、安全施工措施、文明施工措施、环境保护措施等内容。

施工进度计划是指导整个项目施工的总进度计划，可以控制总工期。主要包括年度施工计划、用人规划、各年度施工计划等。

（三）施工控制测量

城市道路路基施工前，建设单位组织有关勘测单位在现场测定路线的主要控制点，如路线起点、终点、交点、转点、曲线上主点和临时水准点等主要控制点，并移交施工单位。工程开工前，施工单位要将现场平面位置、标志、基准高程标志等进行现场复测，查桩、认桩，核对准确并加以固定保护，对部分控制点做加密控制桩等工作。要根据设计单位提供的现场中线标志进行复测，确认位置对应无误。还要将水准点的位置进行复测和增设。

路基放样是将路基设计横断面的主要特征点根据路线中桩把路基边缘、路堤坡脚、路堑坡顶或边沟的具体位置标定在地面上，以便定出路基轮廓作为施工依据。

（四）编制施工预算

施工预算是指单位工程在施工过程中人工、材料、施工机械台班消耗量的标准，是施工企业内部编制的预算，目的在于有计划、有组织地进行施工，可以准确地进行工程计量和取费，从而节约人力、物力和财力。主要包括工程数量表、主要材料汇总表、机械台班明细表、费用计算表等。

三、施工现场准备

在工程正式开工前，必须做好施工现场的准备工作，是对前一阶段的施工组织准备、技术准备的检验和落实等工作。内容包括如下四方面。

（一）实地勘察

施工准备时，必须要深入实地进行调查了解，核实情况，搜集必要的资料。市政工程项目实地勘察的内容有施工现场以及附近的地形、地物；施工范围内的地下埋设物（如原有的排水管道、煤气管线、供电、供水、通信、人防等）；其他情况（附近可利用的场地、土质、水文等）。

（二）"三通一平"工作

施工期间应保证道路通畅，施工用水的通畅，施工用电的接通，现场范围内的施工障碍清除以及施工场地的平整工作。路基施工范围内与原有的房屋、道路、沟渠、通信电力设施、上下水管道及其他建筑物，均应会同有关部门协商妥善拆迁、清除或改造，因路基施工影响沿线附近建筑物的稳定性时应予以适当加固，对历史文物、古树等应妥善保护。

路基施工前应切实做好场地排水工作，并注意随时维修，保证排水通畅，为施工提供方便条件。

（三）现场临时设施的准备

临时设施包括生活、办公设施和生产设施，在施工开始前，应该做好临时设施的建设和配套用品的配备工作，以便施工顺利开展。根据施工实际情况，在不影响道路、管道的施工前提下，可在水、电、热等供应方便的地区搭建生活、办公临时设施。

为维持施工期间场内外的交通，保证机具、材料、人员和给养运送，在开工前修筑临时道路。临时道路应尽量利用原道路。跨越灌渠或河道时还需架设临时便桥。为保证施工人员的住宿、设备器材的存放、机具的维修，要修建临时房屋、仓库或工棚。为保证工程用水和生活用水的需要，应充分利用就近水源，必要时需敷设临时供水管道。为保证工程用电和生活用电的需要，应充分利用附近电源，必要时敷设临时电力线。

（四）机械设备、材料进场

施工现场大型设备需要在工程开工前进入施工现场，进行设备的安装、调试、校核等工作，如起吊设备等；安排好主要材料的购置和进场（如钢材、木材、水泥、沙石料等）、周转性材料的加工等（如模板、支架等）。

（五）做好冬期等、雨期等施工准备

道路工程为露天作业，受季节变化影响较大，又要保证施工质量和工期的要求，必须做好冬期施工、雨期施工、高温季节施工的准备工作。

四、外部协作准备

市政工程涉及面大，受干扰因素多，作为施工单位需要取得业主、监理以及当地政府职能部门的支持、信任，就需要在开工前充分地做好与有关单位的密切协作、配合关系，做好各方面的协调工作。

(1) 落实拆迁工作。拆迁工作的尽早落实，可保证开工后施工进度的顺利进行。

(2) 填报开工报告，施工许可证。

(3) 接电通水，召开水、电、交通等管线的配合协调会议。

第二节　道路路基施工

一、道路路基结构

道路的路基是在地面上按路线的平面位置和纵坡要求进行开挖或填筑成一定断面形状的土质或石质结构物，它是道路这一线形建筑物的主体结构，又是路面结构的基础部分。

(一) 对路基结构的要求

路基是道路的基本结构物，它一方面要保证车辆行驶时的通畅和安全，另一方面要支持路面承受行车荷载的作用，因此对路基提出两项基本要求。

1. 路基结构物的整体必须具有足够的稳定性

路基的稳定性是指路基在各种不利因素，如自然因素（地质、水文、气候等）和荷载（结构自重、行车荷载）的作用下，不会产生破坏而导致交通阻塞和行车事故，这是保证行车的首要条件。

2. 必须具有足够的强度、抗变形能力（刚度）和水温稳定性

这些要求是针对直接位于路面下的那部分路基（有时也称为土基）而言的。

水温稳定性是指强度和刚度在自然因素（主要是水、温度状况）的影响下，路基结构的稳定状态及其变化幅度。

路基具有足够的强度、刚度、水温稳定性，可以减轻路面在行车荷载以及自然因素的作用下而产生的影响，从而减薄路面厚度，改善路面使用状况，提高路面的使用品质，延长其使用寿命，降低工程费用。因此，这是一项直接关联到路面结构物工作条件的要求。

3. 路基横断面形式及尺寸

应符合交通部颁布的标准《公路工程技术标准》(JTG B01—2014) 有关的规定和要求。

(二) 路基的横断面形式

路基主要是由土、石材料在原地面上修筑（填筑或开挖）而成，结构简单。由于地形的变化和填挖高度的不同，使得路基横断面也各不相同。典型的路基横断面形式有以下几种。

1. 横断面形式

(1) 路堤式（图 4-1）　高于原地面，由填方构成的路基横断面形式称为路堤。

(2) 路堑式（图 4-2）　低于原地面，由挖方构成的路基横断面形式称为路堑。

(3) 半填半挖式（图 4-3）　是路堤和路堑的综合形式，主要设置在较陡的山坡上时使用。

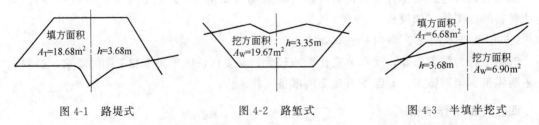

填方面积 A_T=18.68m² h=3.68m

挖方面积 A_W=19.67m² h=3.35m

填方面积 A_T=6.68m² 挖方面积 A_W=6.90m² h=3.68m

图 4-1　路堤式　　　　图 4-2　路堑式　　　　图 4-3　半填半挖式

(4) 不填不挖式　路基与原地面标高相同而形成的不填不挖式的路基横断面形式。

2. 路基横断面图的阅读

路基横断面图（图 4-4）是按照顺序沿着桩号从下到上、从左到右逐个绘制而成的。每个横断面上的地面线用细实线，设计线用粗实线。每张路基横断面图的右上角应写明图纸序号及总张数，在最后一张图纸的右下角绘制图标。

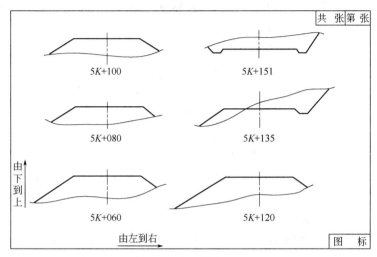

图 4-4　路基横断面图

（三）路基基本构造

路基是由宽度、高度和边坡坡度三个基本要素构成。

1. 路基宽度

为满足车辆及行人在公路上正常通行，路基需有一定的宽度。路基宽度是指在一个横断面上两路缘之间的宽度，如图 4-5 和图 4-6 所示。

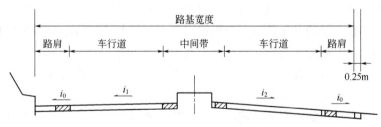

图 4-5　路基宽度图（高速公路和一级公路）

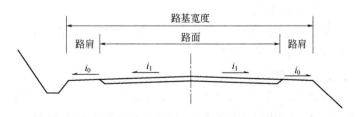

图 4-6　路基宽度图（二、三、四级公路）

行车道宽度主要取决于车道数和每一车道的宽度。目前采用的一个车道宽度一般为 3.5～3.75m。路肩是指行车道外缘到路基边缘的带状部分。设中间带的高速公路和一级公路，行车道左侧不设路肩。

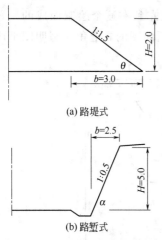

(a) 路堤式

(b) 路堑式

图 4-7　路基边坡坡度示意图

2. 路基高度

路基高度是指路基设计中心线处路面标高与道路原地面标高之间的差值，称为路基填挖高度或施工高度。路基高度是影响路基稳定性的重要因素，它也直接影响到路面的强度和稳定性、路面厚度和结构以及工程造价。为此，在道路纵坡设计时，路基高度应尽量满足最小填土高度要求，保证路基处于干燥或中湿❶状态，尤其是当路线穿越农田、冻害严重而又缺乏砂石的地区时，更要注意路基填土高度的要求。在取土困难或用地受到限制，路基高度不能满足要求时，则应采取相应的处置措施，如路基两侧加深加宽边沟、换土或填石、设置隔离层等，以减少或防止地面积水和地下水对路基的危害。

3. 路基边坡

为保证路基稳定，路基两侧需做成具有一定坡度的坡面，即路基边坡。路基边坡坡度是以边坡的高度 H 与宽度 b 之比来表示的。为方便起见，习惯将高度定为 1，相应的宽度是 b/H，一般写成 $1:m$。如图 4-7 所示。

$m=b/H$ 称为坡率，如 $1:1.5$、$1:0.5$。m 值越大，边坡越缓，稳定性越好，但工程数量也相应增大，且边坡过缓使暴露面积过大，易受雨、雪侵蚀，反而不利。

可见，路基边坡坡度对路基稳定起着重要的作用。如何恰当地设计边坡坡度，既能使路基稳定，又能节省工程造价，这在路基横断面设计中是极为重要的，尤其在深路堑及工程地质复杂的地区。

二、道路路基施工

道路路基不仅是道路的重要组成部分，同时又是路面的基础。路基施工质量的好坏直接关系到整个道路工程质量的好坏，没有稳定的路基，就没有稳固的路面。路基的强度和稳定性是路面强度和稳定性的先决条件。路基具有良好强度和稳定性，就可以减薄路面的厚度，提高路面的使用品质，延长其使用寿命，降低工程费用。反之，路基施工质量低劣，暴露于大气之中，受地形、地质、水文和气候的影响之下，必然导致路基产生各种各样的病害，导致路基、路面破坏，从而加速路面的破坏。路基的各种病害还关系到养护费用的增加，影响交通运输的畅通与安全，因此，路基建筑往往成为决定施工进展的关键。

（一）路基施工的程序和工艺

路基施工的一般程序为：施工前准备工作→施工测量→修建小型构筑物→路基基础处理→路基土石方工程→路基工程的检查和验收等。

1. 填方路基的施工程序和方法

（1）基底处理　路基基底是指路堤所在的原地面表面部分，是土石填料与原地面的基础部分。为使路堤填筑后不致产生过大的沉陷变形，并保证路堤与原地面结合紧密，防止路堤沿基底发生滑动，应根据基底的土质、水文、坡度和植被情况及填土高度采取相应措施。

❶ 在路基路面设计中，路基的潮湿状态以干湿类型分为干燥、中湿、潮湿和过湿四类，用路基土的平均稠度 ω_c 来区分。对于砂土，干燥是指 $\omega_c \geqslant 1.2$，中湿是指 $1.2 > \omega_c \geqslant 1.0$。

（2）填料的选择　土基的强度、抵抗变形能力和稳定性，与其作为路基填料所产生的物理化学性质，以及当地自然环境等因素影响程度有关，也与填土高度和施工技术有关。所以要在设计和施工时，针对填筑材料、当地地质、水文条件，采用相应的施工措施进行施工和处理。

在选择填料时，既要考虑经济性，更要注意所选的填料性质是否合适。路基填料应为强度高、水稳定性好、压缩性小、便于施工压实的材料。常用作路基填料的材料有如下四种。

① 砂土　砂土无塑性，具有良好的透水性，具有较大的内摩擦系数。用砂土填筑路基时，强度、抵抗变形能力、水稳定性较好。

② 砂性土　砂性土既含有一定数量的粗颗粒，使其具有一定的强度和水稳定性，还含有一定数量的细颗粒，使其具有一定的黏结性，不致过分松散。遇水干得快、不膨胀、湿时不黏着、雨天不泥泞、晴天不扬尘，易压实。砂性土是修筑路基的良好填料。

③ 粉性土　粉性土含有较多粉土颗粒，干湿稍有黏性，扬尘较大，浸水后会很快被湿透，易形成稀泥。粉性土是最差的筑路材料，不得已使用时，应掺配其他材料，并加强排水与隔离等措施。

④ 碎（砾）石质土　这类土颗粒较粗，当细颗粒成分含量较小时，具有足够的强度、抵抗变形能力和水稳定性，是修筑路基的良好填料。

（3）填筑方式　路堤填筑必须考虑不同的土质，从原地面逐层填起并分层压实，每层厚度随压实机具和压实方法而定。一般有下列几种填筑方式。

① 水平分层填筑　这是路堤填筑的基本方案，即按照路堤设计横断面，在路基总宽度内，采用水平分层的方法自下而上逐层填筑，可将不同性质的土有规则地水平分层填筑和压实，易于获得必要的压实度和稳定性。

② 竖向填筑　指沿道路纵向或横向逐步向前填筑的方法。在路线跨越深谷陡坡地段时，地面高差大，难以水平分层卸土填筑，或局部横坡较陡难以分层填筑时，可采用竖向填筑方案。

③ 混合填筑　是指路堤下层用竖向填筑而上层用水平分层填筑，以使上部填土经分层压实获得足够的密实程度。

（4）碾压　碾压是路基工程的一个关键工序，有效地压实路基填土，才能保证路基工程的施工质量。路基压实是提高路基土体的密实程度，降低填土的透水性，防止水分积聚和侵蚀，避免土基软化及因冻胀而引起不均匀变形。土基的充分压实是提高路面质量最经济有效的技术措施之一。

在施工中应分层碾压，同时必须经常检查填土的含水量，并按规定和要求检查压实度。土质路基未经压实，在自然因素和行车荷载的作用下将产生大量的变形或破坏。路基经过充分压实后，具有一定的密实度，并消除了大部分因水分干燥作用引起的自然沉陷和行车荷载反复作用产生的压实变形，提高土的承载能力，降低渗水性，从而提高水的稳定性。

影响压实的因素有土的含水量、碾压层厚度、压实机械的类型和功能、碾压遍数和地基的强度等。

我国土基压实的标准是以土基的压实度作为控制标准的。采用标准击实试验的方法进行。标准击实试验分轻型标准和重型标准两种，两者的落锤重量、落锤高度、击实次数不同。轻型标准的压实能力相当于6～8t压路机的碾压效果，重型标准的压实能力相当于12～15t压路机的碾压效果。因此，压实度相同时，采用中性标准的压实要求要比轻型标准的高。一般要求土基压实采用重型标准，确有困难时方可采用轻型标准。

路基填土压实时应注意如下三方面。

① 路基压实每一层均应检验压实度，合格后方可填筑其上面的一层。

② 严禁用有机土、垃圾土、淤泥、建筑垃圾、耕作土回填路基。

③ 达到密实度95%的要求。

2. 挖方路基的施工程序和方法

土质路基根据挖方数量大小及施工方法的不同主要有横向全宽挖掘法、纵向挖掘法和混合法等。各种挖掘方案的选择应根据当地的地形条件、工程量的大小、施工方法和工期长短而定。不论采用何种方法开挖，均应保证施工过程中及竣工后能顺利排水，随时注意边坡的稳定，防止开挖不当导致塌方。

(1) 横向全宽挖掘法　是指按路堑整个横断面从其两端或一端进行挖掘的方法。横向全宽挖掘法适用于短而深的路堑，挖土掘进时可按照逐段成型向前推进，运土由反方向送出的方式。

(2) 纵向开挖法　纵向开挖法可分为分层纵向开挖法和通道纵挖法。分层纵挖法是沿路线宽度及深度都不大的纵向层次挖掘；通道纵挖法是先沿路堑纵向挖一个通道，然后向两侧开挖。

(3) 混合开挖法　混合开挖法是将横挖法和通道纵挖法混合使用，即先沿路堑纵向挖通道，然后沿横向坡面挖掘，以增加开挖坡面。适用于特别深而长的路堑，且土方量很大的路堑地段。

路堑开挖时应注意，开挖过程中保证排水通畅，应结合不同的土层分层挖掘；挖出的土方除用作填方外，余方应有计划地弃置；开挖过程中为了保证边坡的稳定，应及时设置必要的支挡工程。

(二) 特殊土路基施工

特殊土的种类主要有泥沼和软土、杂填土、膨胀土、湿陷性黄土等。由这些特殊性质的土构成的路基，常常会受到自然条件的影响，主要是在温度和湿度的作用下，引起路基土的性质发生变化，从而导致路基产生过大的沉降或沉降差异，出现路基病害。因此，应该首先了解路基在自然条件的作用下所产生的病害及其原因。

1. 路基破坏的现象和原因

路基在自然因素及行车荷载作用下，会产生各种变形和破坏。为了采取有效的防治措施，防止或减缓路基的破坏，必须了解路基有哪些破坏现象及其成因。路基的破坏形式多种多样，原因也错综复杂，常见的破坏现象有以下几种。

(1) 路基变形与破坏类型

① 路堤沉陷　路基因填料选择不当、填筑方法不合理、压实不足时，在荷载、水和温度等的综合作用下，堤身可能向下沉陷。路基的这类不均匀下陷，将造成局部路段破坏，影响道路交通。

所谓填筑方法不合理，主要是指不同土质混杂、未分层填筑和压实、土中含有未经打碎的大土块或冻土块等。当原地面比较软弱，例如泥沼、流沙或垃圾堆积等，填筑前未经换土或压实，地基产生下沉，也可能引起路堤下降。冻融作用也常使路基产生不均匀的变形。

② 路基边坡塌方　路基边坡塌方是最常见的路基病害，也是道路水害的普遍现象。按其破坏的规模与原因的不同，路基边坡塌方可以分为剥落、碎落、滑塌和崩塌等形式。

剥落是指边坡表面土层或风化层的表面在大气的干湿或冷热的循环作用下，发生胀缩现象，零碎薄层成片状或带状从坡面上脱落下来，而且在老的脱落后，又有新的不断产生。填土不均匀较易发生此种破坏现象，另外土中含有大量易溶盐的土层、泥质岩、绿泥岩等松软岩层也易发生此种破坏现象。路堑地段边坡产生剥落时，剥落的碎屑堆积在坡脚下，会堵塞边沟，影响路基的稳定性，妨碍交通。

碎落是指岩石碎块的一种脱落现象。碎落的规模和危害程度较剥落严重。碎落产生的主要原因是路堑边坡较陡，岩石破碎和风化作用严重时，在胀缩、震动及水的侵蚀和冲刷下，块状碎屑沿坡面向下滚落。如果下落的岩块较大，以单个或多块下落的碎落现象则称为落石或坠落，落石的石块较大，降落速度较快，所产生的冲击力可使路基结构物遭到破坏，也会威胁行车和行人的安全。

滑塌是指路基边坡土体或岩石沿着一定的滑动面整体向下滑动的现象。危害程度较碎落严重，有时活动体可达数百万方以上，造成严重堵车。滑塌产生的主要原因是边坡较高，坡度较陡，填方不密实，缺少应有的支撑和加固。

崩塌的规模和产生的原因与滑塌有相同之处，也是较常见且危害较大的路基病害之一。它与滑塌的主要区别在于崩塌无固定的滑动面，崩塌体的各部分相对位置在移动过程中完全被打乱，其中较大石块翻滚较远，边坡下形成倒石堆或岩堆。

③ 路基沿山坡滑动　在较陡的山坡填筑路基时，如果原地面较光滑，未经凿毛或人工筑台阶、或丛草未清除，坡脚又未经过必要的支撑，特别是同时又受到水的滋润时，填方与原地面之间接触面上的抗剪力很小，填方在荷载作用下，有可能整体或局部沿地面向下移动，使路基失去整体稳定性。这种现象的发生需要多种因素的共同作用，所以这种破坏形式不是很普遍。

④ 路基在特殊地质、水文情况下的破坏　道路通过不良地质和水文地带，或遇到较大的自然灾害，如滑坡、岩堆、错落、泥石流、雪崩、熔岩、地震、严重冰冻及特大暴雨等，均能造成路基结构物的大量破坏。

（2）路基破坏的原因　由路基病害的现象与成因可知，各种病害有各自的特点，又具有相同的原因。综合而言，大致可将路基病害的产生原因归纳为下面几个方面。

① 不良的工程地质和水文地质条件　如地质构造复杂、岩层走向或倾斜角不利、岩性松软、风化严重、土质较差、地下水位较高以及特殊不良地质病害等。

② 不利的水文与气候因素　如降雨量大、洪水猛烈、干旱、冰冻、积雪或温差特大等。

③ 设计不合理　如填筑材料选择不当、断面尺寸不合要求、挖填布置不符合要求，及排水、防护和加固不当等因素。

④ 施工不当　如填土顺序不当、土基压实不足、盲目采用大型爆破以及不按设计要求和施工操作规程进行施工等。

上述原因中，地质条件是影响路基工程质量和产生病害的内部原因和基本因素，而水则是造成路基病害的直接原因。

2. 软土路基的加固

在了解了路基的病害及其成因后，还必须了解在不同区域的路基施工时，各区域的湿度和温度变化规律，施工时才能因地制宜，采取相应的工程技术手段，来改善路基的水温条件，以确保路基具有足够的强度和稳定性。当路堤经过稳定验算或沉降计算后，路基强度不能满足设计要求时，则必须对这些土基进行加固，加固所采用的方法可根据地区特点和条件来选用。

(1) 强夯法 强夯法是用起重机吊起重 8～30t 的夯锤，从 6～30m 的高处让其自由下落，以强大的冲击能量夯击地基土，使土中出现冲击波和较大的冲击应力，迫使土层空隙压缩，土体局部液化，在夯击点周围产生裂隙，形成良好的排水通道，使孔隙水和气体逸出，使土颗粒重新排列，从而压密达到固结的方法。

强夯法是通过对土体的夯击，使土粒重新排列，提高土体承载能力、降低压缩性的一种地基加固方法，国内外应用十分广泛。适用于加固碎石土、砂土、黏性土、湿陷黄土等地基。

夯锤是用钢板作外壳，内部焊接钢骨架后浇筑 C30 混凝土而成的。夯锤底面的形状有圆形和方形两种。夯锤重量一般为 8t、10t、16t、25t。夯锤的下落距离一般不小于 6m。起重设备一般可采用 15t、20t、25t、30t、50t 的带有离合摩擦器的履带式起重机。

夯击时一般对于大面积的地基可采用梅花形或正方形网格排列的方式布置夯击点。

(2) 抛石挤淤 抛石挤淤是指在路基基底从中部向两侧抛投一定数量的片石，将淤泥挤出路基范围，以提高路基强度。所用的片石宜采用不易风化的大石块，尺寸一般不小于 0.3m。

一般适用于土体厚度小于 3.0m，表层无硬壳、土体呈流动状态、排水困难的路段。

(3) 砂井

① 加固机理 砂井预压地基是指在软弱地基中用钢管打孔、灌砂，设置砂井作为竖向排水通道，在砂井顶部设置砂垫层作为水平排水通道，在砂垫层上部压载以增加土中附加应力，使土体中孔隙水较快地通过砂井和砂垫层排出，从而加速土体固结[1]，使地基得到加固。

② 砂井预压的特点 在地基内设置砂井等竖向排水体系，可缩短排水距离，有效地加速饱和软黏土的排水固结，使沉降及早完成，达到稳定（下沉速度可加快 2.0～2.5 倍），同时可大大提高地基的抗剪强度和承载力，防止地基土滑动破坏；而且，施工机具、施工方法简单，可就地取材，缩短施工期限，降低造价。如图 4-8 所示为典型的砂井地基剖面图。

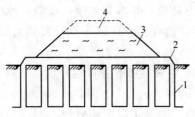

图 4-8 典型的砂井地基剖面
1—砂井；2—砂垫层；3—永久性
填土；4—临时超载填土

③ 适用范围 砂井预压适用于低的饱和性软弱黏性土的加固；用于机场跑道、油罐、冷藏库、水池、道路、路堤、码头等工程的地基处理。

④ 构造和布置 砂井的直径和间距取决于黏性土层的固结特性和施工期限。一般情况下，砂井的直径细而密时，其固结效果较好；砂井的长度与土层分布、地基中附加应力的大小、施工期限和条件等因素有关，从沉降的角度考虑，砂井长度应穿过主要的压缩层；砂井常按等边三角形和正方形布置，由于等边三角形排列较正方形紧凑和有效，多采用等边三角形的形式。

⑤ 袋装砂井

a. 普通砂井的施工存在着以下普遍性问题。

---

❶ 固结：一般软黏土的结构呈蜂窝状或絮状，在固体颗粒周围充满水，当受到应力作用时，土体中孔隙水慢慢排出，孔隙体积变小而发生体积压缩，常称之为固结。

（a）砂井成孔方法易使砂井周围的土受到扰动，使其透水性减弱，或使砂井中混入较多泥沙，或难使孔壁直立。

（b）砂井不连续或缩井、断井、错位现场很难完全避免。

（c）所用成井设备相对笨重，不便于在软弱地基上进行大面积施工。

（d）砂井采用大截面完全为施工的需要，而从排水要求出发并不需要，造成材料大量浪费。

（e）造价相对比较高。

b. 袋装砂井堆载、预压地基，是在普通砂井基础上改良和发展的一种新方法。采用袋装砂井则基本解决了大直径砂井存在的问题，使砂井的设计和施工更趋合理和科学化，是一种比较理想的竖向排水体系。

（a）特点。袋装砂井堆载、预压地基的特点是：能保证砂井的连续性，不易混入泥沙，或使其透水性减弱；打设砂井的设备实现了轻型化，比较适应于在软弱地基上施工；采用小截面砂井，用砂量大为减少；施工速度快，每班能完成 70 根以上；工程造价降低，每 $1m^2$ 地基的袋装砂井费用仅为普通砂井的 50％左右。

（b）构造及布置。袋装砂井直径根据所承担的排水量和施工工艺要求决定；袋装砂井长度，应较砂井孔长度长 50cm，使其在放入井孔内后可露出地面，以便埋入排水砂垫层中；由于袋装砂井直径小、间距小，因此加固同样土所需打设袋装砂井的根数较普通砂井为多，砂井布置可按三角形或正方形布置。

（c）材料要求。装砂袋应具有良好的透水、透气性，一定的耐腐蚀、抗老化性能，装砂不易漏失，并有足够的抗拉强度，能承受袋内装砂自重和弯曲所产生的拉力。一般多采用聚丙烯编织布或玻璃丝纤维布、黄麻片、再生布等；砂采用中砂、细砂等，含泥量不大于 3％。

（4）塑料排水带　塑料排水带预压地基，是将带状塑料排水带用插板机将其插入软弱土层中，组成垂直和水平排水体系，然后在地基表面堆载预压（或真空预压），土中孔隙水沿塑料带的沟槽上升溢出地面，从而加速了软弱地基的沉降过程，使地基得到压密加固。

① 特点及适用范围　塑料排水带堆载预压地基的特点是：板单孔过水面积大，排水畅通；质量轻，强度高，耐久性好；其排水沟槽截面不易因受土压力作用而压缩变形；用机械埋设，效率高，运输省，管理简单；特别适用于在大面积超软弱地基土上进行机械化施工，可缩短地基加固周期；加固效果与袋装砂井相同，承载力可提高 70％～100％，经过 100 天后，固结度可达到 80％；加固费用比袋装砂井节省 10％左右。

适用范围与砂井和袋装砂井堆载、预压相同。

② 塑料排水带的性能　塑料排水带由芯带和滤膜组成。芯带是由聚丙烯和聚乙烯塑料加工而成两面有间隔沟槽的带体，土层中的固结渗流水通过滤膜渗入到沟槽内，并通过沟槽从排水垫层中排出。根据塑料排水带的结构，要求滤网膜渗透性好，与黏土接触后，其渗透系数不低于中粗砂，排水沟槽输水畅通，不因受土压力作用而减小。

（5）土工织物　土工织物地基又称土工聚合物地基、土工合成材料地基，系在软弱地基中或边坡上埋设土工织物作为加筋，使其形成弹性复合土体，起到排水、反滤、隔离、加固和补强等方面的作用，以提高土体承载力，减少沉降和增加地基的稳定。图 4-9 为土工织物加固地基、边坡的几种应用。

① 材料要求　土工织物系采用聚酯纤维（涤纶）、聚丙（腈纶）和聚丙烯纤维（丙纶）

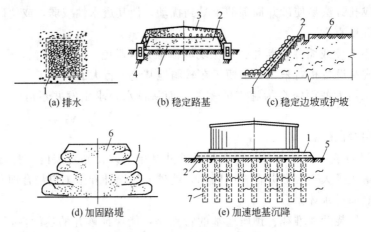

图 4-9　土工织物加固的应用
1—土工织物；2—砂垫；3—道渣；4—渗水盲沟；5—软土层；
6—填土或填料夯实；7—砂井

等高分子化合物（聚合物）经加工后合成。一般用无纺织成的，系将聚合物原料投入经过熔融挤压喷出纺丝，直接平铺成网，然后用胶黏剂黏合（化学方法或湿法）、热压黏合（物理方法或干法）或针刺结合（机械方法）等方法将网联结成布。

②　特点和适用范围　土工织物具有质地柔软，重量轻，整体连续性好的特点；它使用时施工方便，抗拉强度高，没有显著的方向性，各向强度基本一致；具有弹性、耐磨性、耐腐蚀性、耐久性和抗微生物侵蚀性好，不易霉烂和虫蛀的特性；而且土工织物具有毛细作用，内部具有大小不等的网眼，有较好的渗透性和良好的疏导作用，水可竖向、横向排出。材料为工厂制品，材质容易得到保证，施工简便，造价较低，与砂垫层相比可节省大量砂石材料，节省费用 1/3 左右。用于加固软弱地基或边坡，作为加筋使用可使土基形成复合地基，可提高土体强度，承载力增大 3～4 倍，显著地减少沉降，提高地基稳定性。土工聚合物抗紫外线（老化）能力较低，若埋在土中不受阳光紫外线照射，则不受影响，可使用 40 年以上。

土工织物适用于加固软弱地基，以加速土的固结，提高土体强度；用于公路、铁路路基作加强层，防止路基翻浆、下沉；用于堤岸边坡，可使结构的坡角加大，又能充分压实；作挡土墙后的加固，可代替砂井。此外，还可取代砂石级配良好的反滤层，达到节约投资、缩短工期、保证安全使用的目的。

（6）灰土挤密桩　灰土挤密桩是利用锤击（或冲击、爆破等方法）将钢管打入土中侧向挤密成孔，将管拔出后，在桩孔中分层回填 2∶8 或 3∶7 灰土夯实而成，与桩之间的土体共同组成复合地基以承受上部荷载。

①　特点及适用范围　灰土挤密桩与其他地基处理方法相比有以下特点：灰土挤密桩成桩时为横向挤密，但可同样达到所要求的加密处理后的最大干密度指标，可消除地基土的湿陷性，提高承载力，降低压缩性；与换土垫层相比，不需大量开挖回填，可节省土方开挖和回填土方工程量，工期可缩短 50% 以上；处理深度较大，可达 12～15m；可就地取材，应用廉价材料，降低工程造价约 2/3；机具简单，施工方便，工效高。适于加固地下水位以上、天然含水量 12%～25%、厚度 5～15m 的新填土、杂填土、湿陷性黄土以及含水率较大

的软弱地基。当地基土含水量大于 23% 及其饱和度大于 0.65 时，打管成孔质量不好，且易对邻近已回填的桩体造成破坏，拔管后容易缩颈，遇此情况不宜采用灰土挤密桩。

② 桩的构造和布置　桩孔直径根据工程量、挤密效果、施工设备、成孔方法及经济等情况而定；桩长可根据土质情况、桩处理地基的深度、工程要求和成孔设备等因素确定；桩孔一般按等边三角形布置；一般灰土桩设置不少于 3 排（图 4-10）。

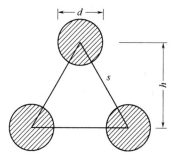

图 4-10　桩距和排距布置简图
d—桩孔直径；s—桩的
间距；h—桩的排距

（7）碎石桩（CFG 桩）　水泥粉煤灰碎石桩是近年发展起来的处理软弱地基的一种新方法。它是在碎石桩的基础上掺入适量石屑、粉煤灰和少量水泥，加水拌和后制成具有一定强度的桩体，其骨料仍为碎石，用掺入石屑来改善颗粒级配；掺入粉煤灰来改善混合料的和易性，并利用其活性减少水泥用量；掺入少量水泥使其具有一定黏结强度。它是一种低强度混凝土桩，可充分利用桩之间土的承载力，共同作用，并可传递荷载到深层地基中去，具有较好的技术性能和经济效果。

CFG 桩的特点是：改变桩长、桩径、桩距等设计参数，可使承载力在较大范围内调整；有较高的承载力，对软土地基承载力提高更大；沉降量小，变形稳定快；工艺性好，灌注方便，易于控制施工质量；可节约大量水泥、钢材，利用工业废料，消耗大量粉煤灰，降低工程费用，与预制钢筋混凝土桩加固相比，可节省投资 30%～40%。

CFG 桩适用于多层和高层建筑地基，如砂土、粉土、松散填土、粉质黏土、黏土、淤泥质土等的处理。

CFG 桩的桩径根据振动沉桩机的管径大小而定；桩排距可根据土质、布桩形式、场地情况选用；桩长根据需要挤密加固的深度而定。

（8）旋喷桩地基　旋喷注浆桩地基，简称旋喷桩地基，是利用钻机把带有特殊喷嘴的注浆管钻进至土层的预定位置后，用高压脉冲泵，将水泥浆液通过钻杆下端的喷射装置，向四周以高速水平喷入土体，借助流体的冲击力切削土层，使喷流射程内土体遭受破坏。与此同时，钻杆一面以一定的速度旋转，一面低速徐徐提升，使土体与水泥浆充分搅拌混合，胶结硬化后即在地基中形成直径比较均匀、具有一定强度的圆柱体（称为旋喷桩），从而使地基得到加固。

① 特点及适用范围　旋喷法具有以下特点：提高地基的抗剪强度，改善土的变形性质，使地基在上部结构荷载的作用下，不致产生破坏和较大沉降；能利用小直径钻孔旋喷而形成比钻孔大 10～18 倍的大直径固结体；可通过调节喷嘴的旋喷速度、提升速度、喷射压力和喷浆量，旋喷成各种形状桩体；可用于任何软弱土层，可控制加固范围；设备较简单轻便，机械化程度高，材料来源广；施工简便，操作容易，速度快，效率高，用途广泛，成本低。适用于淤泥、淤泥质土、黏性土、粉土、砂土、湿陷性黄土、人工填土及碎石土等地基加固。

② 桩径的选择　桩直径大小由注浆方法、土的类别和密度、施工条件等而定。

（三）路基排水设施

1. 排水沟

排水沟的主要用途在于引水，将路基范围内各种水源的水流（如边沟、截水沟、取土坑、边坡和路基附近积水），引至桥涵或路基范围以外的指定地点。当路线受到多段沟渠或水道影响时，为保护路基不受水害，可以设置排水沟或改移渠道，以调节水流，整治水道。

排水沟的横断面，一般采用梯形，尺寸大小应经过水力水文计算选定。用于边沟、截水沟及取土坑出水口的排水沟，横断面尺寸根据设计流量确定，底宽与深度不宜小于 0.5m，土沟的边坡坡度约为（1:1）～（1:1.5）。

排水沟的位置，可根据需要并结合当地地形等条件而定，离路基尽可能远些，距路基坡脚不宜小于 2m，平面上应力求直捷，需要转弯时亦应尽量圆顺，做成弧形，其半径不宜小于 10～20m，连续长度宜短，一般不超过 500m。

排水沟水流注入其他沟渠或水道时，应使原水道不产生冲刷或淤积。通常应使排水沟与原水道两者成锐角相交，即交角不大于 45°，有条件可用半径 $R=10b$（b 为沟顶宽）的圆曲线朝下游与其他水道相接，如图 4-11 所示。

排水沟应具有合适的纵坡，以保证水流畅通，不致流速太大而产生冲刷，亦不可流速太小而形成淤积，为此宜通过水文水力计算择优选定。一般情况下，可取 0.5%～1.0%，不小于 0.3%，亦不宜大于 3%。

2. 截水沟

又称天沟，一般设置在挖方路基边坡坡顶以外，或山坡路堤上方的适当地点，用以拦截并排除路基上方流向路基的地面径流，减轻边沟的水流负担，保证挖方边坡和填方坡脚不受流水冲刷。降水量较少或坡面坚硬和边坡较低以致冲刷影响不大的路段，可以不设截水沟；反之，如果降水量较多，且暴雨频率较高，山坡覆盖层比较松软，坡面较高，水土流失比较严重的地段，必要时可设置两道或多道截水沟。

图 4-12 是路堑段挖方边坡上方设置的截水沟图例之一，图中 d 表示距离，一般应大于 5.0m，地质不良地段可取 10.0m 或更大。截水沟下方一侧，可堆置挖沟的土方，要求做成顶部向沟倾斜 2% 的土台。路堑上方设置弃土堆时，截水沟的位置及断面尺寸，如图 4-13 所示。

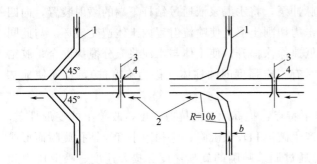

图 4-11 排水沟与水道衔接示意图
1—排水沟；2—其他渠道；3—路基中心线；4—桥涵

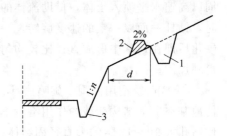

图 4-12 挖方路段截水沟示意图
1—截水沟；2—土台；3—边沟

山坡填方路段可能遭到上方水流的破坏作用，此时必须设截水沟，以拦截山坡水流保护路堤。如图 4-14 所示，截水沟与坡脚之间，要有不小于 2.0m 的间距，并做成 2% 向沟倾斜的横坡，确保路堤不受水害。

截水沟的横断面形式，一般为梯形，沟的边坡坡度，因岩土条件而定，一般采用（1:1.0）～（1:1.5），如图 4-15 所示。沟底宽度 b 不小于 0.5m，沟深 h 按设计流量而定，亦不小于 0.5m。

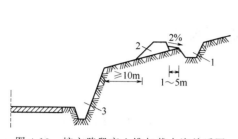

图 4-13　挖方路段弃土堆与截水沟关系图

1—截水沟；2—弃土堆；3—边沟

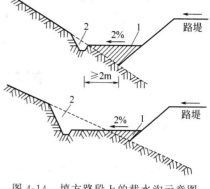

图 4-14　填方路段上的截水沟示意图

1—土台；2—截水沟

截水沟的位置，应尽量与绝大多数地面水流方向垂直，以提高截水效能和缩短沟的长度。截水沟应保证水流畅通，就近引入自然沟内排出，必要时配以急流槽或涵洞等泄水构筑物将水流引入指定地点。截水沟水流不应引入边沟，当必须引入时，应增大边沟横断面，并进行防护。沟底应具有 0.5％以上的纵坡，沟底和沟壁要求平整密实，不滞流，不渗水，必要时予以加固和铺砌。截水沟的长度以 200～500m 为宜。

3. 盲沟

道路盲沟（又称道路暗沟）是引排地下水流的沟渠，其作用是隔断或截流流向路基的泉水和地下集中水流，并将水流引入地面排水沟渠。

在城区、近郊区道路下的盲沟多用大孔隙填料包裹的粒石混凝土滤水管、水泥混凝土管等；在郊区或远郊区，道路设置盲沟时，可就地取材，常用大孔隙填料或用片石砌筑排水孔道。

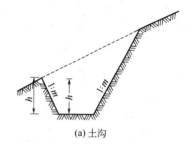

(a) 土沟

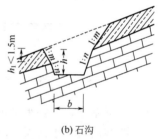

(b) 石沟

图 4-15　截水沟的横断面图例

从盲沟的构造特点出发，由于沟内分层填以大小不同的颗粒材料，利用渗水材料的透水性将地下水汇集于沟内，并沿沟排泄至指定地点，此种构造相对于管道流水而言，习惯上称之为盲沟，在水力特性上属于紊流。

图 4-16 为一侧边沟下面所设的盲沟，用于拦截流向路基的层间水，防止路基边坡滑塌和毛细水上升危及路基的强度与稳定性。

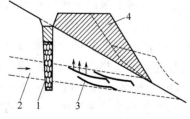

图 4-16　一侧边沟下设盲沟

1—盲沟；2—层间水；3—毛细水；4—可能滑坡线

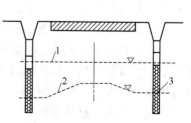

图 4-17　两侧边沟下设盲沟

1—原地下水位；2—降低后地下水位；3—盲沟

图 4-17 是路基两侧边沟下面均设盲沟，用以降低地下水位，防止毛细水上升至路基工作区范围内，形成水分积聚而造成冻胀和翻浆，或土基过湿而降低强度等。

寒冷地区的暗沟，应做防冻保温处理或将暗沟设在冻结深度以下。

第三节　道路路面施工

一、道路面层结构

（一）路面结构

城市道路是用不同的材料按一定厚度和宽度分层铺筑在路基顶面上的层状体系结构，以供车辆直接在其表面上行驶。道路使用品质的好坏主要取决于路面结构。路面结构根据各种不同的使用材料和施工方法的不同，有很多类型。

路面是由各种材料铺筑而成的，通常由一层或几层组成，由于行车荷载和自然因素对路面的作用，随着路面深度的增大而逐渐减弱，因而对路面材料的强度、刚度和稳定性的要求也随着深度而逐渐降低。为适应这一特点，绝大部分路面做成多层次的，按照使用要求、受力状况、土基支撑条件和自然因素影响程度的不同，在路基顶面分别铺设垫层、基层和面层等结构层（图 4-18）。

图 4-18　路面结构层次图示

（1）面层　直接承受车辆荷载及自然因素作用的层次，并将荷载传递到基层的路面结构层。面层可由一层或数层组成，高等级路面的面层可以包括磨耗层、面层上层、面层中层和面层下层等。

（2）基层　基层位于面层之下，分上基层和下基层，主要承受由面层传来的车辆荷载垂直压力，并把它向下扩散到垫层和土层中。设置基层可减小面层的厚度，所以基层应具有足够的抗压强度和扩散应力的能力。车轮荷载水平力作用沿着深度递减很快，对基层影响很小。基层有时分两层铺筑，其上面一层称为上基层，下面一层称为底基层，修筑底基层所用材料的质量要求可较上基层低些。

（3）垫层　设置在土基与基层之间设置的层次为垫层，其功能主要是改善土基的湿度和温度状况，以保证面层和基层的强度和稳定性不受冻胀翻浆的作用。一方面可减轻土基不均匀冻胀和隔断地下毛细水上升，也可排蓄基层或土基中多余的水分；另一方面还能阻止路基土挤入基层中，以保证路面结构的稳定性，并且它还能扩散由基层传来的车轮荷载垂直作用力，以减小土基的应力和变形。

土基路基顶部的土层，作为路面的基础，它承受由路面传递下来的车轮荷重及路面的自重。土基可以是原状土的路堑（挖方），也可以是用扰动土填筑的路堤（填方）。

路面面层必须具有足够的强度和抗变形能力，在其下各层的强度和抗变形能力自上而下逐渐减小。也就是各结构层应按强度和刚度自上而下递减的规律安排，以使各结构层材料的效能得到充分的发挥。依此规律，结构层的层数越多越能体现强度和刚度沿深度递减的规律。但就施工工艺和材料规格而言，层数又不宜过多，不能使结构层的厚度过小。适宜的结构层厚度需结合材料供应、施工工艺并按相关规定确定，从强度要求和造价考虑，路面结构应采取自上而下由薄到厚的方式。

（二）对路面结构的基本要求

路面工程是城市道路建设中的一个重要组成部分。路面的好坏直接影响行车速度、运输成本、行车安全和舒适。而且路面在道路工程的总造价中占有很大比重，一般高级路面占道路总投资的 60%～70%，低级路面占 20%～30%。因此，修好路面结构对发挥整个城市道路运输的经济效益具有十分重要的意义。

由于车辆直接行驶于路面的表面，所以路面的作用有如下几方面：①能够承担车辆的载重而不被破坏；②路面能够保证全天候通车的安全性；③路面能够保证车辆有一定的行驶速度。

为了保证城市道路全年通车，提高行车速度，增强安全性和舒适性，降低运输成本，延长道路使用年限，这就要求路面应具有足够的使用性能。

1. 对路面结构的六项基本要求

（1）强度、刚度、稳定性　路面应有足够的强度和刚度，以承受行车荷载的作用，而不会出现导致路面破坏的变形和磨损。同时，这种强度和刚度还应有足够的稳定性，在不利的自然因素（水、温度等）作用下，其变化幅度减少到最低限度。

所谓强度是指路面结构抵抗行车荷载作用所产生的各种应力而不致破坏的能力，是路面结构整体及其各组成部分必须具备的，以避免被破坏。

所谓刚度是指路面结构抵抗变形的能力。路面结构整体或某一组成部分刚度不足，即使强度足够的情况下，在车轮荷载作用下也会产生过量变形，而构成车辙、沉陷或波浪等破坏。因此要求整个路面结构及其各组成部分的变形量应控制在允许的范围之内。

（2）平整度　路面表面应平整，以减少车轮对路面的冲击力，保证行车的平稳、舒适和达到要求的速度，不致产生行车颠簸和震动、速度下降、运输成本提高以及路面破坏加剧。道路等级越高，设计车速越大，对路面平整度要求越高。

（3）抗滑性　路面表面要有一定的粗糙程度，以免车轮与路面间的摩擦系数过小，而在气候条件不利（雨、雪天气）时产生车轮打滑，迫使车速降低、燃料消耗增加，甚至在车辆转弯或制动时发生滑溜的安全事故。特别是行车速度较快时，对抗滑性能的要求较高。

（4）少尘　应使路面在车辆通行时，路面飞尘较少，飞尘给行车视距、车辆零件、乘客舒适以及环境卫生带来不良影响，也不利于国防和沿线农作物的生长。

（5）耐久性　路面要承受行车荷载和气候因素的多次重复作用，由此而逐渐出现疲劳破坏和塑性变形累积，路面材料还因老化衰老而破坏，这些都导致养护工作量增大、路面寿命缩短。所以，路面必须经久耐用，具有较高的抗疲劳、抗老化及抗变形累积的能力。

（6）噪声低　当道路上有机动车辆行驶时，车辆发动机的轰鸣声、排气声、轮胎与路面摩擦以及喇叭声等形成的噪声，使人感到厌烦，影响沿线人们的生产和生活。所以，路面应尽可能平整、无缝，来减少噪声造成的污染。

2. 对路面结构每层结构的要求

（1）面层　由于面层受行车荷载的垂直力、水平力和冲击力以及温度和湿度变化的影响最大，因此，应具备较高的结构强度、耐磨、不透水和温度稳定性，并且其表面还应具有良好的平整度和粗糙度，同时还应满足抗滑性、耐久性、扬尘少、降低噪声等特点。

（2）基层　应有足够的强度和良好的稳定性，同时应具有良好的扩应力的性能，这些基本的要求是保证路面强度与稳定的基本条件，提高路基的强度与稳定性，可以减少路面厚度、降低路面造价。

（3）垫层　在排水不良和有冰冻翻浆水位较高地区铺设的垫层称为隔离层，能起隔水作用；在冻深较大的地区铺设的垫层称为防冻层，能起防冻作用。垫层能扩散由面层和基层传来的车辆荷载垂直作用力、应力和变形；而且它也能阻止路基土挤入基层中。

（三）路面结构层的修筑材料

1. 面层

修筑面层的材料主要有：水泥混凝土，沥青与矿料组成的混合料，砂砾或碎石掺土（或不掺）的混合料，块石及混凝土预制块等。

2. 基层

修筑基层用的材料主要有：碎（砾）石，天然砂砾，用石灰、水泥或沥青处置的土，用石灰、水泥或沥青处置的碎（砾）石，各种工业废渣（煤渣、矿渣、石灰渣等）和它们与土、砂、石所组成的混合料，以及水泥混凝土等。

3. 垫层

修筑垫层所用的材料，强度不一定很高，但水稳定性、隔热性和吸水性都要很好，常用的材料有两种类型：一种是由松散颗粒材料组成，如用砂、砾石、炉渣、片石、锥形块石等修成的具有透水性的垫层；另一种是由整体性材料组成，如用石灰土、炉渣石灰土类修筑的稳定性的垫层。

二、基层结构的材料和施工

基层共分为六类，即水泥稳定土、石灰稳定土、石灰工业废渣、级配碎石、级配砾石和填隙碎石，它们的共同点在于压实后比较密实，孔隙率和透水性都比较小，强度较稳定，受温度和水的影响不大，适宜采用机械化施工，且材料可以就地取材。

石灰稳定土、水泥稳定土和石灰工业废渣都属于无机结合料稳定土，都具有一定抗压、抗弯拉强度，都属于整体性材料，一般又称为半刚性基层；级配碎石、级配砾石和填隙砾石为松散材料，在无嵌缝材料的情况下无抗弯拉强度。级配碎石和级配砾石都是由具有一定级配的集料和土组成的，其强度是由摩阻力和粘接力构成的，主要依靠石料嵌挤作用及填充结合料的粘接作用而构成。

就力学强度而言，水泥稳定土和石灰工业废渣为最高，石灰稳定土次之，级配碎石和填隙碎石居中，级配砾石为最差；就水稳定性而言，水泥稳定土和石灰工业废渣为最高，不含土的级配碎石次之，含土的级配砾石为最差。

（一）石灰稳定土

在粉碎或原来松散的土（包括各种粗、中、细粒土）中掺入足量的石灰和水，经拌和、压实及养生后得到的混合料，当其抗压强度符合规定的要求时，称为石灰稳定土，用石灰稳定土的细颗粒得到的混合料称为石灰土。

1. 石灰土形成原理

石灰土在最佳含水量下压实后，即发生了一系列化学与物理化学作用，从而使土的结构和性质发生了根本性的改变，形成了石灰土。

含灰量即石灰剂量，它对石灰土强度影响显著，石灰剂量较小（小于3%～4%）时，石灰主要起稳定作用，土的塑性、膨胀、吸水量都减小，使土的密实度、强度得到改善。随着剂量的增加，强度和稳定性均提高，但当石灰剂量超过一定范围时，强度反而降低。生产实践中常用的最佳剂量范围，对于黏性土及粉性土为8%～14%，对砂性土则为9%～16%。剂量的确定应根据结构层技术要求进行混合料组成设计。

2. 施工基本程序

（1）拌和

① 混合料应在中心站用强制式拌和机、双转轴桨叶式拌和机等稳定土石拌和设备进行集中拌和。

② 在正式拌制混合料之前，应使混合料的配合比和含水量都达到规定要求。

③ 混合料正式拌制时，配料要准确，各料（石灰、土、加水量）可按质量配比，也可按体积配比，拌和要均匀。

④ 成品料露天堆放时，应减少临空面（建议堆成圆锥体），并注意防雨水冲刷。对屡遭日光暴晒或受雨淋的料堆表面材料应在使用前清除。

（2）摊铺

① 摊铺混合料可采用的摊铺机有稳定土摊铺机、沥青混凝土摊铺机或水泥混凝土摊铺机；如石灰土层分层摊铺时，应先将下层顶面拉毛，再摊铺上层混合料。

② 场拌混合料的摊铺段，应安排当天摊铺当天压实。

（3）整型

① 路拌混合料拌和均匀后或场拌混合料运到现场经摊铺达预定的松厚时，即应进行初整型。在直线段，平地机由两侧向路中进行刮平；在平曲线超高段，平地机由内侧向外侧刮平。

② 初整型的灰土可用履带拖拉机或轮胎压路机稳压 1～2 遍，再用平地机进行整型，并用上述压实机械再碾压一遍。

③ 在整型过程中，禁止任何车辆通行。

（4）碾压

① 混合料的表面整型后应立即开始压实。混合料的压实含水量应在最佳含水量的 ±1% 范围内，如因整型工序导致表面水分不足时，应适当洒水。

② 用 12～15t 三轮压路机碾压时，每层压实厚度不应超过 15cm；用 18～20t 三轮压路机或相应功能的滚动压路碾压时，每层压实厚度不应超过 20cm。压实厚度超过上述规定时，应分层铺筑，每层的最小压实厚度为 10cm。

③ 直线段由两侧路肩向路中心碾压，超高段由内侧路肩向外侧路肩碾压，路面两侧应多压 2～3 遍。

（5）养生

① 刚压实成型的石灰土底基层，在铺筑基层之前，至少在保持潮湿状态下养生 7 天。养生方法可视具体情况采用洒水、覆盖砂等。养生期间石灰土表层不应忽干忽湿，每次洒水后应用两轮压路机将表层压实。

② 在养生期间未采用覆盖措施的石灰土底基层上，除洒水车外，应封闭交通；在采用覆盖措施的石灰土底基层上不能封闭交通时，应当限制车速不得超过 30km/h。

（二）水泥稳定土

在粉碎的或原状松散的土（包括各种粗、中、细粒土）中，掺入适当水泥和水，按照技术要求，经拌和摊铺，在最佳含水量时压实及养护成型，其抗压强度符合规定要求，以此修建的路面基层称水泥稳定类基层。当用水泥稳定细粒土（砂性土、粉性土或黏性土）时，简称为水泥土。水泥稳定类基层具有良好的整体性、足够的力学强度、抗水性和耐冻性。其初期强度较高，且随龄期增长而增长，所以应用范围很广。近年来，在我国一些路面工程中，水泥稳定土可用于路面结构的基层和底基层，在保证路面使用品质上取得了满意的效果。但水泥土禁止作为高速公路或一级公路路面的基层，只能用作底基层。在高等级公路的水泥混凝土路面板下，水泥土也不应作基层。

1. 对材料的要求

水泥是水硬性结合料，绝大多数的土类（高塑性黏土和有机质较多的土除外）都可以用水泥来稳定，从而改善其物理力学性质，适应各种不同的气候条件与水文地质条件。

（1）水泥的要求 普通硅酸盐水泥、矿渣硅酸盐水泥或火山灰质硅酸盐水泥都可以用于稳定土，但应选用终凝时间较长（宜 6h 以上）的水泥。早强、快硬及受潮变质的水泥不应使用。宜采用强度等级较低的水泥，如 32.5 水泥。

（2）水泥含量 各种类型的水泥都可以用于稳定土。但试验研究证明，水泥的矿物成分和分散度对其稳定效果有明显影响。对于同一种土，通常情况下硅酸盐水泥的稳定效果好，而铝酸盐水泥较差。在水泥硬化条件相似，矿物成分相同时，随着水泥分散度的增加，其活性程度和硬化能力也有所增大，从而水泥土的强度也大大提高。水泥土的强度随水泥剂量的增加而增长，但过多的水泥用量，虽获得强度的增加但经济上却不一定合理，在效果上也不一定显著，且容易开裂。试验和研究证明，水泥用量以 4%～8% 较为合理。

2. 施工程序

（1）拌和和摊铺

① 混合料应在中心拌和厂拌和，可采用间歇式或连续式拌和设备。

② 所有拌和设备都应按比例（质量比或体积比）加料，配料要准确，其加料方便于监理工程师对每盘的配合比进行核实。

③ 拌和要均匀。

④ 用平地机或摊铺机按松铺厚度摊铺，摊铺要均匀。

（2）整型 在摊铺后立即用平地机进行初整型。在直线段，平地机由两侧向路中进行刮平；在平曲线超高段，平地机由内侧向外侧刮平。需要时再返回刮一遍。

（3）碾压 整型后，当混合料的含水量等于或大于最佳含水量时，立即用停振的振动压路机在全宽范围内先静压 1～2 遍，然后打开振动器均匀压实到规定的压实度。碾压时振动轮必须重叠。通常除路面的两侧应多压 2～3 遍以外，其余各部分碾压到的次数尽量相同。

（4）接缝处理

① 当天两工作段的衔接处，应搭接拌和，即先施工的前一段尾部留 5～8m 不进行碾压，待第二段施工时，对前段留下未压部分要再加部分水泥重新拌和，并与第二段一起碾压。

② 应十分注意每天最后一段末端缝（即工作缝）的处理，工作缝应成直线，而且上下垂直。

（5）养生

① 每一段碾压完成后应立即开始养生，不得延误。

② 在整个养生期间都应使水泥稳定土层保持潮湿状态，养生结束后，必须将覆盖物清除干净。

③ 在养生期间未采用覆盖措施的水泥稳定土层上，除洒水车外，应封闭交通。在采用覆盖措施的水泥稳定土层上不能封闭交通时，应限制重车通行，其他车辆车速不得超过 30km/h。

④ 水泥稳定土层上立即铺筑沥青面层时，不需太长的养生期，但应始终保持表面湿润，至少洒水养生 3 天。

（三）石灰、粉煤灰、土

石灰粉煤灰（简称为二灰）基层是用石灰和粉煤灰按一定配合比，加水拌和、摊铺、碾压及养生而成型的基层。在二灰中掺入一定量的土，经加水拌和、摊铺、碾压及养生成型的基层，称二灰土基层。石灰粉煤灰基层具有以下特点：水硬性、缓凝性、稳定性好，强度高，成板体且强度随龄期不断增加而增加，抗水、抗冻、抗裂而且收缩性小，适应各种气候环境和水文地质条件。所以，近几年来修筑高等级公路时，常选用石灰粉煤灰做高级或次高级路面的基层或底基层。

1. 材料

粉煤灰是火力发电厂燃烧煤粉产生的粉状灰渣，主要成分是二氧化硅（SiO_2）和三氧化二铝（Al_2O_3），其总含量一般要求超过 70%。粉煤灰的烧失量一般要小于 20%，如达不到上述要求，应通过试验后才能采用。干粉煤灰和湿粉煤灰都可以应用。

（1）粉煤灰特性

① 粉煤灰具有良好的物理性能，已在许多地区得到应用。

② 有类似火山灰的特性，有一定的活性，在压实功能作用下能产生一定的自硬强度。

③ 具有承载能力和变形模量较大的特点。

④ 施工方便、快速，质量易于控制，技术可行，经济效果显著等优点。

（2）要求

① 要求粉煤灰的 $SiO_2 + Al_2O_3$ 含量大于 70%，CaO 含量为 2%～6%，烧失量不大于 20%，粒径变化在 0.001～0.3mm 之间，其比表面积一般在 2000～3500cm^2/g 之间。

② 干粉煤灰的堆放宜加水，以防飞扬；湿粉煤灰的含水量不宜超过 35%。

③ 粉煤灰不应含有团块、腐殖质及有害杂质。

（3）配合比设计 混合料的配合比组成，各地可根据当地的实践经验参照下面配合比选用。

采用石灰粉煤灰土做基层或底基层时，石灰与粉煤灰的配合比，常用 (1∶2)～(1∶4)（对于粉土，以 1∶2 为合适）。石灰粉煤灰与细粒土的比为 (30∶70)～(50∶50)。

采用石灰粉煤灰与级配的中粒土和粗粒土做基层时，石灰与粉煤灰的配合比为 (1∶2)～(1∶4)，石灰粉煤灰与粒料的比常采用 (20∶80)～(15∶85)。

根据最近的研究提出，为了防止裂缝，采用石灰与粉煤灰的配合比为 (1∶3)～(1∶4)，集料含量以 80%～85% 左右为最佳，既可抗干缩又可抗温缩。不少地区在修筑高级或次高级路面时选用这种基层和底基层，既减少了因基层反射裂缝而引起的面层开裂问题，又减轻了沥青路面的本辙。

2. 施工

（1）拌和 二灰土混合料应用拌和机械集中拌和，不得采用路拌；用摊铺机铺筑，防止水分蒸发和产生离析；碾压和整型的全部操作应在当天完成。

① 材料的拌和可用带旋转刀片的分批出料的拌和设备或是用转动鼓拌和机或连续拌和式设备。二灰和集料可按质量比控制，也可按体积比控制。

② 混合料应在拌和以后尽快摊铺。

（2）摊铺 当二灰土基层的铺筑厚度超过碾压有效厚度时，应分两层铺筑，在第一铺筑层经压实且压实度达到规定标准时，应立即铺筑第二层。

（3）压实　最好用振动压路机碾压。压实度应达到规定的要求。

（4）养生

① 在碾压完成后的第二天或第三天开始养生，及时洒水，应始终保持表面湿润。养生期一般为7天。

② 养生期结束，应立即浇洒沥青透层油。

（四）粉煤灰三渣

粉煤灰三渣混合料：指将石灰、粉煤灰与碎石的体积比为1：2：3的配方在其最佳含水量时，其标准干密度到达到预定要求的一种混合料。

1. 拌和

粉煤灰三渣有路拌和厂拌两种拌和方式。

2. 摊铺

指三渣混合料经拌和后运至工地上进行摊铺和整平，其要求应根据施工情况控制好摊铺厚度，松铺系数由现场试铺确定。混合料摊铺时，宜用平地机或其他适用的摊铺机械辅以人工整平。其压实厚度为15～20cm，下层压实后再铺上层，并用水洒湿，使之连接良好。

3. 碾压

当粉煤灰三渣土基层在摊铺完毕后，用碾压机、12t或15t的光轮压路机在其最佳含水量时进行压实，其碾压先轻后重，从路边压向路中。

4. 养护

粉煤灰三渣基层碾压完成后再开始进行经常性或定期性的保护，对其进行洒水保湿，当发现有不符合质量要求时，及时补救不合格之处，并测定其弯沉值。

（五）沥青稳定碎石

1. 沥青

是一种有机胶凝材料，由复杂的高分子碳氢化合物，及其非金属衍生物的混合物组成，呈溶液溶胶、溶凝胶或凝胶状。色黑而具光泽，常温下呈液态、半固态或固态。溶于二硫化碳、四氯化碳、苯和其他有机溶剂，加热后能溶化而放出特殊气味，有黏性、塑性、延展性、不透水性、耐化学侵蚀性和大气稳定性等，是制作混凝土乳化沥青、防水卷材、防水涂料、油膏等的原料，常用于铺筑路面、工业建筑和民用建筑、水利工程以及油漆工业、塑料工业、电器绝缘、金属和木材的防锈防腐等。

2. 沥青稳定碎石

沥青混合料的一种，用沥青和碎石拌制而成，碎石颗粒可尺寸统一，亦可适当级配。在碎石中还可加入少量矿粉，经压实后可具有一定强度，可使稳定性大大增强，故称为沥青稳定碎石。

3. 喷洒机喷油、人工摊铺撒料

指在处理沥青稳定碎石基层时，利用喷洒机将沥青油喷洒在路基坡面上以形成保护层防止风化，利用人工摊铺沥青稳定碎石，使之能牢固地粘接在沥青油上，增加路基的抗压强度，提高地基土的强度，从而保证基层的稳定性。是一种很有效的铺垫地基的方法，适应于高级、次高级道路工程。

（六）砂砾石

砂砾石基层是采用砂和砾石的混合物作为基层。由于砂颗粒大，可防止地下水因毛细作用上升，使基层不受冻结的影响，能在施工期间完成沉陷；用机械或人工都可以使地基密实，具有施工工艺简单、可缩短工期、降低造价等特点。

（七）卵石

卵石是指由岩石经水流搬运、冲刷而成的，粒径为 2～60mm 的、无棱角的天然粒料。

级配砾（碎）石基层应密实稳定，为防止冻胀和湿软，应注意控制小于 0.5mm 细料的含量和塑性指数。在中湿和潮湿路段，用作沥青路面的基层时，应在级配砾石中掺石灰，细料含量可适当增加，掺入的石灰剂量为细料含量的 8％～12％。在级配砾石中掺石灰修筑基层，主要是为了提高基层的强度和稳定性。

（1）拌和和整形　可采用平地机或拖拉机牵引多铧犁进行。拌和时边拌和边洒水，使混合料的湿度均匀，避免大小颗粒分离。混合料的最佳含水量约为 5％～9％。混合料拌和均匀后按压实系数（1.3～1.4）摊平并整理成规定的路拱横坡度。

（2）碾压　先用轻型压路机压 2～3 遍，继用中型压路机碾压成型。碾压工作应注意在最佳含水量下进行，必要时可适当洒水，每层压实厚度不得超过 16cm，超过时需分层铺筑碾压。

（3）铺封层　施工的最后工序是加铺磨耗层和保护层。

除上述内容外，也可采用天然砂砾修筑基（垫）层，它可以就地取材，且施工简易，造价低廉。天然砂砾料含土少，水稳性好，宜作为路面的底基层或垫层。

天然砂砾基层施工的关键在于洒水碾压。砂砾摊铺均匀后，先用轻型压路机稳压几遍，接着洒水用中型压路机碾压，边压边洒水，反复碾压至稳定成型。由于天然砂砾基层的颗粒组成不属最佳级配，且缺乏粘接料，故其整体性较差，强度不高。为了提高其整体性和强度，可根据交通量和公路线形（如弯道、陡坡）情况，在其表面嵌入碎石或铺碎石过渡层。

（八）碎石

碎石基层可采用干压方法，要求填缝紧密，碾压坚实。如土基软弱，应先铺筑低剂量石灰土或砂砾垫层，以防止软土上挤和碎石下陷。石料和嵌缝料的尺寸，视结构层的厚度而定。

三、面层材料和施工

道路面层直接承受行车荷载与大气因素的作用，并且将车轮荷载压力传布扩散到基层。由于面层受荷载和自然因素的双重作用，因此面层应具有较高的力学强度（抗剪切、抗弯拉能力强）、耐磨、不透水、抗冻性强、稳定性良好等特点。面层主要采用水泥混凝土、沥青混凝土等强度较高的材料铺筑。

连接层是在非沥青结合料的基层与沥青面层间设置的辅助结构层。连接层也包括在面层之内。它的作用是防止沥青面层沿着基层表面滑移，从而有效地发挥路面结构层的整体强度。一般在交通量大、荷载等级高的快速路与主干路上采用。连接层主要采用黑色碎石、沥青贯入式、沥青稳定碎石及碎石等。

（一）简易路面

简易路面一般指交通量较少，工程技术标准低于四级的路面。一般路基宽为 6.5m，山岭区可采用 3.5～4.5m 宽的单车道，并加修错车道。最小平面曲线半径为 20m，山岭区可采用 15m，回头线最小半径为 12m，最大纵坡在特别困难地区为 11％，路面材料以就地取材为主，可采用泥结碎石、级配砾石、圆石或拳石、碎石或碎石土、砂土、炉渣、礓石和碎砖等。具有工程简单、造价低廉，能供兽力车、农用拖拉机和少量汽车通行等优点。但适应的交通量按解放 CA-10B 型汽车计算，仅在 50 辆/日以下。

（二）沥青路面施工

沥青路面是指在矿质材料中，采用各种方式掺入沥青材料（石油沥青、煤沥青、液体石油沥青等）组成的混合料修筑而成的各类型路面，统称为沥青路面。这种路面结构适用于各种交通量的道路。

沥青路面使用了沥青材料使混合料的粘接力较强，矿料之间黏聚力加强，从而提高了混合料的强度和稳定性，使路面的使用质量提高，延长了路面的使用年限。

1. 沥青路面施工概述

沥青路面的优点在于表面平整、不渗水、噪声小、扬尘少、行车费用低和养护方便等。它的缺点在于易受履带式车辆和尖硬物体的损坏，表面被磨光而影响行车安全。另外，沥青路面在使用时易受外界气温的影响，夏季易软而冬季易脆；在施工时受季节气候的影响也很明显，在低温季节和雨季，除乳化沥青外，其他材料一般不能施工。

（1）沥青路面的分类 沥青路面按照矿料组成的不同，可分为密实式和嵌挤式两大类路面。

① 密实式是指按照密实原则修筑的沥青路面，要求矿料粒径级配按最大密实度原则设计要求选择。混合料的强度主要由粘接力和内摩阻力构成，其中粘接力起较大的作用。属于密实式沥青路面的有沥青混凝土路面、沥青加固土路面等。

② 嵌挤式是指按嵌挤原则修筑的沥青路面，要求采用尺寸大致均匀的矿料，其强度和稳定性主要由矿料间的相互嵌挤所产生的摩阻力来保证，其粘接力起次要作用。属于嵌挤式路面的有沥青贯入式路面、沥青碎石路面和沥青表面处置等。

嵌挤式沥青路面较密实式热稳定性更好，但空隙较多，易于渗水和老化，所以耐久性相对较差。

（2）沥青路面类型的选择 在进行沥青路面类型的选择时，应根据道路使用的技术要求，并结合当地的具体条件，其中最基本的考虑因素是道路等级与行车密度，从而选定适当的类型，使得最终的方案在经济上合理、技术上可行。

① 从路面等级角度考虑 高级路面要求选择沥青混凝土或沥青碎石路面，沥青混凝土路面可使用年限较长，一般在 15 年以上，沥青碎石路面的使用年限在 12 年以上，要求使用优质的材料和矿料；次高级路面，其昼夜交通量在 5000 辆以下，对路面类型的选择就有较大的选择范围，交通量较大的要选择沥青贯入式，交通量中等的可选沥青碎石混合料，而交通量较小的可选沥青表面处置的路面。

② 从施工季节的角度考虑 当天气较冷时，宜采用热拌冷铺或冷拌冷铺的方式；对于工期较紧的路面，可采用厂拌式；在道路纵坡大于 3%～5% 的路段上，适宜采用粗粒式的沥青碎石路面或粗面式的沥青表面处置的路面。

（3）沥青路面对基层的要求 沥青路面的基层，必须符合下列要求。

① 足够的强度 基层应能承受车辆荷载的作用，在行车荷载的反复作用下，不应产生超过允许的残余变形，也不能产生剪切和弯拉破坏。为此，基层应具有足够的强度，这里的强度是指混合料中矿料颗粒本身的强度和基层结构的整体强度。

② 良好的水稳定性 沥青面层，特别是沥青表面处治和沥青贯入式路面，在使用初期，其透水性较大，雨季时表面水可能透过面层而进入基层，导致基层材料含水量增加而强度降低。因此，必须用水稳定性好的材料做基层。

③ 基层表面应平整　为保证沥青面层的厚度在整个道路宽度范围内均匀一致，及面层表面的平整度和路面拱度，基层必须保证表面平整，其拱度与面层的一致。

④ 与面层结合良好　为减少面层底部的拉应力和拉应变，防止面层和基层之间发生滑动、推移等破坏，要求基层和面层要结合良好，形成整体。

（4）沥青路面材料的要求　沥青面层所使用的沥青材料，宜根据道路所在地区的气候条件、施工季节、路面类型、施工方法和矿料类型等选用。

对于城市道路、主干路等使用的沥青，应选用符合"重交通量道路石油沥青技术要求"规定的沥青（AH类）；对于其他道路用沥青混合料中的沥青，应选用符合"中、轻交通量道路石油沥青技术要求"规定的沥青（A类）；对于沥青表面处治、沥青贯入式路面、常温沥青混合料路面以及透层、粘层、封层等可采用乳化沥青。

选用的石油沥青，以黏稠的石油沥青为较理想的沥青材料，它具有的优点是能牢固地粘住石块、很少泛油、不透水、使用期限长等；其缺点是初期使用时成型较慢，渗透性以及与石料的裹覆能力较差，对基层与矿料表面的清洁程度要求较高，且价格较贵。对液体沥青而言，快凝液体沥青比较适宜，这种沥青经稀释后渗透性好，凝结时间短，且不论原有路面是否光滑、有无灰尘，它都能与之结合良好；如采用慢凝液体沥青，成型期较长会造成表面滑溜现象。"成型"阶段是指沥青材料在施工完毕后，须经过一段时间的行车碾压，特别是在一定高温下的行车碾压，使其矿料取得最稳定的嵌挤位置，并同沥青粘接牢固的过程。

乳化沥青，是指石油沥青与水在乳化剂、稳定剂等的作用下经乳化加工制得的均匀的沥青产品，也称沥青乳液。所谓的乳化法（石油沥青与水在乳化剂、稳定剂等的作用下经乳化加工制得的沥青产品，也称沥青乳液。引自《公路沥青路面施工技术规范》），由于沥青和水的表面张力差别很大，在常温或高温下都不会互相混溶。但是当沥青经高速离心、剪切、冲击等机械作用，使其成为粒径 $0.1 \sim 5 \mu m$ 的微粒，并分散到含有表面活性剂（乳化剂-稳定剂）的水介质中，由于乳化剂能定向吸附在沥青微粒表面，因而降低了水与沥青的界面张力，使沥青微粒能在水中形成稳定的分散体系，这就是水包油的乳状液。这种分散体系呈茶褐色，沥青为分散相，水为连续相，常温下具有良好流动性。从某种意义上说乳化沥青是用水来"稀释"沥青，因而改善了沥青的流动性。

煤沥青的优点是渗透性好，与石料粘接好，以煤沥青作为结合料所做成的表面处置路面，水稳定性、抗滑性都很好，但是其对温度很敏感，容易老化，国内外使用的较少。

2. 沥青透层、粘层、封层的施工

沥青透层、粘层分别为透层油（或透层沥青）、粘层油（或粘层沥青）的简称，二者均属于确保沥青路面与下承层（即基层）有良好粘接能力的一种技术措施。封层是修筑于面层顶或地面的沥青混合料薄层。

透层、粘层及封层都属于为使沥青路面正常使用而在施工前在路面下承层和表面层所采取的必要措施，各层次分布如图4-19所示。

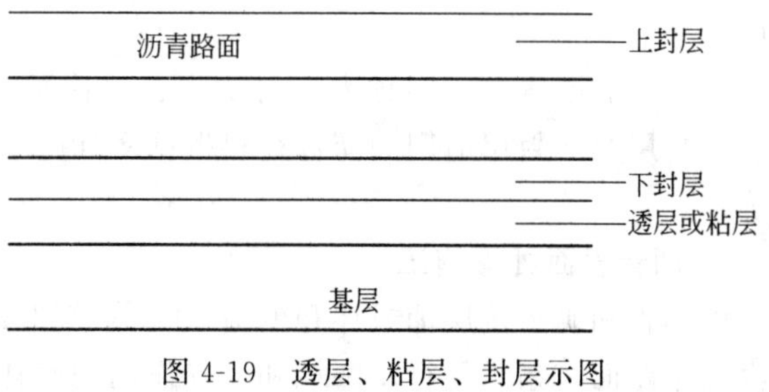

（1）透层　透层是在无沥青材料的基层上，浇洒低黏度的液体沥青（煤沥青、乳化沥青或液体沥青）薄层，透入基层表面所形成的一层薄沥青层。其作

图 4-19　透层、粘层、封层示图

用是增进基层与沥青面层的黏结力；封闭基层表面的空隙，减少水分下渗，防止基层吸收表面处置的第一次喷洒沥青；在铺筑面层前能作为临时性的保护层以增强基层表面。

透层沥青宜采用慢裂的洒布型乳化沥青 PC-2、PA-2（高等级道路采用 PC-2），也可采用中、慢凝液体石油沥青或煤沥青。其稠度应通过试洒确定。一般对表面致密的半刚性基层、细粒料基层及气温较低时，宜用渗透性好的较稀的透层沥青；空隙较大、粗粒料基层及气温较高时，宜采用较稠的透层沥青。

采用沥青的标号应根据基层的种类、疏密状态、施工季节等条件通过试洒确定。透层沥青用量取决于基层的吸收性能，一般以使透层沥青在 4~8h 内渗入基层表面 3~6mm，不留多余沥青为宜。

沥青的用量可以在施工时通过试洒确定，并应符合沥青路面透层技术标准要求。对于石灰（水泥）稳定土、石灰稳定工业废渣（土）等基层，宜在基层完工后表面稍干即浇洒，以利于基层的养生；对级配砂砾等基层，待基层完工后，表面开始变干时，再进行浇洒，以利于基层的养生；若基层完后时间较长，在浇洒透层之前，应在基层表面浇洒少量的水，以轻微湿润基层 10mm 左右，待表面干燥后即可浇洒透层沥青，这样有利于沥青透入基层。

（2）粘层　粘层是为加强在路面的沥青层及沥青层之间、沥青层与水泥混凝土路面之间的粘接而洒布的沥青材料薄层。它的作用在于使上下沥青层及沥青层与构造物完全粘接成一整体。

粘层常用于旧沥青路面作基层、水泥混凝土路面或桥面上铺浇沥青面层，双层式或三层式热拌热铺沥青混合料路面在铺筑上层前，其下的沥青层已被污染、所有与新铺沥青混合料相接触的构筑物侧面，如路缘石、雨水进水口、各种检查井，在陡坡、急弯及交叉口停车站等沥青面层容易产生推移的地段。

粘层的沥青材料宜选用快裂的洒布型乳化沥青，也可采用快、中凝液体石油沥青或煤沥青。粘层沥青宜用与地面面层所使用的种类、标号相同的石油沥青经乳化或稀释制成，其品种和用量应根据结构层的种类通过试洒来确定，并使之符合沥青路面粘层技术标准。

（3）封层　封层是修筑在面层或基层上的沥青混合料薄层。铺筑在面层表面上的称为上封层，铺筑在面层下面的称为下封层。其主要作用是封闭表面空隙，防止水分浸入面层或基层，延缓面层老化，改善路面外观和平整度，供车辆行驶磨耗以保护沥青路面。

上封层适用于空隙较大、透水严重的沥青面层；有裂缝或已修补的旧的沥青路面，需加铺磨耗层或保护层的新建沥青路面。

下封层适用于位于多雨地区且沥青面层空隙较大，渗水严重，在铺筑基层后，不能及时铺筑沥青面层，且须开放交通的情况。

上封层与下封层可采用拌和法或层铺法施工的单层表面处治，也可采用乳化沥青稀浆封层。

作封层的沥青黏滞度越大，对防水、保持覆盖、防矿料散失以及防止沥青下透等越有利。上封层及下封层适用的沥青材料根据实际施工情况确定。沥青的标号根据当地的气候情况确定。

3. 沥青表面处置施工

由沥青和矿料按层铺或拌和的方法，修筑厚度不大于 3cm 的一种薄层路面面层。它属于次高级路面，是承受行车磨耗和大气作用的磨耗层或面层，可用来改变或改善或恢复已老化的沥青路面，也可用作防滑层。

沥青表面处置的主要作用是保护下层路面结构层，使其不直接遭受行车和自然因素的破坏作用，以延长路面的使用寿命，并改善行车条件，在计算路面厚度时，不可作为单独受力结构层。

（1）沥青表面处置路面特点　沥青表面处置层是按照嵌挤原则修筑而成，为保证矿料之间具有良好的嵌挤作用力，同一层的矿料颗粒尺寸应均匀，其最大粒径应与表层的厚度相同。为防止矿料松散，所用的沥青需有必要的稠度。

表面处置层在施工完毕后，须经过一段时间的行车碾压，特别是在一定高温下的行车碾压，使其矿料取得最稳定的嵌挤位置，并同沥青粘接牢固，此过程称为"成型"阶段。因此，沥青表面处置的施工要求在寒冷季节到来前的半个月结束，以确保当年能在一定的高温条件下，借助行车碾压，使路面成型。

沥青表面处置路面按施工方法的不同分为层铺法和拌和法两种，目前使用比较普遍的是层铺法。层铺法是将沥青材料与矿料分层洒布、分层碾压成型的修筑方法。层铺法使用沥青洒布机，功效高、进度快，适合大面积施工。

（2）层铺法的层次　层铺法表面处置按浇洒沥青和撒铺矿料的层次可分为以下三式。

① 单层式　浇洒一次沥青，撒铺一次矿料，厚度约 1.0～1.5cm，适合于交通量少于300 辆/昼夜的路面使用，使用年限约 3～5 年。

② 双层式　浇洒二次沥青，撒铺二次矿料，厚度约 1.5～2.5cm，适合于交通量 300～1500 辆/昼夜的路面使用，使用年限约 6～10 年。

③ 三层式　浇洒三次沥青，撒铺三次矿料，厚度约 2.5～3.0cm，适合于交通量 1000～2000 辆/昼夜的路面使用，使用年限约 10～15 年。

4. 沥青贯入式路面施工

沥青贯入式路面是在初步压实的碎石（或轧制砾石）上浇洒沥青后，再分层撒铺嵌料浇洒沥青，分层压实而形成的路面面层结构，其厚度通常为 4～8cm。

沥青贯入式路面具有较高的强度和稳定性，适用于次高级路面面层，适用的交通量为2000～5000 辆/昼夜，也可作为高级路面的联结层或基层，采用冷铺时它的使用年限为 10～15 年。

（1）沥青贯入式路面特点　沥青贯入式路面属于嵌挤类路面，其强度和稳定性主要靠矿料的相互嵌挤和锁结作用而形成。所以，沥青贯入式路面具有强度较高、稳定性好、施工简便和不易产生裂缝等优点，而且由于嵌挤作用，使得路面受温度变化影响小，温度稳定性好。沥青贯入式路面的缺点有：沥青材料洒布在矿料中不易达到均匀，在矿料密实处沥青材料不易贯入，而在矿料空隙较大处，沥青材料又容易结成块，从而使强度不均匀。

沥青贯入式路面是一种多孔隙结构。为了防止表面水的渗入，增强路面的水稳定性，使路面面层坚固密实，贯入式路面必须做封面处理。

（2）沥青贯入式路面材料　沥青贯入式路面所用沥青材料标号的选择，应根据所在路面施工条件、地区气候及矿料质量和尺寸等因素而确定。一般当施工时气温较低、矿料较软或粒径偏细时，应采用稠度较低的沥青材料，反之则应采用稠度较高的沥青材料。

5. 沥青碎石路面施工

沥青碎石路面又称黑色碎石，是由一定级配的矿料（有少量矿粉或不加矿粉），用沥青作结合料按一定比例配合，均匀拌和后经摊铺压实成型的一种路面面层结构。

这种混合料铺筑的路面能充分发挥其颗粒的嵌挤作用，提高温度稳定性；此种路面面层热稳定性好，不易形成波浪、产生推挤拥包，而且在施工时拌和摊铺沥青碎石混合料较容易，路面铺筑后成型较快，正因为具有这些优点，近年来得到了较广范的使用，一般用于城市道路和公路干道上。但这种混合料空隙率较大，易渗水，降低了石料同沥青间的粘接力，沥青老化后，路面容易疏松，导致破坏。

（1）沥青碎石路面主要的优点

① 高温稳定性好，路面不易产生波浪，在低温时也有一定的塑性而不致开裂，即便有裂缝也会很小。

② 对石料级配和沥青规格要求较宽，选用材料比较容易满足要求。

③ 沥青用量少，且不用（或少用）矿粉，造价低。

④ 路表面较易保持粗糙，有利于高速行车和安全。

在沥青碎石表面需加铺表面处置或沥青砂等上封层，主要是为防止水分渗入，并使其平整。

（2）沥青碎石路面的类型　一般情况下，沥青碎石可用"沥""碎"两个字的第 1 个拼音的大写字母来表示，也就是"LS"，也可用"AM"（asphalt macadam）来表示。

沥青碎石路面按矿料最大粒径的不同，可分为 LS-50、LS-40、LS-35、LS-30、LS-25、LS-20、LS-15、LS-10 等 8 种类型。

当沥青碎石路面用作连接层和基层时，其类型可采用 LS-50、LS-40、LS-35 或 LS-30；当用作不透水的沥青路面的磨耗层或防滑面层时，其类型可采用 LS-15 或 LS-10。

（3）对材料的要求　沥青碎石路面对矿料的强度要求很高，通常要求采用 1 级或 2 级石料，而且要求石料必须与沥青之间有良好的粘接力。沥青碎石混合料的级配可参照"沥青碎石混合料级配组成及用量表"选用。

（4）沥青碎石路面的施工　沥青碎石路面的施工方法，主要有热拌热铺、热拌冷铺及冷拌冷铺等几种方法，但通常多采用热拌热铺法进行施工。热铺主要依靠碾压成型，所以要求碾压次数多于其他路面的碾压次数，一般要求碾压 10 遍左右，直到混合料无显著轮迹为止。冷铺的沥青碎石路面，最终成型的路面需要靠开放交通后的行车压实，故对铺筑时的碾压次数可以要求少些。沥青碎石路面在基本冷却后即可开放交通了。

沥青碎石路面的使用年限当采用冷铺的方式时为 10～15 年，当采用热铺的方式时为 15～20 年。

6. 沥青混凝土路面施工

沥青混凝土路面和沥青碎石路面采用热拌热铺法铺筑成的沥青路面统称为热拌沥青混合料路面，属于高级路面，常用于高速公路、一级公路或立交桥桥面铺装、城市快速路、主干路上。

沥青混凝土路面是按级配原理选配的矿料与适量沥青均匀拌和，经摊铺压实而成的沥青路面面层。沥青混凝土路面所选用的矿料是指几种大小不同的矿料颗粒，如碎石、轧制碎石、石屑、砂和矿粉等；沥青作为结合料，将它们按一定比例配合，经过严格控制之下的拌和而形成混合料，即沥青混凝土混合料。其中矿粉的掺入使沥青混凝土中的黏稠沥青以薄膜的形式分布，从而产生比单纯沥青大数十倍的粘接力。

（1）沥青混凝土路面的特点　沥青混凝土路面的强度是按密实原则构成的。其中矿粉使沥青所产生的粘接力，是沥青混凝土强度构成的主要因素，另外还有级配骨料之间的摩阻力和嵌挤作用产生的强度。沥青混凝土路面具有强度高、密实度大、整体性强、抵抗自然因素破坏的能力强等优点，是一种适合现代汽车交通的高级路面，适用于交通量大的城市道路、快速路、主干路和公路，也适用于高速公路。沥青混凝土路面具有较高的强度，能承受较繁重的车辆交通，这就要求有强度高的基层与之相配合，同时，其强度主要是靠沥青薄膜的粘接力所构成，因此它对温度很敏感，即沥青混凝土路面温度稳定性较差，在高温季节容易产生波浪、推挤和拥包现象。

（2）沥青混凝土路面的分类

① 按所用的沥青材料分类：地沥青混凝土（用石油沥青为结合料）；煤沥青混凝土（用煤沥青为结合料）。

② 按摊铺时的温度分类：热拌热铺（摊铺温度100～150℃）；热拌冷铺（摊铺温度与大气温度相同）。

③ 按沥青混合料最大粒径分类　沥青混凝土路面同沥青碎石路面的表示方法一样，是采用"沥""混"两个字的第1个拼音的大写字母表示，即"LH"，也可用"AC"表示（asphalt concrete）。

a. 按矿料最大粒径的不同，可分为LH-35、LH-30、LH-25、LH-20、LH-15、LH-10、LH-5共七种类型。其中，"LH"代表沥青混凝土，后面的数字代表矿料的最大粒径（mm）。

b. 在生产上按最大粒径的不同可分为：粗粒式，最大粒径为30～35mm；中粒式，最大粒径为20～25mm；细粒式，最大粒径为10～15mm；沥青砂，最大粒径为5mm（即砂粒式）。

④ 按沥青混凝土路面的结构形式分类　沥青混凝土路面可分为单层式和双层式两种结构形式。单层式厚4～6cm；双层式一般总厚度为7～9cm，上层厚3～4cm，下层厚4～5cm。

（3）对材料的要求　沥青混凝土可采用黏稠的石油沥青或软煤沥青作为结合料使用，沥青的稠度要根据气候条件、混合料类型、道路交通的性质等因素综合选定。在气温较高和交通繁重的条件下，细粒式沥青混凝土应选用稠度较高的沥青；反之则可采用稠度较低的沥青。

① 道路石油沥青：是指由石油废渣料与沥青相拌的一种铺筑面层的混合料。道路石油沥青是符合沥青路面的技术要求的石油沥青，适用于各类沥青面层。

② 乳化石油沥青：乳化石油沥青也是一种常用的路面面层铺筑混合料。适用于沥青表面处置、沥青贯入式路面、常温沥青混合料路面，以及透层、粘层和封层。乳化沥青制成后应该及时使用，在存放期内以不离析、不冻结、不破乳为度。

③ 液体石油沥青：液体石油沥青是用汽油、柴油和煤油等有机溶剂将石油沥青在溶剂中稀释而成的一种沥青产品，在工业中也常常被称为轻质沥青和稀释沥青，是一种较好的铺砌材料。

④ 矿粉：一般采用的是石灰石粉，也可采用水泥、消石灰粉作为矿粉。矿料在沥青混凝土混合料中的作用是填充混合料的空隙，增强矿料和沥青间的粘接力，从而提高混合料的强度和温度稳定性。

⑤ 碎石或砾石：应选用强度较高、耐磨、有棱角的碱性石料。砂一般选用具有一定级配的天然或人工的砂，砂质要求清洁、坚硬、不含杂质，含泥量小。

沥青混凝土路面的使用年限为 15～20 年。

（4）沥青混凝土路面的施工　铺筑沥青混凝土的施工程序如下：①安装路缘石。②清扫基层、放样。③浇洒粘层或透层沥青。④沥青摊铺机摊铺沥青混凝土混合料。⑤碾压。碾压要求与摊铺必须紧接着进行。碾压的程序为初压→复压→终压，初压一般可用 6～8t 双轮压路机进行碾压，一般初压为 2 遍左右；复压可采用 10～12t 三轮压路机或相应轮胎压路机进行压实，一般为 4～6 遍；终压可采用 6～8t 双轮压路机进行碾压，消除碾压过程中所产生的轮迹，并确保表面平整，一般为 2～4 遍。⑥开放交通。一般在沥青混凝土路面完全冷却后才能开放交通，通常是在施工完毕后的第二天即可开放交通。

图 4-20 为沥青混凝土路面结构大样图。

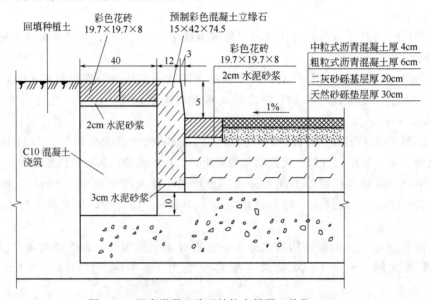

图 4-20　沥青混凝土路面结构大样图（单位：cm）

（三）水泥混凝土路面施工

水泥混凝土路面是由水泥同砂石材料搅拌而成的水泥混凝土铺筑而成的刚性路面，其使用年限可长达 20～40 年。常用于城市道路、机场跑道等。水泥混凝土路面与沥青类路面相比较，水泥混凝土路面的特点是具有强度高、稳定性好、使用年限长、养护费用少、无污染等优点，但其造价相对较高，由于水泥混凝土板块之间设置了横缝和纵缝的原因，使施工较复杂，在行车舒适性、抗滑移性和吸收噪声的性能方面都较沥青混凝土路面差。

1. 水泥混凝土路面概述

水泥混凝土路面包括素混凝土、钢筋混凝土、预应力混凝土、连续配筋混凝土、装配式混凝土和预制混凝土板等几种类型，其中以素混凝土现浇路面的使用最广泛。所谓素混凝土路面是指除接缝区域和局部范围外，不配置钢筋的混凝土路面。它的优点是强度高、稳定性好、耐久性好、养护维修费用少、经济效益高，有利于夜间行车。但是这种路面对于水泥和水的用量较大，路面存在接缝，养护时需要时间较长，且修复困难。

由于水泥混凝土路面采用素混凝土路面，素混凝土抗弯拉强度大大低于抗压强度，如果基层以下部分发生沉陷的话，就会引起混凝土路面的沉陷、断裂，所以水泥混凝土路面施工前，从土基、垫层到基层的各工序都要确保压实度，还必须做好排水设施，北方地区做好防冻层。

2. 对水泥混凝土混合料的要求

（1）对材料的要求　水泥应采用质量稳定可靠的厂家生产的水泥。在大多数情况下，优先选用 42.5 号普通硅酸盐水泥，一般道路也可选用 32.5 号普通水泥，不得使用火山灰水泥。粗集料应质地坚硬、耐久、洁净；细集料应采用天然砂或石屑，质地坚硬、耐久、洁净，符合级配原则。拌和及养生混凝土所用的水，不得使用含有影响混凝土质量的油、酸、盐、碱、有机物等的水，一般可采用饮用水。对于混凝土，可根据工程的要求，因地制宜地选择合适的外加剂，如早强剂、减水剂、缓凝剂、引气剂等。

（2）水泥混凝土施工配合比　混凝土是按照经批准的专门用于工程的理论配合比进行配料拌和的。拌和场中砂石料如果采用露天堆放的话，可能会受雨淋或冲刷而使砂石料有含水量，此时就要对原理论配合比进行相应的调整，以确保混凝土配料准确。按理论配合比为依据而调整的配合比称为施工配合比。

3. 水泥混凝土路面的施工

与沥青混凝土路面相比，水泥混凝土路面的施工程序比沥青混凝土路面要多，开放交通的时间比沥青路面要晚，但从设备使用频率而言，水泥混凝土路面比沥青路面要更常用，成本更低，并在施工过程中可以充分发挥人力作用，使混凝土路面比沥青路面更普及。

水泥混凝土路面常规的施工方法的施工程序为：①基层找平验收→②安装模板→③安装传力杆及拉杆→④混凝土拌和及运输至现场→⑤混凝土摊铺振捣及初凝时压纹→⑥终凝后切缝及灌缝→⑦养护混凝土路面→⑧脱模板→⑨安装路缘石→⑩开放交通。

4. 接缝的构造与布置

混凝土面层是由一定厚度的混凝土板组成，具有热胀冷缩的性质。由于一年四季气温的变化，混凝土板会产生不同程度的膨胀和收缩。在一昼夜中，白天气温升高，混凝土板顶面温度较底面温度高，这种温度差会造成板的中部隆起；夜间气温较低，混凝土板顶面温度较底面的温度低，会使板的周边和角隅翘起，如图 4-21（a）所示。这些变形会受到板和基础之间的摩阻力和粘接力以及板的自重和车轮荷载等的约束，导致板内产生过大的应力，造成板面断裂或拱胀等破坏，如图 4-21（b）所示。从图中可看出，由于翘曲而引起的裂缝，在裂缝发生后被分割的两块板体没有完全分离，如果板体温度均匀下降引起收缩，则将使两块板体被拉开，如图 4-21（c）所示，失去对荷载的传递作用。

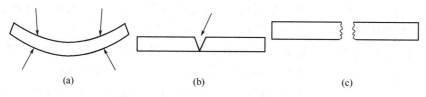

| (a) | (b) | (c) |

图 4-21　混凝土由于温度差引起的变形

为避免这些缺陷的产生，混凝土路面不得不在纵横两个方向建造许多接缝，把整个路面分割成许多板块。

横向接缝是垂直于行车方向的接缝，共有三种：收缩缝、膨胀缝和施工缝。收缩缝可以保证混凝土板随着温度和湿度的降低而收缩时沿薄弱端面缩裂，避免产生不规则的裂缝。膨胀缝可保证板在温度升高时能部分伸张，从而避免产生路面板在热天的拱胀和折裂破坏，同时膨胀缝也能起到收缩缝的作用。另外，混凝土路面每天完工以及雨天或其他原因造成不能继续施工时，应尽量施工到膨胀缝处。如果不可能做到，也应该施工到收缩缝处，并做成施工缝的构造形式。

在任何形式的接缝处，板体都不可能连续，它的传递荷载的能力总不如非接缝处，而且任何形式的接缝都不免要漏水。因此，对各种形式的接缝，都必须为其提供相应的荷载传递和防水设施。

（1）横缝的构造与布置

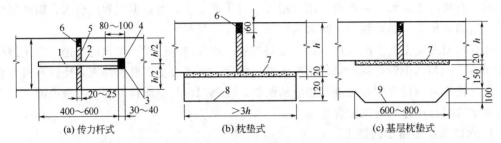

图 4-22　膨胀缝的构造形式（单位：mm）

1—传力杆固定端；2—传力杆活动端；3—金属套筒；4—弹性材料；5—软木板；
6—沥青填缝料；7—沥青砂；8—C10 水泥混凝土预制枕垫；9—炉渣石灰土

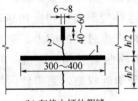

（a）无传力杆的假缝

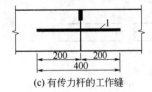

（b）有传力杆的假缝

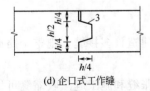

（c）有传力杆的工作缝

（d）企口式工作缝

图 4-23　收缩缝的构造
形式（单位：mm）

1—传力杆；2—自行断裂缝；
3—涂沥青

① 膨胀缝的构造（图 4-22）　缝隙宽约 18～25mm。如果施工时气温较高或者膨胀缝间距较短时，应该采用宽度范围的低限，反之则采用高限。在整个缝隙的上部约占板厚的 1/4 或 5mm 深度内，浇灌填缝料，下部则设置富有弹性的嵌缝板，一般是由油浸或沥青质的软木板制成。

对于交通繁重的道路，为保证混凝土板之间的荷载传递能力，以减小接缝处的不利荷载应力，防止形成错台现象，可在胀缝处板厚中央处设置传力杆，将相邻两板连接到一起，或采取在缝底设置水泥混凝土刚性垫枕的措施来传递压应力。传力杆一般长 0.4～0.6m，直径 20～25mm 的光圆钢筋，每隔 0.3～0.5m 设一根。杆的半段固定在混凝土内，另半段涂以沥青，套上长约 8～10cm 的铁皮或塑料筒，筒底与杆端之间留出宽约 3～4cm 的空隙，并用木屑与弹性材料填充，以利板的自由伸缩。在同一胀缝上的传力杆，设有套筒的活动端最好设置在缝的两边交错布置。至于垫枕，一般宽度约为 60～80cm 或不小于板厚的三倍，高度一般为 8～12cm。在垫枕上尚需有 2～3cm 的沥青砂或双层油毡，以便混凝土板能在垫枕上自由伸缩。

② 收缩缝的构造　缩缝一般采用假缝形式，如图 4-23（a）所示，只在板的上部设缝，当板收缩时将沿此最薄弱的断面有规则的自行断裂。收缩缝缝宽 5～10mm，深度约为板厚的 1/3～1/4，一般约为 4～6cm。假缝缝隙内也需要浇灌填缝料，以防止地面水下渗及石砂杂物进入缝内。如果基层表面采用了全面的防水措施之后，收缩缝缝隙宽度小于 3mm 时可不必浇灌填缝料。

缩缝缝隙下面板断裂面凹凸不平，能起到一定的传荷作用，一般不必设置传力杆，但是对于交通繁忙或地基水文条件不良的地段，也应在板厚中央处设置传力杆。这时的传力杆长约 0.3～0.4m，直径 14～16mm，每隔 0.3～0.75m 设一根。传力杆全部锚固在混凝土内，以使缩缝下部凹凸面的传荷作用有所保证，有时也将传力杆半段涂以沥青，称为滑动传力杆，主要是为了便于板的翘曲，这种缝称为翘曲缝。

③ 施工缝的构造　施工缝按照连接方式可分为平口缝和企口❶缝两种构造形式。平口缝上部应设置深度为 4～6cm 或板厚的 1/4～1/3，宽度约为 8～12mm 的沟槽，沟槽内浇灌填料。为利于板间传递荷载，在板的中央也应设置传力杆，传力杆长约 0.4m，直径 20mm，半段锚固在混凝土中，另半段涂沥青或润滑油，亦称滑动传力杆。如果不设传力杆，则应把混凝土接头处做成凹凸不平的表面，以利于传递荷载。

④ 横缝的布置　收缩缝间距一般为 4～6m，在昼夜气温变化较大的地区或低级水文情况不良的地段，应取低值，反之取高值。

膨胀缝间距最早取值为 20～40m，在桥涵两端以及小半径平面曲线和竖曲线处，也设置胀缝。膨胀缝的设置成为混凝土路面的薄弱环节，它不仅会给施工带来不便，同时由于施工时传力杆设置不当，使膨胀缝处的混凝土常出现碎裂等病害；当水通过膨胀缝渗入地基后，易使地基软化，引起错台等破坏；当砂石进入膨胀缝后，易造成膨胀缝板边挤碎、拱胀等破坏。另外，膨胀缝容易引起行车的跳动，这就要求对于缝中的填料要经常补充或更换，也就增加了道路养护的成本。因此，近年来国外修筑的混凝土里面均有减少胀缝设置的趋势。我国现行的刚性路面设计规范规定，膨胀缝应尽量少设或不设，但在临近桥梁或固定建筑物处、当与其他类型路面相连接处、板厚度变化点、小半径曲线和纵坡变坡点，都应设置膨胀缝。在其他位置，当板厚等于或大于 0.2m 并在夏季施工时，可不设膨胀缝；其他季节施工，一般可每隔 100～200m 设置一条膨胀缝。

(2) 纵缝的构造与布置　纵缝是指平行于混凝土路面行车方向的接缝。纵缝一般按 3～4.5m 设置，这对行车和施工都较方便。混凝土板在行车作用与温度变化影响下，往往易沿路拱中心线脱开，形成错台，因此，慎重处理纵缝连接构造是不可忽视的。如山城重庆的某干道由于铺设在半填半挖石质基础上，路面混凝土板尽管采用了加设侧向拉结的钢筋，但还是发生了沿纵缝脱开、剪断拉杆的情况；再如武汉的某扩建帮宽混凝土路面，由于路基基层原有部分与帮宽部分下沉不一致，再加上纵缝未从构造上采取加强连接，也大多发生了台阶现象。

当双车道路面按全幅宽度施工时，纵缝可做成假缝的形式。对于这种假缝，国外规定在板厚中央应设置拉杆，拉杆直径可小于传力杆，间距 1.0m 左右，锚固在混凝土内，以保证两侧板不致被拉开而失掉缝下部颗粒的嵌挤作用。

当按一个车道施工时，可做成平口纵缝，也可做成企口纵缝。平口纵缝的施工，是在半幅路面板做成后，对板侧壁涂以沥青，并在其上部安装压缩板（厚约 0.01m，高约 0.04m），然后浇筑另半幅混凝土板，待混凝土硬结后，取出压缝板，浇灌填缝料。为利于板间传递荷载，也可采用企口式纵缝，缝壁涂以沥青，缝的上部应留有宽度为 6～8mm 的缝隙，缝内浇灌填缝料。为防止混凝土板沿两侧路拱横坡产生爬动拉开或形成错台，在平口式和企口式的纵缝上都设置拉杆，这里采用的拉杆长约 0.5～0.7m，直径 18～20mm，间距

---

❶ 企口：用一侧创有凹槽，一侧创有凸榫的木板逐块铺镶而成的水泥混凝土板。

1.0～1.5m（图4-24）。

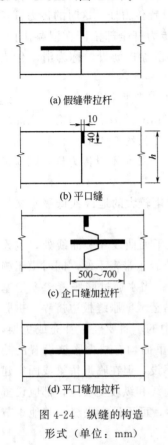

(a) 假缝带拉杆

(b) 平口缝

(c) 企口缝加拉杆

(d) 平口缝加拉杆

图 4-24　纵缝的构造
形式（单位：mm）

对于多车道的路面，应每隔 3～4 车道设一条纵缝，其构造与横向膨胀缝相同；当道路两侧有路缘石时，缘石与路面板之间也应设膨胀缝，此时可以不设置传力杆或垫枕。

（3）纵缝、横缝的布置　纵缝与横缝一般做成垂直正交的形式，纵缝两旁的横缝成一条直线。

目前国外流行一种新的混凝土路面接缝布置形式，即胀缝设置甚少，缩缝采取间距不等的设置方式，按 4m、4.5m、5m、5.5m 和 6m 的顺序设置，并且横缝与纵缝的交角为 80°左右的斜角。如果设置传力杆，则传力杆的方向与路中心线的方向平行，这样做的目的在于使一辆车只有一个后轮横越接缝，从而减轻共振作用所引起的行车跳动的幅度。

至于传力杆的设置，国外一般认为按如下处理。

① 对于交通量低的道路，当收缩缝间距小于 4.5～6.0m 时可不设传力杆。

② 对于交通量较大的道路，任何时候都应该设置传力杆。

（4）切缝与灌缝　混凝土路面切缝主要是指切缩缝。指当混凝土强度达到设计强度的 25%～30% 时，用切缝机切割而成的。在施工时，应注意切缝的时间。切缝时间不仅与施工温度有关，还与混凝土的组成和性质等因素有关。

为防止雨水、泥土等落入混凝土路面接缝内，必须采用柔性材料将切割后的缝内灌填充实。常用的灌缝材料有聚氯乙烯胶泥、沥青橡胶、聚氨酯、沥青麻絮、沥青玛琋脂等材料，其中以聚氯乙烯胶泥的使用效果为最好，它具有防水性、黏结性、弹塑性和耐久性都很好的特点，但是它的成本也较高，施工时可根据条件选用。

5. 水泥混凝土路面其他施工工艺

随着新技术新工艺的发展，混凝土路面施工的工艺也在提高。

（1）机械化施工摊铺机组工艺简介

① 滑模式摊铺机铺筑混凝土路面　这种摊铺机可以实现安模、摊铺、振捣、成型、打入传力杆、抹成光面这几个重要的工序。这种摊铺机整机性能好，操作方便并采用电子导向，生产效率高。在操作时，要控制摊铺机面板的位置和高程，调整好方向传感器和高度传感器，来控制摊铺方向和厚度。

② 轨道式摊铺机铺筑混凝土路面　轨道式摊铺机是机械化施工中最普遍的方法之一。但是要完成整个路面的铺装工作，需要其他大量机械与它配套完成，并且拆装固定式轨道模板的程序烦琐复杂，会增大工程成本，不如滑模式摊铺机使用方便。在使用轨道式摊铺机时，要确保轨道模板安装牢固并校对高程。

（2）真空吸水工艺　真空吸水是混凝土的一种机械脱水方法。被国外列为 20 世纪 70 年代混凝土施工四项新技术之一。这种工艺是指在混凝土经过一定程度浇筑、振捣成型后，立即在混凝土板表面覆盖上真空吸垫，通过真空泵产生负压，将混凝土内多余水分和空气吸出，同时由于大气压差作用，在吸垫面层上产生压力，挤压着混凝土，使其内部结构达到致密的方法。真空吸水工艺可有效地防治表面缩裂，提高其抗冻性，降低水灰比，缩短整平、抹面、拉毛、拆模工序的间隙时间，加速模板周转，提高施工效率，减轻劳动强度，为混凝土机械施工创造条件。

（3）碾压混凝土施工工艺　20世纪80年代中后期，随着水泥混凝土路面施工工艺的不断发展，兴起了一种新型的施工工艺，称为碾压混凝土路面（rolled cement concrete pavement，RCCP）。目前在我国已开始推广。

RCCP是一种水灰比小、通过振动碾压成型的施工工艺，碾压可达到密实度高、强度高和坍落度为零的水泥混凝土。这种混凝土路面，可节约水泥，施工进度快，开放交通时间早，可比普通水泥混凝土路面节约投资约20%～30%。但这种路面的平整度、抗滑性和耐磨性存在不足，当车辆高速行驶时，因规划性能会下降很快，所以这种路面一般用于高等级道路的下面层和一般道路的路面使用。

（四）块料面层

块料面层是指用块状石料或混凝土预制块铺筑的路面。根据其使用材料性质、形状、尺寸、修琢程度的不同，分为条石、小方石、拳石、粗琢石及混凝土块料路面。

条石经久耐用，抗腐蚀，一般铺筑在与古建筑配合的地坪或城市广场上等；弹街石是用六面大致相等的小方石铺砌而成，通常在山区停车场、大坡道的车道上使用；水泥混凝土块嵌锁性能较好，有一定的承载能力，所以可以适应一定的交通量。

1. 块料面层的特点

（1）优点　块料路面的主要优点是坚固耐久，清洁少尘，养护修理方便。由于这种路面易于翻修，因而特别适用于土基不够稳定的桥头高填土路段、铁路交叉口以及有地下管线的城市道路上。又由于它的粗糙度较好，故可在山区急弯、陡坡路段上采用，能提高抗滑能力。

（2）缺点　块料路面的主要缺点是用手工铺筑，难以实现机械化施工，块料之间容易出现松动，铺筑进度慢，建筑费用高。

（3）构造特点　块料路面的构造特点是必须设置整平层，块料之间还需用填缝料嵌填，使块料满足强度和稳定性的要求。

整平层用于垫平基础表面及块石底面，以保持块石顶面平整，缓和车辆行驶时产生的冲击、振动作用。整平层的厚度，根据路面等级、块料规格、基层材料性质的不同而异。一般路面为2～3cm。整平层材料一般采用级配良好、清洁的粗砂或中砂，它具有施工简便、成本低的优点，但稳定性较差。有时采用煤渣或石屑以及水泥砂或沥青砂做整平层。

块料路面的填缝料，主要用来填充块料间缝隙，嵌紧块料，加强路面的整体性，并起着保护块料边角和防止路面水下渗的作用。一般采用砂作为填缝料，但有时应用水泥砂浆或沥青玛碲脂。水泥砂浆具有良好的防水和保护块料边角的作用，但翻修困难。有时每隔15～20m还需设置胀缩缝。

块料路面的强度，主要依靠基础的承载力和石块与石块之间的摩擦力所构成。当此两种力很小，不足以抵抗车轮垂直荷载作用时，就会出现沉陷变形。因此，欲使块料路面坚固，则块石料周界长与土基承载力和传布面积，均应尽可能的大。如果摩擦周界面上的摩擦力很小，或土基和基层承载力不足时，路面在车轮荷载作用下，将发生压缩变形。如果压缩变形不一致，则路面出现高低不平，最后导致块石松动而路面破坏。

2. 天然块料路面

天然块料路面是指由石料经修琢成块状材料而铺筑的路面。

天然块料路面采用的整齐石块和条石，其形状近似正方体或长方体，顶面与底面大致平行，底面积不小于顶面积的75%。半整齐石块路面用坚硬石料精琢成立方体（俗称"方石"或"方头弹街石"）或长方体（俗称"条石"），要求顶、底两面大致平行。不整齐石块路面（即拳石路面和片弹街路面）是天然石料经过粗琢以后铺成。

3. 块料面层的施工程序

（1）摊铺整平层 在道路基层上，按照规定的厚度和压实系数，将具有最佳湿度的砂或煤渣均匀摊铺，然后用轻型压路机略加滚压。摊铺一般与石块铺砌配合完成，摊铺与铺砌保持8～10m的距离为宜。

（2）排砌块石 排砌块石前应根据中线、边线及路拱形状，设置出块石铺砌的纵向、横向间距，拳石路面一般用纵、横向间距分别为1～1.5m与1～2.5m的方格块石铺砌带，条石路面横向排列时，可在垂直路线方向每隔1.5～2m拉好横向导线。排砌工作在路面全宽范围内进行，较大石块先铺在路边缘上，然后用适当尺寸的块石排砌中间段落。排砌的块石应垂直嵌入整平层一定深度，块石之间必须嵌紧，表面平整。在陡坡和弯道超高路段，应由低处向高处铺砌。

（3）嵌缝压实 块石铺砌完成后，用路拱板检验合格后，用填缝料填缝，填缝深度应与块石的厚度相同，然后加以夯打或碾压，达到坚实稳定为止。

第四节 市政道路施工新技术、新材料

随着我国城市化进程的加快，经济社会活动日益活跃，大量的人流物流使城市交通流量剧增，因而，对城市道路的施工、维护及运营也提出了更高的要求。因此，在进行城市道路建设上采用新技术、新材料，因为这样能够增强城市道路的坚固性、耐用性、搭建的合理性，从而降低安全事故的发生及需要经常维修道路等现象的出现。

近几年，国内用于城市道路建设的新材料、新技术不断出现在各个城市的市政工程建设中，尤其是在一些重点项目中，也都出现了诸如SEMA（沥青混合料改性剂）、SMA（沥青玛蹄脂碎石混合料）、EPS（聚苯乙烯泡沫板）、DCPET（路用工程纤维）、CE（玻纤格栅）等新材料、新技术的应用。下面就针对目前的新技术和新材料做简单的介绍。

一、城市道路施工过程中的新技术、新工艺

1. 泡沫沥青冷再生技术

泡沫沥青是在热沥青中注入常温水，膨胀后产生大量的沥青泡沫并破裂。当泡沫沥青与集料接触时，沥青泡沫就会化成大量的"小颗粒"，在集料的表面散步，形成大量粘有沥青的细料填缝料，再经过搅拌能很好地填充粗料之间的缝隙，保证混合料的稳定。

这些混合料具有良好的性能，可用于沥青下面层和路面基层的使用，并对基层和沥青下面层材料进行全厚度再生。因此，泡沫沥青冷再生混合料级配比例就尤为重要。泡沫沥青再生技术的使用省去了加热集料和烘干集料的步骤，节约了能源，促进了旧路面材料的循环利用，具有很强的环保价值。

2. 喷锚技术

在城市道路施工中，爆破技术使用不当会给路堑边坡的稳定性带来一定的影响，这时就需要使用喷锚技术，能有效防止不良现象的出现。支护喷锚网是喷锚技术的核心，能提高高坡的岩土结构强度和抗变能力，还能有效提高边坡的稳定性。

喷锚网的实施工艺是搭设脚手架、修整边坡、足控、对锚杆进行灌浆、张拉后二次灌浆、挂网、喷射混凝土。

3. 共振碎石技术

共振碎石技术主要是针对水泥混凝土路面的修复工作进行的，能有效提高路面的均匀受力和整体性能，是城市道路施工中的一项新兴技术。

共振碎石技术具有以下特点：施工效率高、周期短，原材料利用率高、成本低，良好的排水性，渗透性能好。共振碎石技术能从根本上改善公路的反射裂纹现象，且无需反复修复，对路面损伤度较小。

4. 排水降噪沥青路面技术

排水降噪沥青混凝土路面即 OGEC 沥青混凝土采用开级配或间断级配，粗集料含量高达 70％以上，成骨架嵌挤机构，同时混凝土表面有丰富纹理结构和构造深度，主要运用于主、次、干道机动车道路面结构。

（1）优点 高温稳定性和耐磨性好，路面抗滑性能、排水降噪功能很显著。

（2）特点（与传统沥青混凝土路面相比） 提高交通安全性，实现排水降噪功能，改善生态环境。

（3）投资对比 见表 4-1。

表 4-1 投资对比

排水降噪沥青路面	其他类型的沥青路面上面层
排水降噪沥青路面 4cm 造价在 100 元/m² 左右	普通基质沥青上面层 4cm 总价在 74.17 元/m² 左右
	SBS 改性上面层 4cm 造价在 81.96 元/m² 左右
	SMA-13 上面层 4cm 造价在 91.65 元/m² 左右
结论：(单层)排水降噪沥青路面的施工造价费用有所增加,但总体增加幅度不大	

5. 温拌沥青混合料技术

温拌沥青混合料技术是指在沥青混合料拌和过程中通过加入温拌添加剂等技术手段降低结合料的黏度，从而实现混合料在低温度下的拌和与压实技术，主要运用于机动车道路面结构中、下面层。

温拌沥青混合料技术的优势：

（1）节能减排，高温稳定性优越，较低黏度下施工和易性改善，混合料容易压实，降低施工费用。

（2）较低温度下，沥青老化减缓，路面寿命延长，施工设备折旧率降低等。

6. 土工袋减震技术

（1）工法特点 土工袋内的材料选择范围广，可以是各种各样的土或各种建筑物废弃渣料，是废物再生利用的一种好途径，符合"资源节约型、环境友好型"的工程建设理念。土工袋作为一种加筋材料，在加固软土路基及协调差异沉降方面有显著效果。

（2）作用原理　土工袋组合体作为一种半刚性材料，能起到减震隔震的作用，将行车震动对周边建筑物与居民生活的影响降低到最小。

二、道路工程中新材料的发展

1. SEMA 的发展及其应用

（1）SEMA 的组成和作用　SEMA 是一种新型沥青混合料改性剂，是在硫黄中添加烟雾抑制剂和增塑剂制成的半球状颗粒，主要成分为硫黄。SEMA 是经过特别处理的石油炼制副产品，经济易得。在沥青混合料拌和过程中，将其直接加入拌和仓可取代一定比例的沥青，按常规方法拌和后形成的 SEMA 沥青混合料能达到对沥青混合料进行改性的目的，从而提高沥青混合料的路用性能。

（2）SEMA 的性能分析　研究表明，SEMA 沥青混合料的动稳定度远大于基质沥青混合料，采用 SEMA 混合料能够很好地提高路面抗车辙性能。SEMA 混合料的动稳定度较高，但残留稳定度比较低，与规范要求有一定差距；冻融劈裂强度比也不能满足规范要求，因此在工程中使用 SEMA 混合料时，可采用添加抗剥落剂的方法来提高路面的抗水损害性能。SEMA 沥青混合料的拌和温度和碾压温度要低于普通沥青混合料，这对减少能源消耗意义重大。SEMA 沥青混合料的价格要低于普通沥青混合料，而路用性能尤其是高温抗车辙性能优于普通沥青混合料，为修建柔性基层提高路面使用寿命开辟了新的途径。因此，SEMA 混合料作为路面材料的前景是十分广阔的。

（3）SEMA 在国内外的应用　早在 20 世纪初，人们就知道硫黄具有提高沥青质量的特性，沥青混合料中加入硫黄能够改善混合料的物理结构和力学性能，因此，硫黄改性沥青在美国、加拿大及一些温差较大、重载较多的地区得到了广泛的应用。2000 年我国开始引入 SEMA 沥青混合料，并于 2002 年在天津成功铺筑了试验路——津沽路、津榆公路。从 2002 年至 2005 年期间，在天津、黑龙江、内蒙古、云南等地修筑了一定量的小型试验段，且大都取得了较好的应用效果，但 SEMA 沥青混合料在我国的研究与应用仅属于初步探索阶段。

2. SMA 在道路工程中的应用

（1）SMA 的起源及形成　沥青玛蹄脂碎石混合料（SMA）是由沥青、纤维稳定剂、矿粉及少量的细集料和沥青玛蹄脂填充间断级配的粗集料骨架空隙而组成的沥青混合料，这种热拌热铺的间断级配骨架型密实沥青混合料由大比例粗集料构成坚固的骨架结构，并由丰富的沥青玛蹄脂填充骨架进行稳定。它是德国在浇筑式沥青混凝土的基础上为解决车辙问题而发展起来的新型材料，以其优良的抗车辙性能和抗滑性能而闻名于世。

（2）SMA 的特性

① 高温稳定性好。SMA 的组成中粗集料多，混合料中粗集料之间的接触面很多，细集料少，沥青玛蹄脂仅填充粗集料之间的空隙，交通荷载主要由粗集料骨架承受。由于粗集料之间良好的嵌挤作用，沥青混合料具有非常好的抵抗荷载变形能力和较强的高温抗车辙能力。

② 低温抗裂性好。低温条件下沥青混合料的抗裂性能主要由结合料的拉伸性能决定。由于 SMA 的集料间填充了沥青玛蹄脂，它包在粗集料的表面，低温条件下，混合料收缩变形使集料被拉开时，由于玛蹄脂有较好的黏结作用，使混合料有较好的低温变形性能。

③ 水稳定性好。SMAUN 核料的孔隙率很低，几乎不透水，混合料受水的影响很小，

再加上玛蹄脂与集料的黏结力好，使混合料的水稳定性有较大改善。

④ 耐久性好。SMA 混合料内部被沥青玛蹄脂充分填充，且沥青膜较厚，混合料的孔隙率很低，沥青与空气的接触少，抗老性能好，由于内部空隙低，且变形率小，因此有良好的耐久性；SMA 基本上是不透水的，使路面能保持较高的强度和稳定性。

⑤ 具有良好的表面功能。SMA 采用坚硬、粗糙、耐磨的优质石料，间断级配，粗集料含量高，路面压实后表面形成空隙大、构造深度大，因此抗滑性好。SMA 路面雨天行车不会产生大的水雾和溅水，粗糙的表面在夜间对灯光反射小，能见度好，噪声也大为降低。

（3）SMA 在国内外的发展及应用 SMA 在国外已经有 30 年历史，炎热夏季，发现许多密级配沥青混凝土路面出现了严重的车辙变形，唯有铺筑 SMA 的路面几乎没有车辙变形。从此欧洲很多国家开始将 SMA 用于承受高交通荷载及高轮胎压力的道路和机场道面。

1992 年，我国从奥地利引进"Novophalt"沥青技术，并于 1993 年首次在广佛高速公路和首都机场高速公路上用 SMA 铺筑 5cm 厚上面层，经过长时间检验，路面状况良好。以后，又在厦门机场跑道、八达岭高速公路、保宁通公路等使用 SMA 铺筑路面。至 1998 年，全国用 SMA 铺筑的路面累计已达上千公里。目前，交通部在全国组织了 SMA 技术推广工作，并已将 SMA 路面的技术列入规范。

3. 聚苯乙烯泡沫（EPS）的特性及其应用

（1）EPS 的概念及特性 聚苯乙烯泡沫是一种轻型高分子聚合物。它是采用聚苯乙烯树脂加入泡沫，加热软化产生气体，形成一种硬质闭孔结构的泡沫塑料。EPS 是性能优良的路基轻质填料，具有使用寿命长、化学性能稳定、经济效益显著和施工简便等优点。EPS 能很好地解决软基的过度沉降和差异沉降及桥台和道路连接处的差异沉降，减轻高填涵洞上覆土压力及桥台的侧向压力和位移等问题。

（2）EPS 的应用 EPS 作为一种超轻质的路基填料，已有较为广泛的应用。我国从 20 世纪 90 年代初期引进此项技术，并在同济大学和上海科研、设计单位的共同努力下，将 EPS 应用到桥坡高填土、软土地基处理等工程中。从 1992 年至今，上海浦东世纪大道、沪宁高速公路等重点工程都使用了 EPS，大量的工程实践证明，对于湿软路基，用 EPS 代替原土控制沉降，是一项非常有效的措施，尤其是目前大多数桥头跳车问题，通过使用 EPS 基本都可以得到解决。

EPS 施工也很简单。譬如，某桥坡施工，首先将需要处理的桥坡段按设计要求进行开挖，清除湿软土基，整平基底，铺 10cm 碎石和 15cm 黄沙找平层，然后将 EPS 板材像砌墙砖一样一块一块错峰拼砌，每砌好一层，用 EPS 专用联结件将每四块 EPS 板材相接的角扣紧咬固，然后再拼砌第二层，以此类推，一层一层，一直砌到设计标高要求的高度为止。最后，再在 EPS 板材上浇筑 10～15cm 钢筋混凝土封层，至此，EPS 施工即告结束。以上桥坡路面将道路结构层或桥坡结构层再行施工。

4. DCPET（路用工程纤维）的应用

众所周知，我国的沥青混凝土路面一般设计使用年限为 8～15 年，而实际上大多数路面尚未达到设计年限就已经损坏严重，一般在 3～5 年就要大修，有些甚至年限更短。当然促使路面提前损坏的原因很多，其中不乏交通流量增大、车辆重载、道路施工质量不佳、路用材料不合格等原因，但是通过调查分析发现，路面损坏很大一部分原因同道路结构自身的构造有关。沥青混凝土是由级配碎石、矿粉和适量的沥青相互混合胶结在一起形成板体，但在遇水浸湿后，颗粒与颗粒之间在外部荷载的作用下，很容易使胶结质断裂，碎石相互离散，致使路面产生裂缝。由于胶结质和沥青在低温、遇水的情况下变得很脆，抗拉和抗剪切的强度都变得很低，因此，要想克服沥青混凝土的这些不足，就必须在沥青混凝土拌制过程中适量添加一些纤维类物质以增强其抗拉和抗剪切强度。DCPET-路用工程纤维，就是被工程技术人员研制出来，专门添加到沥青混凝土路面中提高道路强度的物质。

DCPET 路用工程纤维，主要选择高分子聚酯类材料，采用独特的生产工艺，纺制成直径 0.02～0.03mm 的单丝纤维，经超倍拉伸工艺和特殊化学剂表面涂层处理，使纤维具有抗拉强度高、弹性模量高、吸油性能好、易分散、耐高温、抗老化、抗低温等优点，将其加入到沥青混凝土中，对路面起到明显的加筋作用，从而延长了道路的使用寿命。

DCPET 路用工程纤维施工方法相对比较简单。在沥青混凝土拌制过程中，只要根据建设单位提供的交通要求，按一定比例将 DCPET 纤维掺入到沥青混凝土内一起搅拌即可。一般轻交通掺量为 2～2.5kg/t，中等交通 2.5～3kg/t，重交通 3～4kg/t，拌制过程的工序、温度及对原材料的控制等和一般沥青混凝土的拌制方法一致。值得注意的是，搅拌时，应先将纤维加入到搅拌机内与烘干的集料干拌 10～15s，然后再按常规诸如沥青混拌 30～40s，从而保证纤维在沥青混凝土中能均匀分布。

5. CE（玻璃格栅）

CE（玻璃格栅）在有些资料中也称为土工格栅或玻纤格栅，这种由聚丙烯、高密度聚乙烯为主要原料，经挤压、拉伸制成的呈孔片状物就是人们所说的 CE 玻纤格栅。这种材料具有较好的抗变形和增强结构层强度等功能，主要铺设于沥青混凝土路面的底部、中部或基层，它可以均匀分布上层路面传递下来的荷载或下层地基不均匀沉降引起的反射裂缝，提高路基、路面整体抗拉及抗变形的能力。玻纤格栅常用的施工方法有自粘型和固定型两种形式。

目前，这种材料已经被广泛用在道路改造工程以及路基加固等方面。尤其在白色路面改黑色路面的工程中应用最为广泛。下面简单介绍两种在路面维护中的应用。

（1）路面修复固定性施工　该工艺主要应用于对城市道路的大面积修复，具有显著的效果。具体要求如下：采用固定法铺设玻璃纤维土工格栅时，要在洒布粘层沥青下层结构上能够固定铁皮和钉子。然后再将格栅纵向拉紧并分段固定；土工格栅搭接的距离：横向搭接距离 10～15cm，纵向搭接距离 10～20cm；固定式不能将钉子钉在玻璃纤维上，不能用锤子直接锤击玻璃纤维，在固定过程中，如果发现钉子断裂，则要重新固定；固定完毕后，要用胶轮压路机适度碾压，保证土工格栅与原路面黏结牢固；在固定完毕后当天就必须在所有的土工格栅上铺上沥青混凝土并用压路机碾压成型。

（2）路面修复粘性施工　该工艺主要应用于城市道路局部受损基层，进行填缝处补强、路基表面找平、坑槽处理后对其表面铺设加固等修复工作。具体工艺如下：给已经处理基层的道路表面喷洒粘油层，铺设土工格栅，土工格栅之间横向接缝沿铺摊方向搭接距离为75～150mm，纵向搭接距离为 25～50mm，然后用胶轮压路机进行 1～2 遍碾压，最后铺上沥青混凝土，碾压成型。

6. 生态透水沥青混凝土

（1）特点

① 集中降雨时能减轻城市排水设施负担，防治河流泛滥和水体污染；

② 使雨水迅速渗入地下，还原地下水，保持土壤湿度；

③ 调节城市空间的湿度和温度，改善城市热循环，缓解热岛效应；

④ 防止路面积水，增加路面安全性和通行舒适性；

⑤ 大孔隙率能降低车辆行驶时路面噪声、吸附城市污染物，减少扬尘污染；

⑥ 抗冻性优异，空隙不会破损，不易堵塞，易于维护。

（2）运用投资对比　见表 4-2。

表 4-2　生态透水沥青混凝土在非机动车道上的运用投资对比

生态透水沥青混凝土	普通路面
10cm 生态透水沥青混凝土面砖 140 元/m²；15cm 水泥稳定碎石 40 元/m² 左右	普通路面总造价 140 元/m²
结论：生态透水沥青混凝土在非机动车道上比普通路面造价增加 40 元/m²	

7. 隔水性路面涂料铺装

（1）定义　采用配有特殊陶瓷成分的隔热性路面涂料进行铺装，其效果大大超过传统沥青铺装的表面隔热效果，主要应用于支路、非机动车道路面。

（2）优点（与传统的沥青路面相比）　路面温度降低了 12～14℃，有效减少路面车辙。

8. 高性能抗滑混凝土

（1）特点　具有良好的防滑性，适用于纵坡大、半径小的弯道、环形路、无交通道路等路面铺装。

（2）不同面层投资对比　见表 4-3。

表 4-3　不同面层投资对比

高性能抗滑路面	其他类型沥青路面上面层	其他类型混凝土路面层
高性能抗滑路面(黑色)造价 200 元/m²；高性能抗滑路面(彩色)造价 220 元/m²	普通的基质沥青上面层 4cm 造价在 74.17 元/m² 左右；SBS 改性上面层 4cm 造价在 81.96 元/m² 左右；SMA-13 上面层 4cm 造价在 91.65 元/m² 左右	水泥混凝土路面现浇水泥混凝土，路面厚度 20cm 造价在 88.68 元/m² 左右
高性能抗滑路面的施工造价费用有所增加		

第五节　道路附属设施施工

城市道路附属构筑物，一般包括侧石、平石、人行道、雨水井、排水沟、涵洞等构筑物。它们虽不是道路工程的主体结构，但它们不仅关系到道路工程的整体质量，而且起着完善道路使用功能、保证道路主体结构稳定的作用。本章主要介绍侧石、平石、人行道等这几种常见的附属构筑物。涵洞在第四章市政桥梁工程中作介绍，雨水井将在第五章市政管道工程施工中作介绍。

一、侧平石施工

（一）概述

侧平石是设在道路路面边缘，用于区分车行道、人行道、分隔带、绿化带等的界石，也称为道牙或缘石。侧平石可以起到保障行人、车辆的交通安全和保证路缘整齐的作用。

（二）侧平石的分类

侧平石可分为侧石、平石和平缘石三种。侧石，又称立缘石，顶面高出路面的侧平石，有标定车行道范围和纵向引导排除路面积水的作用；平缘石是顶面与路面平齐的路缘石，有标定路面范围、整齐路容、保护路面边缘的作用，当采用两侧明沟排水时，常在路面两侧设置平缘石，以利于排水，也方便施工中的碾压作业；平石是铺筑在路面与立缘石之间的平缘石，常与侧石联合设置，是城市道路上最常见的设置方式。为准确地保证锯齿形边沟的坡度变化，使其充分发挥作用，并有利于路面施工或使路面边缘能够被机械充分压实，应采用立

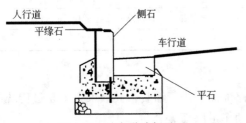

图 4-25　城市道路侧平石

石与平石结合铺设的方式，特别是设置锯齿形边沟的路段。还有专用的路缘石，如弯道路缘石、隔离带路缘石、反光路缘石、减速路缘石等。

一般侧平石排砌在车行道与人行道、路肩或绿化带的分界处。侧石平均高出车行道边缘 15cm，对人行道等起到侧向支撑的作用。平石排砌在侧石与车行道之间，起到排水街沟和保护路边的作用。在郊区公路上，一般只排砌平石。水泥混凝土路面只排砌侧石，不排砌平石。如图 4-25 所示。

（三）侧平石的选用

1. 材料

路缘石应具有足够的强度及抗风化和耐磨耗的能力。根据这些要求，侧平石可用不同的材料制作，有水泥混凝土、条石、块石等；缘石外形有直的、弯弧形和曲线形；应根据要求和条件选用。

缘石的材料有以下几种。

① 混凝土缘石　以混凝土为原料，磨制而成的缘石。

② 石质缘石　用石头经过初步加工磨制而成的缘石。

③ 砖缘石　用砖块为原料砌筑而成的缘石。

④ 反光路缘石　指在路缘石上贴反光材料后的路缘石。它能够有效地提高道路夜间的能见度，有助于保障行车安全。

在绿化带或隔离带的圆端处也可现浇混凝土侧石。

2. 规格

如图 4-26 所示，侧石的规格为 $100cm \times 300cm \times L$，$L$ 可取 1m、0.6m、0.3m。

3. 侧平石的选用

常用的侧平石的材质和适用范围见表 4-4。

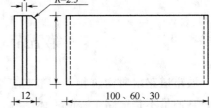

图 4-26　侧石的规格示意图（单位：cm）

表 4-4　侧平石的材质和适用范围

序号	种类名称	材质	试用范围
1	立道牙（缘石）	≥30MPa 混凝土	设于路面两侧，区分人行道（慢车道）和车行道或绿化带，一般高出路面 15cm
2	平石	≥30MPa 混凝土	平石和立道牙组合成边沟
3	平道牙	≥25MPa 混凝土	城郊区公路上可单独使用

序号	种类名称	材质	试用范围
4	转弯道牙	≥30MPa混凝土	线路转弯地段
5	路口道牙	30MPa混凝土	交叉路口、隔离带断口
6	反光道牙	30MPa混凝土	夜间车流量较大的道路
7	立交桥道牙	30MPa混凝土	立交桥与道路连接处、小立交桥上

（四）侧平石的安装

1. 施工程序

安装路缘石时，应根据测量设定的平面与高程位置，通过刨槽、找平、夯实、安装的过程安装路缘石。

开槽，是施工中做基础前的一道工序，指在测量放样后，开槽做基础，钉桩挂线，直线地段的桩距为 10～15m，转弯地段的桩距为 5～10m，路口的桩距为 1～5m。然后沿基础一侧把路缘石依次排好，然后用 1：3 的石灰砂浆作为垫层来找平，砂浆的厚度约 2cm；用石灰土夯填槽底和侧石背后，要求压实度不小于 90%，以保证路缘石的稳定。采用湿法养生的方式养生 3 天，养生期间应防止路缘石被碰撞。一般可采取一定的保护措施。路缘石安砌好后，必须稳固，线条应该直顺，曲线圆滑美观，无折角，顶面应平整无错牙，勾缝严密。

2. 常见的质量通病

（1）侧石基础和侧石背后填土不实　基础不密实、侧石背回填废料或填虚土而未夯实或夯实未达到要求密实度，竣工交付使用后，会出现变形下沉及高低不平。此时，当侧石遇到外力作用时，会产生倾斜或下沉，导致直顺度和顶面平整度破坏，将会殃及人行道，从而引起人行道损坏。所以，在砌侧石时应按设计要求夯实，密实度达到 90% 以上。

（2）侧石前倾或后仰　侧石砌成形并铺筑人行道板后，局部或大部分侧石产生前倾或后仰（前倾即向路面倾斜，后仰即向人行道倾斜），造成侧石顶面不平整，破坏了侧石整体直顺度，影响路容和道路外观质量。所以，在砌侧石时应加强对立面垂直度和顶面平整度的检查控制。

（3）顶面不平、不顺直　侧石顶面高出或低于人行道板顶面，或平石顶面与路面边缘出现高差、错台，或平石向内（或向外）倾斜等，主要是由于在安砌时，标高控制不准确，或路边缘底层处理不当，造成高低不平而出现高差。

（4）弯道不圆顺　路口处弯道局部不圆顺，有折点出现，主要是在安砌时，弯度没有调顺，就进行填土固定，而造成成形的道路出现不圆顺，故在施工时，应该严格按照侧石位置控制线进行安砌，同时做好调顺工作。

（5）平石顶面纵向波浪　平石顶面由于局部下沉或相邻高差过大，而造成平石顶面有明显的纵向波浪，引起雨水口之间形成积水，路面和平石之间不易接平。主要是由于平石基底超挖部分或因标高不够找平部分未进行夯实，施工时对纵断面标高失控而造成。

二、人行道施工

人行道设置在城市道路的两侧，起到保障行人交通安全和保证人车分流的作用。人行道的主要功能是满足步行交通的需要，同时也应满足绿化布置、地上杆柱、地下管线、交通管线、信号设施、护栏等公用附属设施安置的需要。它是城市道路的重要组成部分，特别是大城市，具有美化市容、代表城市建筑风貌和形象工程的作用。

（一）人行道的宽度

我国由于人口众多、用地紧张、居住密度较大、客运交通不发达等原因，步行交通所占的比重较大。因此，在进行人行道规划和设计时，应充分考虑人行道的足够宽度，如果宽度不足，势必导致行人侵占车行道而影响车辆与行人的交通安全和顺畅。人行道的宽度应包括步行道、设施带、绿化带等的宽度在内。根据我国城市部分城市调查资料可知：大城市现有人行道宽度为 3～10m，中等城市人行道宽度为 2.5～8m，小城市人行道宽度为 2～6m。表 4-5 列出了人行道在不同路段、不同城市中的最小宽度值。

表 4-5　人行道最小宽度

项　　目	人行道最小宽度/m	
	大城市	中小城市
各级道路	3	2
商业或文化中心区及大型商店或大型公共文化机构集中路段	5	3
火车站、码头附近路段	5	4
长途汽车站附近路段	4	4

此外，人行道宽度还需考虑设施带和绿化带的宽度。设施带是指道路两侧的行人护栏、照明灯柱等。行人护栏一般采用钢管，不设基座的宽度为 0.25m，设基座的宽度为 0.5m。灯柱包括基座宽度为 1～1.5m。人行道用地困难的，绿化带可与设施带合并，但应避免各种设施与树木间产生纵向干扰。绿化带净宽度灌木丛为 0.8～1.5m，单行乔木为 1.5～2.0m。树池现在常用的有方形和矩形，方形树池每边净宽度为 1.5m，矩形树池净宽与净长分别为 1.2m 和 1.8m。人行道上以及车行道之间设置的护栏，主要作用是诱导驾驶员视线、增加驾驶员和乘客的安全感，防止车辆驶出行车道或路肩，从而避免或减轻行车事故。护栏的结构形式有：梁式护栏，包括型钢或钢筋混凝土护栏、钢管或钢管-钢筋混凝土组合式护栏等；拉索式护栏，主要有钢丝护栏和链式护栏；栏式护栏，有石护柱、混凝土及钢筋混凝土护栏；墙式护栏，主要为钢筋混凝土护墙。

（二）人行道的布置

人行道通常对称布置在道路的两侧，当受地形、地物限制时，可以不等宽或不设在同一平面上。人行道的基本布置形式有以下几种。

（1）在车行道与人行道之间仅种植单行树木［图 4-27（a）］。这种形式多用于人行道宽度受限制以及道路两侧有商业、公共文化服务设施而用地不足的地段。一般要求，树木与临街建筑物外墙间不小于 4.5m，因为设置过窄的话，将使树干向车行道方向倾斜。

（2）行人与车行道依靠绿化带隔开，仅在行人过街横道线及重要公共建筑出入口将绿化带断开［图 4-27（b）］。这种形式适用于车辆交通繁忙的城市干道上，这样布置有利于交通安全，可提高车辆的通行能力，一般采用的绿化带是草地或者矮灌木。如北京的景山前街、重庆市北培镇的主街和深圳市的许多三幅路干道都采取这种布置形式。

（3）在车行道与人行道之间种植单行树木外，在临街建筑物前布置绿化带，种植草皮、花卉并加以围护，从而形成绿化人行道，如图 4-27（c）。这种形式多用于沿街公共建筑物多的地段和居住区的道路上。

（4）在人行道上布置两条有所划分的步行带，如图 4-27(d)。其中一条步行带靠近临街建筑物，是为建筑物内活动人群进出或其他文化服务所使用；另外一条步行带是供纵向穿越街道或过街行人交通使用的，图 4-27(e) 所示的是类似方案之一。这种布置形式可使两个不同方向或不同出行目的的人流划分开，从而避免相互干扰，因此这种形式多用于城市中心地区或区中心的商业、行政大街或专门设置的步行街使用。北京市东西长安街东单至王府井段的北侧林阴式步行道、重庆市沙坪坝区主街等都是按此形式布置的。

（5）骑楼式人行道。通常用于旧城区内原车行道与人行道均狭窄的道路上，为拓宽路幅，把沿街两旁的房屋底层改建为骑楼，腾出宽度供行人通行，如图 4-27(f)。行人穿梭于骑楼之下，既可避雨也可遮阳，成为别具一格的城市道路风景。骑楼式人行道在南方城市炎热多雨、地形受限制的地段使用较多。如广州、厦门以及上海市很多街道都取得很好的效果。

（三）人行道的分类

人行道按使用材料的不同可分为沥青面层人行道、水泥混凝土人行道和预制块石人行道。预制块人行道通常是用水泥混凝土预制块铺砌，这是一种最常见的铺筑形式。一般由人工挂线铺砌，常在车行道铺筑完毕后进行。人行道基层多采用石灰粉煤灰稳定碎石或水泥稳定碎石半刚性基层混合料，其上用黄沙、水泥砂浆或石屑作为整平层，然后用水泥混凝土预制板（块）铺面。这就要求基层具有良好的平整度、强度、稳定性，以保证人行道的铺砌质量。当然，也有现浇水泥混凝土人行道施工的铺筑形式。

随着社会对残疾人士的关心，城市无障碍设施逐步完善，现在大中城市的人行道中央设置了带有纵向凹凸条的预制块铺设而成的盲人通道。这种通道是由一种固定形态的地面砖铺砌而成，使视残者产生不同的脚感，借助盲杖的触及，诱导他们向前行走、辨别方向以及到达目的地。盲道分为行进盲道和提示盲道两种。行进盲

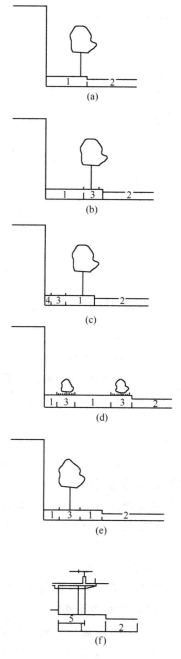

图 4-27　人行道布置形式
1—步行道；2—车行道；3—绿化带；
4—散水；5—骑楼

道是在人行道纵向开辟出的一条适当宽度的带状通道；行进盲道的起点、终点及拐弯处应设圆点形的提示盲道。无障碍设施的建设是体现城市现代文明的一个侧面，一个城市应根据城市的经济实力、街道繁华程度分阶段分区逐步实施。另外，为美化市容，预制块也可采用被加工成多种色彩、多种图案的块石铺砌成美观大方的各种图案。人行道板常见的规格及使用范围见表 4-6 和表 4-7 所示。

表 4-6 预制水泥混凝土大方砖常用规格与适用范围

品 种	规 格 长×宽×厚/cm	混凝土强度/MPa	用 途
大方砖	40×40×10	25	广场与路面
大方砖	40×40×7.5	20～25	庭院、广场、路面
大方砖	49.5×49.5×10	20～25	庭院、广场、路面

表 4-7 预制混凝土小方砖常用规格与适用范围

品 种	规 格 长×宽×厚/cm	混凝土强度/MPa	用 途
九格小方砖	25×25×5	25	人行道(步行道)
十六格小方砖	25×25×5	25	人行道(步行道)
格方砖	20×20×5	20～25	人行步行道、庭院步行道
格方砖	23×23×4	20～25	人行步行道、庭院步行道
水泥花砖	20×20×1.8	20～25	人行步行道、庭院步行道

（四）人行道的施工

1. 人行道工程的特点

（1）结构层较薄，地面障碍物多，不易机械施工。

（2）没有进一步压密实的条件。

（3）有较多的公用事业专用设施，检查井及绿化。

（4）有些地段易受屋檐水及落水管水冲刷。

（5）单向排水，横坡一般为 2‰～3‰。

2. 施工程序

预制块人行道施工一般是在车行道施工完毕后进行。施工程序为基层摊铺碾压→测量挂线→预制块铺砌→扫填砌缝→养护。

在进行人行道铺砌前，应检查预制块的质量是否合格，严禁使用不合格的块材铺砌，预制块表面必须平整、色彩均匀、线路清晰、棱角整齐。铺砌成形后的人行道必须平整、稳定、灌缝饱满，不得有翘动现象。

3. 常见的质量通病

（1）人行道砌块与侧石顶面衔接不平顺　人行道砌块与侧石顶面出现相对高差，一般在 5～10mm 之间，造成这一现象的原因是侧石顶面标高和平顺度没有控制好，为保证人行道的标高及平整度，要严格控制侧石顶面标高和平顺度。

（2）人行道塌边　靠近侧石后背处的砌块下沉，特别是人行道端头、路口的侧石后背附近人行道砌块下沉现象较多。一般情况下，当采用先碾压人行道板的路床、基层，后安砌侧石的施工中，按照这样的施工顺序，侧石后背处未进行夯实就铺砌人行道砌块，会造成人行道砌块下沉现象。

（五）砌筑树池

树池是为美化路面而用来种植乔木的一种构筑物，一般设置在人行道两侧，可布置成花丝状或模纹状，全部种树。要注意层次分明，色彩对比配合，并与周围环境的形式、色彩相协调，建成后还需长期养护管理。

三、交通标志和标线

城市道路交通管理设施是按照交通组织设计对道路实施交通管理而设置的交通信号设备、交通标志、交通标线、交通隔离物等。

（一）交通信号设备

城市道路主、次干道交叉口一般都设置交通信号设备，用以指挥交叉口的安全通行。交叉口的交通信号设备有指挥信号灯、车道信号灯、人行横道信号灯。

1. 信号灯设置

（1）车道信号灯　提示前方车道通行的信号灯，满足交通信号线控制和区域控制的需要，设置在可变车道上，国内尚未设置使用。

（2）指挥信号灯　指挥交叉口各路口车辆通行的信号灯。设置在交叉口上的信号灯有以下三种形式。

① 设置在交叉口中央。这种形式容易引起车辆的注意力，信号设置醒目，便于识别。如图4-28(a) 所示。

② 设置在进入交叉口处的停止线前。最常见的设置形式。如图4-28(b) 所示。

③ 设置在交叉口出口一侧。信号较醒目，适用于较小的交叉口。如图4-28(c) 所示。

（3）人行横道信号灯　主要设置在交通繁杂的交叉路口或路段。保证行人安全有秩序地横过车行道。设置在交叉路口人行横道线两端，与交叉路口信号灯相连同步使用。国外许多城市在一些路段的行人穿越点设置的人行横道信号灯可由行人自行控制，我国目前只有少数城市在部分路段上设置。

（4）夜间黄色警告灯　是夜间停止使用指挥信号灯，指挥交通后，提醒车辆、行人注意前方交叉口而设置的。黄色警告灯可以悬吊于交叉路口中央上空，也可以利用指挥信号灯的黄灯代替。

2. 信号灯灯制

我国城市现行的信号灯是红-黄-绿灯制。其中红灯表示禁止通行；黄灯为交叉口的变灯过渡信号，表示只许驶出交叉口，禁止驶入交叉口；绿灯为通行信号。此外还有闪灯信号，预示即将变换色灯信号。

目前在一些交通混乱的交叉口，已开始采用多相位信号灯，用绿箭头灯信号表示特许某方向通行，对改善交叉口交通秩序效果明显，但通行能力会受影响。

3. 信号灯操作方式

（1）定时自动调节　使用按固定的周期变换色灯的自动信号灯。可以根据每天不同时间交通量的变化规律，调整和安排一段时间内的色灯周期，还可以与相邻交叉口联动，组织"绿波式交通"。所谓绿波交通就是在交叉口间距大致均匀、车型车速大致相同、车流量较大的一条城市道路上，合理调整各交叉口

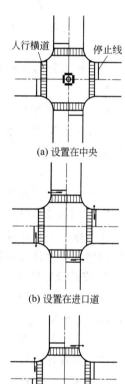

（a）设置在中央

（b）设置在进口道

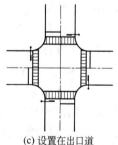

（c）设置在出口道

图4-28　交叉路口指挥
信号灯布置方式

的信号灯周期，使进入这条干道的车辆依次行至各交叉口时，都能遇绿灯而无阻通行的交通信号灯线控制方式。

（2）人工控制 是人工根据交通状况操纵的信号灯，可灵活变换色灯周期以适应交通量的瞬时变化，当道路使用效率不高、交通量不均衡变化的时候，人工控制的信号灯效率较高，但在大城市很少采用。

（3）传感系统控制 由传感系统将车辆驶近交叉口的讯号送入电子计算机分析，按分析后的最佳组织方案控制交通指挥信号，组织交叉口的交通，可以实现点、线、面的信号灯自动控制。

在国外一些先进国家的城市，由于车型单一、交通量较为均匀，都已实现了这种形式的自动控制。在我国，由于城市车型复杂，道路未形成完整系统，交通分布很不均匀，又存在大量与机动车流特点差异很大的非机动车流，实现这种形式的自动控制比较困难，目前仅在少数特大城市的部分地区进行试验性的区域调控。

（二）交通标志

道路交通标志是用图案、符号、颜色和文字传递交通管理信息（对交通进行导向、限制或警告），用以管理及引导交通的安全管理设施。一般设置在道路侧方或道路上方。我国先行的交通标志分为主标志和辅助标志两大类［参见《道路交通标志和标线》（GB 5768）系列标准］。

1. 交通标志的要求

交通标志要使交通参与者在很短的时间内就能看到、认识并完全明白它的共同含义，而采取正确的措施。为此，它就必须要有较高的显示性，良好的易读性，能很快地视认并完全理解，广泛的公认性（各方面人士都能看懂）。为了取得这样的效果，很多国家进行了大量的研究和实践，对其形状、图案、颜色、尺寸的制作和位置的选择都作了相应的规定。

2. 交通标志的三要素

交通标志必须在极短的时间内使司机能看清并识别，这就是交通标志的视认性，决定视认性的要素，就是交通标志的三要素，即色彩、形状和符号。

3. 交通标志的种类

我国道路交通管理条例规定，道路交通标志分为主标志和辅助标志两大类，共计 100 种，152 个图式。

主标志可分为下列几类。

（1）警告标志 警告车辆、行人注意危险地点的标志。共有 20 种，33 个图式。主要形状为顶角朝上的等边三角形，颜色为黄底、黑边、黑色图案。

（2）禁令标志 禁止或限制车辆、行人交通行为的标志。共有 35 种，35 个图式。主要形状分为圆形和顶角朝下的等边三角形，颜色多为白底、红圈、红杠、黑图案。有圆形标志牌、解除禁令标志、让行标志。

（3）指示标志 指示车辆、行人按标志所示含义行进的标志。共有 17 种，25 个图式。主要形状分为圆形、长方形和正方形，颜色为蓝底、白色图案。

（4）指路标志 传递道路前进方向、地点、距离信息的标志。共有 20 种，50 个图式。主要形状多为正方形、长方形，一般多为蓝色底、白色图案，高速公路则为绿色底，白色图案。

（5）旅游区标志 提供旅游景点方向、距离的标志，共有 17 种。分为指引标志和旅游符号两类。主要形状为正方形、长方形，一般为棕色底、白色图案。

（6）道路施工安全标志 通告道路施工区通行的标志，共有 26 种。施工标志一般为长方形，蓝色底、白色字、黄色底黑色图案。

（7）辅助标志 是辅助设置在主标志下，起辅助说明作用的标志。它不能单独设置与使用。按用途不同分为表示时间、车辆种类、区域或距离、警告与禁令理由及组合辅助标志等五种。形状为长方形，颜色为白底、黑字、黑边框。常安装在主标志下面，紧靠主标志下缘。

（三）交通标线

道路交通标线是由各种路面标线、箭头、文字、立面标记，突起路标和路边线轮廓标等构成的交通安全设施。道路交通标线有 17 种，57 个图式。它的作用是管制和引导交通，可以和标志配合使用，也可单独使用。交通标线是道路交通法规的组成部分之一，具有强制性、服务性和诱导性。对高速公路、一级公路、二级公路和城市快速路、主干路，均应按国家标准规定设置交通标线。

1. 按照表现设置的位置分类

（1）路面标线 应根据道路断面形式、路宽以及交通管理的需要画定。路面标线的形式有车行道中心线、车行道边缘线、车道分界线、停止线、人行横道线、导向车道线、导向箭头以及路面文字或图形标记等。如图 4-29 所示。

（2）突起路标 是固定于路面上突起的标记块，一般应和路面标线配合使用。可起辅助和加强标线的作用。一般做成定向反射型。一般路段反光玻璃球为白色，危险路段为红色或黄色。

（3）立面标记 是提醒驾驶人员注意，在行车道内或近旁有高出路面

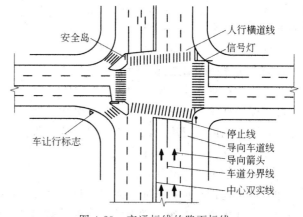

图 4-29 交通标线的路面标线

的构造物，以防止发生碰撞的标记。大多设在跨线桥、渡槽等的墩柱或侧墙端面上，以及隧道洞口和人行横道上的安全岛等壁面上。

（4）路边线轮廓标 安装于道路两侧，用以指示道路方向、车行道边线轮廓的反光柱（或反光片）。

2. 按照表现的作用分类

（1）指示标线 指示车行道、行车方向、路面边缘、人行道等设施的标线。

（2）禁止标线 告示道路交通的遵行、禁止、限制等特殊规定，车辆驾驶人员及行人需要严格遵守的标线。

（3）警告标线 促使车辆驾驶人员及行人了解道路上的特殊情况，提高警觉，准备防范应变措施的标线。

3. 交通标线的标画

（1）白色虚线 画于路段中时，用于分隔同向行驶的交通流或作为行车安全识别线；画于路口时，用以引导车辆行进。

（2）白色实线 画于路段中时，用于分隔同向行驶的机动车和非机动车，或指示车行道

的边缘；画于路口时，可用作导向车道线或停止线。

（3）黄色虚线　画于路段中时，用于分隔对向行驶的交通流；画于路侧或缘石上时，用以禁止车辆长时间在路边停放。

（4）黄色实线　画于路段中时，用于分隔对向行驶的交通流；画于路侧或缘石上时，用以禁止车辆长时间或临时在路边停放。

（5）双白虚线　画于路口时，作为减速让行线；设于路段中时，作为行车方向随时间改变的可变车道线。

（6）双黄实线　画于路中段时，用于分隔对向行驶的交通流。

（7）黄色虚实线　画于路段中时，用于分隔对向行驶的交通流；黄色实线一侧禁止车辆超车、跨越或回转，黄色虚线一侧在保证安全的情况下允许车辆超车、跨越或回转。

（8）双白实线　画于路口时，作为停车让行线。

四、道路绿化和照明

（一）城市道路绿化

城市道路绿化是整个城市绿化的主要组成部分。它包括路侧带、中间分隔带、两侧分隔带、交叉口、广场、停车场以及道路用地范围内的边角空地等处的绿化，是城市道路的重要组成部分。道路绿化是沿道路纵向形成的一条"线"状绿化带，将城市各种绿地连成一个系统，是城市园林化建设的重要组成部分。

1. 城市道路绿化的主要作用

（1）美化街景，协调空间。

（2）保护环境、净化空气，能起到吸尘、减噪的过滤作用。

（3）调节温度、湿度、改善小气候、为行人抵御日晒，还可延长路面使用寿命。

（4）分隔交通、保障行车安全，又可起到备用地的作用，还可利用其敷设地下管线。

（5）防止水土流失和保护路基边坡等作用。

随着城市建设和现代交通的发展，许多国家认识到道路绿化的重要性。美国、日本等国家在道路设计规范中都作了详细的道路绿化规定。道路绿化要求也逐步提高。

2. 城市道路绿化的设施

城市道路绿化布置应乔木与灌木、落叶与常绿、树木与花卉、草皮相结合，以使色彩和谐、层次分明、四季景色不同。绿化布置一般可分为人行道绿化、在道路上设置绿化分隔带、林荫道等形式。

绿化布置应选择能适应当地自然条件和城市复杂环境的乡土树种。要选择树干挺直、树形美观、夏日遮阳、耐修剪、抗虫害的树种；分隔带与路侧带上的行道树和枝叶不得侵入道路限界；要注意保护古树名木。

（二）城市道路照明

城市道路照明是城市道路交通设施的组成部分。道路照明能为驾驶员和行人创造良好的观看环境，从而达到减少交通事故、提高运输效率、防止犯罪活动和美化城市环境的效果。

1. 城市道路照明的设计原则

确保路面具有符合标准要求的照明数量和质量，照明设备安全可靠、经济合理、节省能源、维修方便、技术先进。

2. 城市道路照明的要求

为保证道路照明质量，达到辨认可靠和视觉舒适的基本要求，道路照明应满足照明水平、亮度（照度）均匀度和眩光限制三项指标。

3. 城市道路照明的布置

照明系统的平面布置方式，一般是按道路的性质、横断面的组成形式和不同宽度，以及车辆和行人交通量的大小来决定。在路段上的照明布置可分为以下几种。

（1）沿道路两侧对称布置 适于宽度超过20m的车辆及行人交通量大的全市性主要街道，此种形式照明效果好，反光影响小。

（2）沿道路两侧交错布置 此种形式可使路面得到较高的照度和较好的均匀度，适于宽度超过20m的道路。

（3）沿道路中线布置 适用于宽度小于20m的次要街道。这种形式照度均匀，且可解决照明与行道树的干扰；其缺点是路面的反光正对车辆前进方向，易产生眩目。

（4）沿道路单侧布置 仅用于宽度较小的次要道路或街坊内道路上，这种形式照度低，不均匀。

五、城市道路的检测与养护、维修

（一）城市道路路面技术状况的鉴定

路面技术状况鉴定的目的是运用各种仪器设备对路面状况的各种指标进行检测，了解当时的路面状况，作为制定养护处置方案的依据，并为建立路面管理系统积累数据，以便进行科学的管理。

城市道路路面技术状况鉴定主要针对沥青路面和水泥混凝土路面的机动车道和非机动车道进行。城市快速路、主干道、次干路路面的鉴定，应每年进行一次，其余城市道路可根据需要进行。鉴定以其单元鉴定值或平均值表示该路面技术状况，每条道路至少选择一个单元。

1. 单元的划分

为便于系统掌握路面状况的变化规律，历次鉴定的单元应相对固定。鉴定单元按如下规定划分。

（1）道路长度在200～500m之间，并根据路面宽度确定。

（2）水泥混凝土路面面积不超过5000m²。

2. 沥青路面使用性能评价

沥青路面使用性能评价内容：路面行驶质量评价、路面破损状况评价、路面结构强度评价、路面抗滑能力评价。其相应的评价指标分别为：路面行驶质量指数（RQI）、路面状况指数（PCI）、路面结构强度系数（SSI）和摆值（BPN）。

沥青路面评价体系如图4-30所示。

路面行驶质量的评价指标是行驶质量指数（RQI），数值范围是0～5。如出现负值，则RQI取为零。路面的行驶质量分为好、中、差三个等级。

沥青路面的损坏可分为裂缝、变形、松散和其他四大类。路面损坏状况评价指标是路面状况指数（PCI），数值范围是0～100。如出现负值，则PCI取为零。根据路面状况指数，路面的损坏状况分为优、良、及格和不及格四个等级。

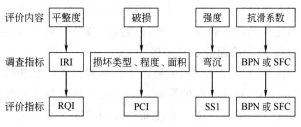

图4-30 沥青路面评价体系

沥青路面采用结构强度系数（SSI）作为评价路面结构强度的指标。根据路面结构性能在重复荷载作用下的衰变规律，将路面结构强度分为三个等级：足够、临界、不足。

路面抗滑能力以摆值（BPN）或横向力系数（SFC）表示。抗滑能力评价标准分为好、中、差三个等级。

3. 水泥路面使用性能评价

水泥路面使用性能评价的内容：路面损坏状况评价、路面平整度评价、路面抗滑能力评价。相应的评价指标为：路面损坏状况评价（PCI）、路面平整度均方差（δ）和摆值（BPN）。

水泥路面的损坏可分为裂缝类、变形类、接缝类和其他四大类。

路面损坏状况评价指标是路面状况指数（PCI），数值范围是 0～100。如出现负值，则 PCI 取为零。根据路面状况指数，路面的损坏状况分为优、良、及格和不及格四个等级。

水泥路面的平整度以连续式平整度仪测得的数据为标准，根据实测的平整度均方差（δ）和摆值（BPN），可将路面的使用状况分为好、中、差三个等级。

（二）城市道路的养护、维修

城市道路养护是城市道路管理的重要环节。道路养护质量的优劣，直接影响着交通安全、行车通顺和运输效率，还涉及道路的使用年限，以及城市的市容环境。

道路养护应始终坚持"预防为主，防治结合"的原则，遵循"建养并重，协调发展；深化改革，强化管理；提高质量，保障畅通"的指导方针，把建设与养护提到同等重要的位置。

1. 道路养护的主要目的和基本任务

（1）坚持日常保养，经常保持道路的完好状态，及时修复损坏部分，使道路及其沿线附属设施的各部分保持完好、整洁、美观，保障行车安全、舒适、畅通，以提高社会经济效益。

（2）采取正确的技术措施，提高养护工作质量，延长公路的使用寿命，以节省资金。

（3）对原有技术标准过低的路线和构造物以及沿线设施进行分期改建和增建，逐渐提高道路的使用质量和服务年限。

2. 养护范围及工作分类

城市道路养护范围是指城市规划区域内的市区道路设施。主要包括车行道、人行道、地下排水设施、桥涵、人行地道、交叉口设施、道路标志、交通标志、市政服务设施、广场、护栏、道路绿化以及相应的配套设施的养护等。

按照道路在道路系统中的地位，交通功能对沿线建筑的服务功能等，将道路分为快速路、主干路、次干路、支路。按照各类道路在城市中的重要性，根据保证重点、养护一般的原则，将道路养护工程分为小修保养、中修工程、大修工程和重点养护工程四类。

道路养护应结合城市的养护技术水平，要经常保持道路各部分技术状况良好，加强小修保养，及时处理破损，提高道路设施的完好率，确保合理的养护周期。城市道路养护作业应采用定型的维护机械，不断提高技术装备率和功力设备率，养护修理要做到快速优质。

3. 沥青路面养护与维修

沥青路面在铺筑完成后，受到各种自然因素和行车荷载的不断作用，以及设计水平、施工技术和资料稳定性的影响，不可避免地出现不同程度的变形和损坏等病害。因而，在使用过程中必须随时掌握沥青路面的使用状况，及时进行小修保养，以保持路面经常处于完好状态。消除病害、保障行车安全和畅通。充分发挥其经济效益。

（1）对 PCI 评价为优、良、及格，RQI 评价为好、中的路段应以日常养护为主，并对局部路面破损进行小修保养。对主干道的中等路段，应进行中修封层、罩面等。

（2）对 PCI 评价为不及格，RQI 评价为差的路段，如果强度满足要求，宜安排中修；如果强度不满足要求，则应进行大修强补。

（3）当快速路的路面平整度、损坏状况和强度均满足要求，但抗滑能力不足的路段，应加铺抗滑层。对于主次干道路面抗滑能力不足的事故多发地段，宜进行抗滑处理。

4. 水泥混凝土路面养护与维修

水泥混凝土路面是以水泥混凝土作为主要承受结构层，而板下的基层和路基起支撑作用。这种路面刚度高、脆性大，又需要设置接缝，因而路面的损坏形态及其原因也就不同，其养护维修的内容与要求亦各异。

水泥路面养护，必须做好预防性经常性养护，通过经常巡视观察，及早发现缺陷、查明原因，不失时机地采取措施，以保持路面状况的完好。

（1）对 PCI 评价为优、良的，宜以日常养护为主，局部修补一些对行车安全有影响的板。

（2）对 PCI 评价为及格的，除按正常的程序进行保养维修外，宜安排中修。

（3）对 PCI 评价为不及格的，必须进行大修。

习　题

1. 试述路基施工准备工作的内容。

2. 试述路基施工放样的主要内容。

3. 不同土质填筑路基时，填筑的原则是什么？

4. 常用的路基压实度试验方法有几种？

5. 路基施工有哪些主要特点，其主要内容是什么？

6. 简述稳定土在道路工程中的结构特点。

7. 影响石灰土强度和稳定性的主要因素有哪些？

8. 什么是沥青路面，它如何分类的？

9. 透层、粘层及封层分别指什么？

10. 试述沥青表面处理路面的施工工艺。

11. 试述沥青贯入式路面施工工艺。

12. 沥青混凝土路面和沥青碎石路面有何区别？

13. 沥青路面季节性施工应注意哪些问题？

14. 水泥混凝土路面对基层有哪些要求？

15. 水泥混凝土路面施工中关键工序是哪几个？

16. 水泥混凝土路面季节施工应注意什么要点？

17. 水泥混凝土路面伸缩缝的种类和设置要求是什么？

18. 路面结构层次是如何划分的？各结构层的功能如何？应满足什么要求？常用的材料有哪些？

19. 路面根据什么来分级？共分哪几级？各级路面有何特点？路面分为哪几类？各有何特点？

20. 什么是水泥混凝土路面？它有哪些特点？其断面形式如何？

21. 水泥混凝土路面的横向接缝有几种形式？各自的构造如何？

22. 水泥混凝土路面的纵向接缝有几种形式？各自的构造如何？

23. 沥青混凝土路面的特点是什么？如何分类？

24. 侧平石施工程序是怎样的？

25. 侧石顶面不平顺的原因和预防措施是什么？

第五章 市政桥梁工程

知识点

● 桥梁结构、施工程序。

学习目标

● 了解各类桥梁包括梁桥、刚构桥、斜拉桥、组合体系桥上、下部结构的构造和施工程序及施工方法。

第一节 桥梁基础的施工

一、明挖基础的施工

明挖基础常称大开口基础。按河床中有水、无水，又可分为有水开挖基础和无水开挖基础两种。明挖基础的主要工程量是基坑的开挖，尤其是在有水河床中开挖基础，其工作尤为艰巨。

1. 基坑开挖的一般规定和施工要求

（1）基本设施　基坑顶面应设置防止地面水流入基坑的拦水（土埂、围堰）和排水（沟道）设施。基坑顶面有动荷载时，坑顶边与动荷载向应有不小于1m宽的护道，如荷载过大时宜设置宽护道，如工程地质不良，应采取加固措施。为减轻基坑坡壁顶面静荷载，沿基坑顶面四周至少在1m范围内不得堆置土方、物料。

（2）坑壁坡度与防护措施　基坑坑壁坡度，应按地质条件、基坑深度、施工经验和现场具体情况等确定。当基坑深度在5m以内、施工期较短、基坑底在地下水位以上、土的湿度正常（接近最佳含水量）、土层构造均匀时，基坑坑壁坡度可参考表5-1。

表 5-1　基坑坑壁坡度

坑壁土类	坑壁坡度		
	坡顶无荷载	坡顶有静荷载	坡顶有动荷载
砂类土	1:1	1:1.25	1:1.5
卵石、砾类土	1:0.75	1:1	1:1.25
粉质土、黏质土	1:0.33	1:0.5	1:0.75
极软岩	1:0.25	1:0.33	1:0.67
软质岩	1:0	1:0.1	1:0.25
硬质岩	1:0	1:0	1:0

土的湿度可能引起坑壁坍塌时，坑壁坡度应缓于该湿度下土的天然坡度。没有地面水，但地下水在基坑底以上时，地下水位以上部分可以放坡开挖；地下水以下部分，若土质易坍

塌或水位在基坑底以上较深时，应加固坑壁开挖。

须防止基坑周围地面水流入坑内，应采取措施。如坑口筑小的土埂引水排除；基坑顶有动载时，坑顶与动载间至少应留有1m宽的护道；如工程地质和水文地质不良或动载过大，宜增宽护道或采取加固措施。基坑壁坡度不易稳定并有地下水影响，或采用放坡的方式开挖场地受到限制，或放坡开挖工程量大、不符合技术经济要求时，可按具体情况，采用挡板支撑、钢木结合支撑、混凝土护壁（喷射混凝土护壁、现浇混凝土护壁）、钢板桩围堰、钢筋混凝土板桩围堰、锚杆支护及地下连续墙等。

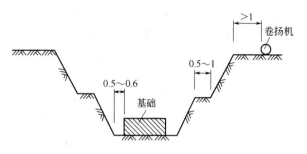

图 5-1　基坑布置图（单位：m）

当基坑深度大于5m时，应将坑壁坡度放缓或加设平台（台阶）（图5-1）。

2. 无水基坑开挖方法

一般小桥的基础为工程量不大的无水基坑，可用人工开挖；大、中桥基础工程，基坑深、平面尺寸大，挖方量也相应增加，可用挖掘机械或半机械施工，以降低劳动强度和提高工作效率。无水基坑开挖方法见表5-2。

表 5-2　无水基坑开挖方法

地质及支撑	挖掘方法	提升方法	运输方法	说明
土质、无支撑	挖土机（正铲）	挖土机（正铲）	挖土机直接装车	挖土机置放在坑底
土质、无支撑	挖土机（反铲）	挖土机（反铲）	挖土机回旋弃土	挖土机在坑缘上
土质、无支撑	挖土机（索铲）	挖土机（索铲）	挖土机回旋弃土	挖土机在坑缘上
土质或石质无撑或有撑	人力或风动工具	传送带（$H<4.5$m）	传送带接运	传送带可分设在坑上或坑下
土质或石质无撑或有撑	人力或风动工具	吊车、动臂吊机配活底吊斗	回旋弃土或直接装车	吊升机具设在坑缘或坑下
土质无撑或有撑	吊车抓泥斗	抓泥（土）斗	动臂回旋弃土或直接装车	
土质或石质无撑或有撑	人力或风动工具	人力吊杆带活底木斗	吊车回旋自动弃土或装车	
土质或石质无撑或有撑	人力或风动工具	爬坡车	爬坡车接斗车或手推车	
土质无撑或有撑	人力挖掘	铁锹向上翻弃	弃土或装车	

3. 水中挖基坑及挖基的注意要点

（1）水中挖基　排水挖基有困难或有水中挖基的设备时，可采用水中挖基法。

① 水力吸泥机，适用于砂类土及碎卵石类土，不受水深限制，其出土效率可随水压、水量的增加而提高。

② 空气吸泥机，适用于水深5m以上的砂类土或夹有少量碎卵石的基坑，浅水基坑不宜采用。在黏土层使用时，应与射水配合进行。

③ 挖掘机水中挖基，适用于各种土质，但开挖时须注意不能破坏基坑边坡的稳定。

（2）挖基的注意要点

① 根据施工期限、设备条件、工地环境及地质情况，基坑可以使用机械或人工开挖，

但不论采取何种方法施工，基底均应避免超挖，已经超挖或松动部分，应将松动部分予以清除。

② 任何土质基坑，挖至高程后不得长时间暴露、扰动或浸泡，而削弱其承载能力。一般土质基坑，挖于接近基底高程时，应保留 10～20cm 一层（俗称最后一锹土）在基础施工前以人工突击挖除，并迅速检验，随即进行基础施工。

③ 弃土堆置应按指定地点堆放，不得妨碍基坑挖掘或影响其他作业，基坑上口附近不应堆土，以免影响边坡稳定。

（3）支撑　当开挖基坑的土壤渗透性较大，坑壁土质不稳定，或基坑开挖受场地限制时，可采取支撑措施。常用的支撑方式及适用条件见表 5-3。

表 5-3　常用支撑方式及适用条件

支撑方式	简　图	适用条件
断续的水平支撑（一挖到底再行支撑）	<2m	能保持直立的干土或天然湿度的黏土类土，地下水很少，坑深<2m
带间隔的水平支撑（井撑）	竖撑　<3m	能保持直立的干土或天然湿度的黏土类土，地下水很少，坑深<3m，并随坑深的开挖相应设置支撑
连续的水平支撑（密撑）	3～5m　横板	在可能坍落的干土或天然湿度的黏土类土中，地下水较少，坑深一般在3～5m之间
深基坑（沟）二层支撑（挖至一定深度后，再向下挖掘时进行第二层撑固）		挖土深度较大，基坑沟槽下部又有含水层，下部坑宽应考虑工作面，为此，开挖前要留有富裕尺寸
基坑上部放坡达一定高度后直立坑壁支撑加固		挖土较深，场地亦较开阔，上部可放坡后再直立坑壁支撑加固

二、钻（挖）孔灌注桩基础施工技术

采用不同的成孔方法，在土中形成一定直径的井孔，达到设计高程后，将钢筋骨架（笼）吊入井孔内，灌注混凝土形成的基础称为灌注混凝土桩基础。此处主要介绍钻（挖）孔灌注桩施工，分成孔和灌注水下混凝土两大步骤。

（一）钻孔方法和机具设备

1. 钻孔方法分类

（1）冲击法 用冲击钻机或卷扬机带动冲锥，借助锥头自重下落产生的冲击力，反复冲击破碎土石或把土石挤入孔壁中，用泥浆浮起钻渣，借助机械排出而形成钻孔。

（2）冲抓法 用冲抓锥依靠自重产生的冲击力，切入（破碎）土层，叶瓣抓出土形成钻孔。

（3）旋转法 用人力或机械通过钻杆带动锥（钻头）旋转切削土层，用泥浆浮起钻渣，借助机械排出而形成钻孔。

2. 常用的钻孔方法和适用条件

（1）机动推钻 适用于黏质土，砂土，砾卵石粒径小于 10cm、含量少于 30% 的碎石土，孔径 60～160cm。

（2）回转钻机 适用于黏质土，砂土，砾卵石粒径小于 2cm、含量少于 20% 的碎石土，软岩，孔径 80～250cm。

（3）潜水钻机 适用于淤泥，黏质土，砂土，砾卵石粒径小于 10cm、含量少于 20% 的碎石土，孔径 60～150cm。

（4）冲（击）抓锥 适用于各类土层，孔径 60～200cm。

3. 常用钻孔机及性能

（1）ZKL-400（600）（800） 长螺旋，钻削，钻孔深度 12～18m。

（2）ZUY1500 伸缩钻杆短螺旋、钻斗，钻削，钻孔深度 42m。

（3）QJ250、XF-3、ZJ150-1、红星 400 转盘式，钻削正反循环，最大钻孔深度 40～400m。

（4）GZQ-800（1250）（1500） 潜水钻机，潜水钻削，钻孔深度 50m。

（5）BRM-08（1）（2）（3） 转盘式，正反循环钻削，钻孔深度 40～60m，其中 BRM4 达 100m。

（二）施工工艺流程

1. 钻孔灌注桩施工工艺流程（图 5-2）。

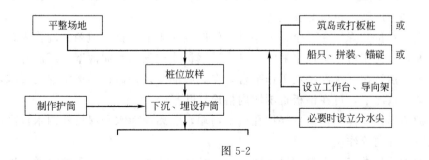

图 5-2

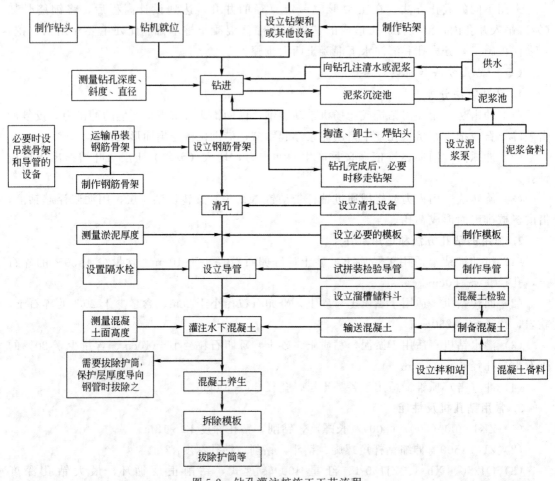

图 5-2　钻孔灌注桩施工工艺流程

2. 钻孔准备工作

（1）钻孔场地准备

① 场地为旱地时，应清除杂物，换除软土，整平夯实。

② 场地为陡坡时，可用枕木、型钢等搭设工作平台。

③ 场地为浅水时，宜采用筑岛施工，筑岛面积应根据钻孔、设备大小等要求确定。

④ 场地为深水或淤泥层较厚时，可搭设工作平台，平台须牢固稳定，能承受工作时所有静、动荷载，并考虑施工机械能安全进出。

如水流平稳，水位升降缓慢，全部工序可在船舶或浮箱上进行，但须锚碇稳固，桩位准确。如流速较大，但河床可以整理平顺时，可采用钢板或钢丝网水泥薄壁浮运沉井，就位后灌水下沉至河床，然后在其顶部搭设工作平台，在其底部安设护筒；浮运沉井的要求可参照有关规范；在某些情况下，可在钢板桩围堰内搭设钻孔平台。

（2）钻孔护筒形式选择　护筒有保护孔口不坍塌，隔离地面水和保持孔内水位高出施工水位以维护孔壁，导向等作用。

通常采用的护筒种类有：木料护筒（图5-3）、钢质护筒（图5-4）、钢筋混凝土护筒（图5-5）。

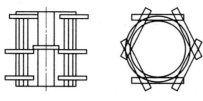

图 5-3　木料护筒

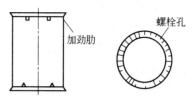

图 5-4　钢质护筒

护筒内径应比桩径稍大；当护筒长度在2～6m范围时，机动推钻和有钻杆，导向的正反循环回转钻宜大 20～30cm；无钻杆导向的正、反潜水电钻和冲抓锥宜大 30～40cm；深入处的护筒内径至少应比桩径大 40cm。

（3）护筒埋设方法的选择（见表5-4）。

（4）泥浆准备　泥浆有维护孔壁不致坍塌的作用。在正循环钻进中还起着悬浮钻渣，并携带钻渣流出的作用。在成孔过程中，泥浆越稠效果越好。但泥浆太稠对排渣和灌注水下混

图 5-5　钢筋混凝土护筒

表 5-4　护筒埋设方法的选择

方　法	简　图	适用条件及说明
挖埋式护筒		适用于旱地或岸滩，当地下水位在地面以下大于1m，当河床为很松散的细砂地层，挖坑不易成型时，可采用双层护筒
填筑式护筒		当桩位处地面高程与施工水位（或地下水位）的高差小于1.5～2.0m（按钻孔方法和土层情况而定）时，宜采用本法，填筑的土台高度，应使护筒端比施工水位（或地下水位）高1.5～2.0m。土台边坡以（1∶1.5）～（1∶2.0）为宜
围堰筑岛护筒		水深小于3m的浅水处，一般需围堰筑岛埋设护筒。岛面应高出施工水位1.5～2.0m。亦可适当提高护筒顶面高程，以减少筑岛填土体积。若岛底河床为淤泥或软土，应挖除换成砂土，若排淤换土工作量较大，则可采用长护筒，使其沉入河底土层中
深水护筒		适用于水深在3m以上的深水河床中。其主要工序为搭设工作平台（有搭设支架、浮船、钢板桩围堰、浮运薄壳沉井、木排、筑岛等方法），下沉护筒的定位导向架与下沉护筒等

凝土不利，对桩的承载力也有影响。

泥浆一般可采用黏土制浆。制浆时，应将黏土加水浸透，然后以搅拌机或人工拌制。冲击钻进时，可在钻孔内直接投放黏土，以钻锥冲击制成泥浆。调制的泥浆应根据钻孔方法和地层情况采用不同性能指标，一般可参照表 5-5 选用。

表 5-5　泥浆性能指标选择

钻孔方法	地层情况	泥浆性能指标							
		相对密度	黏度 /Pa·s	含砂率 /%	胶体率 /%	失水量 /mL·30min^{-1}	泥皮厚 /mm·30min^{-1}	静切力 /Pa	酸碱性 （pH）
正循环	一般地层	1.05～1.20	16～22	8～4	≥96	≤25	≤2	1.0～2.5	8～10
	易坍地层	1.20～1.45	19～28	8～4	≥96	≤15	≤2	3～5	8～10
反循环	一般地层	1.02～1.06	16～20	≤4	≥95	≤20	≤3	1～2.5	8～10
	易坍地层	1.06～1.10	18～28	≤4	≥95	≤20	≤3	1～2.5	8～10
	卵石土	1.10～1.05	20～35	≤4	≥95	≤20	≤3	1～2.5	8～10
推钻冲抓	一般地层	1.10～1.20	18～24	≤4	≥95	≤20	≤3	1～2.5	8～11
冲击	易坍地层	1.20～1.40	22～30	≤4	≥95	≤20	≤3	3～5	8～11

3. 钻孔

（1）注意事项

① 采用正、反循环钻造孔时，开孔第一钻的位置是否正确，对桩位的准确度和竖直度的影响很大，须十分注意。采用冲击法造孔时，应以小冲程开孔，使初成之孔坚实、竖直、圆顺，能起导向作用，并防止孔口坍塌。钻进深度超过钻锥全高加冲程后，方可施行正常冲程的冲击。

② 每孔开钻前应检查钻锥直径，如过小应及时焊补，不宜在钻进中焊补，以免卡钻。

③ 起、落钻锥速度应均匀，不得突然加速，以免碰撞孔壁，形成坍孔。

④ 停钻时，孔口应加护盖，并严禁钻锥留在孔内，以防埋钻。

⑤ 在抽渣或停钻时，应保持孔内具有规定的水位和泥浆相对密度、黏度等，以防坍孔。

（2）施工故障原因及处理（表 5-6）

表 5-6　施工故障原因及处理

类别	原因分析	预防及处理措施
坍孔	①护筒埋置过浅，周围封填不密漏水； ②操作不当，如提升钻头、冲击（抓）锥或掏渣筒倾倒，或放钢筋骨架时碰撞孔壁； ③泥浆稠度小，起不到护壁作用； ④泥浆水位高度不够，对孔壁压力小； ⑤向孔内加水时流速过大，直接冲刷孔壁； ⑥在松软砂层中钻进，进尺太快	①坍孔部位不深时，可改用深埋护筒，将护筒周围回填土，夯实，重新钻孔； ②轻度坍孔，可加大泥浆相对密度和提高水位； ③严重坍孔，用黏土泥膏投入，待孔壁稳定后采用低速钻进； ④汛期或潮汐地区水位变化过大时，应采取升高护筒、增加水头或用虹吸管等措施保证水头相对稳定； ⑤提升钻头，下放钢筋管架应保持垂直，尽量不要碰撞孔壁； ⑥在松软砂层钻进时，应控制进尺速度，并用较好泥浆护壁

续表

类别	原因分析	预防及处理措施
钻孔偏斜	①桩架不稳、钻杆导架不垂直,钻机磨耗,部件松动; ②土层软硬不匀,致使钻头受力不均; ③钻孔中遇有较大孤石、探头石; ④扩孔较大处,钻头摆动偏向一方; ⑤钻杆弯曲,接头不正	①检查、纠正桩架,使之垂直安置稳固,并对导架进行水平与垂直校正对钻孔设备加以检修; ②偏斜过大时,填入土石(砂或砾石)重新钻进,控制钻速; ③如有探头石,宜用钻机钻透,用冲孔机时,用低速,将石打碎,倾斜基岩时,可用混凝土填平。待其凝固后再钻
卡钻	①孔内出现梅花孔、探头石、缩孔等未及时处理; ②钻头被坍落下的石块或误落入孔内的大工具卡住; ③入孔较深的钢护筒倾斜或下端被钻头撞击严重变形; ④钻头尺寸不统一,焊补的钻头过大; ⑤下钻头太猛,或钢绳过长,使钻头倾斜卡在孔壁上; ⑥冲击钻孔,尤易产生卡钻情况	①对于向下能活动的上卡,可用上下提升法,即上下提动钻头,并配以将钢丝绳左右移动、旋转; ②卡钻后不宜强提,只宜轻提,轻提不动时,可用小冲击钻锥冲或用冲、吸的方法将钻锥周围的钻渣松动后再提出; ③施工中注意保持护筒垂直,防止倾斜;钻头尺寸应统一,下钻应控制钻进速度,不要过猛过快
掉钻	①卡钻时强提强拉、操作不当,使钢丝绳或钻杆疲劳断裂; ②钻杆接头不良或滑丝; ③电动机接线错误,使不应反转的钻机反转,钻杆松脱	①卡钻时应设有保护绳方能适度强提,严防钻头空打; ②经常检查钻具、钻杆、钢丝绳和联结装置; ③掉钻落物时,宜迅速用打捞叉、钩、绳套等工具打捞,若落体已被泥沙埋住,则应用冲、吸的方法,先清除泥砂,使打捞工具接触落体后再打捞
扩孔及缩孔	①扩孔是因孔壁坍塌或钻锥摆动过大所致; ②缩孔原因是钻锥磨损过甚,焊补不及时或因地层中有软塑土,遇水膨胀后使孔径缩小	①注意采取防止坍孔和防止钻锥摆动过大的措施; ②注意及时焊补钻锥,并在软塑地层采用失水率小的优质泥浆护壁; ③已发生缩孔时,宜在该处用钻锥上下反复扫孔,以扩大孔径
安全要求	在任何情况下,严禁施工人员进入没有护筒或其他防护设施的钻孔中处理故障。当必须下入护筒或其他防护设施的钻孔时,应在检查孔内无有害气体,并备齐防毒、防溺、防坍埋等安全设施后,方可行动	

4. 清孔

（1）抽浆清孔法　有空气吸泥机清孔（图5-6）和离心吸泥泵清孔（图5-7），此法清孔较彻底,适用于各种方法钻孔的柱桩和摩擦桩,一般用反循环钻机、空气吸泥机、水力吸泥机或离心吸泥泵等进行。

图 5-6　空气吸泥机清孔

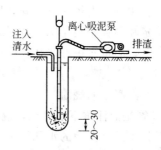

图 5-7　离心吸泥泵清孔（单位：cm）

（2）换浆清孔法　适用于正循环钻孔法的摩擦桩，于钻孔完成后，提升钻锥距孔底10～20cm，继续循环，以相对密度较低（1.1～1.2）的泥浆压入，把钻孔内的悬浮钻渣和相对密度较大的泥浆换出。

（3）掏渣清孔法　用抽渣筒、大锅锥或冲抓钻清掏孔底粗钻渣，仅适用于机动推钻、冲抓、冲击钻孔的各类土层摩擦桩的初步清孔，掏渣前可先投入水泥1～2袋，再以钻锥冲出数次，使孔内泥浆、钻渣和水泥形成混合物，然后用掏渣工具掏渣。当要求清孔质量较高时，可使用高压水管插入孔底射水，使泥浆相对密度逐渐降低。

（4）喷射清孔法　只宜配合其他清孔法使用，是在灌注混凝土前对孔底进行高压射水数分钟，使剩余少量沉淀物飘浮后，立即灌注水下混凝土。

（5）注意要点

① 不论采用何种清孔方法，在清孔排渣时，必须注意保持孔内水头，防止坍孔。

② 柱桩应以抽浆法清孔，清孔后，将取样盒（开口铁盒）吊至孔底，待灌注水下混凝土前取出，检查沉淀在盒内的渣土，渣土厚度应符合规定的要求。

③ 用换浆法和掏浆法清孔后，孔口、孔中部和孔底提出的泥浆的平均值应符合质量标准要求；灌注水下混凝土前，孔底沉淀厚度应不大于设计规定。

④ 不得用加深孔底深度的方法代替清孔。

（6）质量检验与质量标准　在钻孔和清孔后，应使用仪器对成孔的孔位、孔深、孔形、孔径、竖直（斜）度、泥浆相对密度、孔底沉淀厚度等进行检验。

① 孔的中心位置　群桩的不大于10cm、单排桩的不大于5cm。

② 孔径　不小于设计桩径。

③ 倾斜度　直桩的要小于1/100、斜桩的要小于设计斜度的±25%。

④ 孔深　摩擦桩不小于设计规定，柱桩比设计深度超深不小于5cm。

⑤ 孔底沉淀厚度　摩擦桩的不大于 $(0.4～0.6)d$（d 为设计桩径），柱桩的不大于设计规定。

⑥ 清孔后泥浆指标　相对密度为1.05～1.2，黏度为17～20Pa·s，含砂率小于4%。

5. 水下混凝土的灌注

清孔结束后，随即吊放钢筋笼。钢筋笼应每隔2.0～2.5m设置加强箍筋一道。钢筋笼的主筋外侧应设置控制保护层厚度的垫块，其间距竖向为2m，横向圆周不小于4处，顶端设置吊环。钢筋笼太长时可分段制作，于吊放时进行焊接。钢筋笼应及时、准确地吊放、焊接、就位，就位后应牢固定位。

钢筋笼安装完成后就可安装导管。导管是灌注水下混凝土的重要工具。其直径一般为20～30cm。每节长1.2m，最下端一节宜为4～6m，并焊有2只吊环。导管制作要求准确、坚固、圆滑、顺直、内径一致，安装后保证不漏水。

在钢筋笼和导管安装完毕后，开始浇灌水下混凝土前应再次测定孔底沉淀厚度，如沉淀超过设计规定，应再次进行清孔。所以应当配备吸泥机、高压水泵，作为再次清孔和处理灌注事故之用。

（1）水下混凝土的浇灌

① 用导管法灌注水下混凝土，混凝土拌和物是通过导管下口进入初期灌的混凝土下面，托着初期混凝土及其上面的水和泥浆上升。所以必须做到以下两点。

a. 管顶端比孔内水位至少高出4m以上，以保证升托导管底端以上混凝土及泥浆所必需的压力。这一点对浇灌最后的 3～5m 时尤为重要。

b. 尽量缩短灌注时间，使灌注工作在首批混凝土仍具有塑性的时间内完成。

② 在开始浇灌首批混凝土时，导管下口至孔底的距离以 25～40cm 为宜。首批混凝土的浇灌是否顺利，与灌注桩的质量和成败有着重要关系。故必须注意以下两点：

a. 首批混凝土与导管内的水之间，必须采取隔离措施；

b. 首批混凝土的储运量应满足初次埋深不小于 1.0m 的要求。其浇灌应连续不断快速进行（图 5-8）。

③ 灌注水下混凝土时，必须认真作记录。

④ 在灌注过程中，应经常控测混凝土面的高度，及时提升和拆除导管，使导管在混凝土内埋置深度为 2.0～4.0m，最大埋深不得大于 6.0m（图 5-9）。

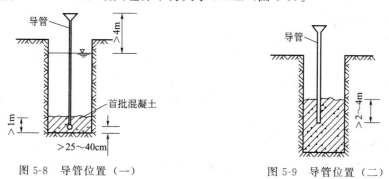

图 5-8 导管位置（一）　　　　图 5-9 导管位置（二）

混凝土拌和物运到灌注地点时，如有离析、坍落度不符合要求等现象，应在不提高水灰比的原则下重新拌和。重新拌和后仍达不到要求时不得使用。

在灌注过程中应注意防止钢筋笼被混凝土顶托上升，或提升导管时被法兰盘带上来。

探测混凝土顶面的测深锤应有足够的重量和形状。一般可用不小于 4kg 的锥形锤。系锤绳宜用轻质、拉力强、遇水不伸缩、标有尺度的测绳。

⑤ 灌注将近结束时，泥浆沉淀增厚，泥浆相对密度、黏度和静压力增加，混凝土面的位置用测深锤不易鉴别，此时应该用可分节接长的钢管，下端安一活盖铁盒，插入混凝土内取样鉴别。

⑥ 灌注桩顶高程应比设计高出 0.5～1.0m，以清除浮浆，确保桩头质量。在灌注过程中，应经常观察管内情况，正确组织施工，避免发生故障。

（2）事故原因和处理

① 卡管　混凝土堵塞在导管内下不去叫做卡管。其原因有以下几种。

a. 混凝土坍落度太小，流动性差，且夹有大粒径石料。

b. 混凝土拌和不均匀，或运输中产生严重离析。

c. 导管漏水，混凝土受冲洗后，粗集料集中在一处而卡住。

d. 混凝土在导管中停留过久。

为防止卡管，必须做到以下几点。

a. 组装导管时，螺栓要拧紧，且各个螺栓的拧紧程度要均匀，以防止法兰盘处漏水。

b. 材料规格要严格，严禁过大粒径的石料拌入混凝土中。

c. 混凝土坍落度及拌和时间要按规定掌握。

d. 开始浇灌混凝土时，速度要快，要连续，中间拆除导管时间要短，不要停留太久。

e. 混凝土在运输中若发生离析，应重新进行拌和后，才能使用。

② 断桩　泥浆把灌注的混凝土隔开，或使截面积严重受损，称为断桩。断桩是严重质量事故，常见原因有以下几种。

a. 灌注时间太长，表面混凝土失去流动性，浇灌的混凝土顶破表层而上升，将混有泥浆的表层覆盖包裹，就成为断桩。

b. 导管提升过多，当导管没有提离混凝土面，只是埋入太浅，则可能有泥浆混入，形成夹泥，如导管提离混凝土面，就成为断桩。

c. 当发生卡管或漏水，拔出导管处理事故后，未将已灌注的混凝土彻底清除，就恢复灌注，也形成断桩。

d. 测深不准或导管埋深计算错误，也会发生断桩。

断桩处理方法如下。

a. 如断桩处靠近地面，断桩后又已停止浇灌混凝土，可视具体情况，用打入长的钢护筒或沉入小沉井等办法，将水抽干后排除泥浆，并对桩头做必要的凿除清理，再浇灌普通混凝土达到桩头。这种方法只适用于无水的干河滩处，否则危险性很大。

b. 如断桩处较深，又处于受弯矩较大处，则应采取补桩措施。对断桩的处理，必须经监理工程师同意后方能进行。

6. 质量检查和质量标准

在施工时，如果发现断桩、夹层和混凝土有质量问题的迹象，就需要钻心或用其他方法检测。对大桥的钻孔灌注桩，应逐根检测。取心检测或用其他方法检测的比例，应在承包合同中写明。

钻孔灌注桩的允许偏差如表 5-7。

表 5-7　钻孔灌注桩的允许偏差

检查项目		允许值	检查方法
混凝土		按规范标准	试件强度
轴线偏位	群桩	100mm	用经纬仪检查
	单排桩	50mm	
	直桩	<1/100	查检查记录
	斜桩	<2.5/100	
桩长		不短于设计	查检查记录
沉淀	摩擦桩	0.4～0.6桩径	查检查记录
	支撑桩	50mm	
钢筋骨架底面高程		±50mm	查检查记录

三、挖孔灌注桩

（一）一般要求

1. 适用范围

挖孔灌注桩适用于无地下水或少量地下水，且较密实的土层或风化岩层。若孔内产生的空气污染物超过现行《环境空气质量标准》（GB 3095—2012）规定的三级标准浓度限值时，必须采取通风措施，方可采用人工挖孔措施。

2. 挖孔直径

应按照设计规定。挖孔过程中，应经常检查桩孔尺寸、平面位置和竖轴线倾斜情况，如有偏差应随时纠正。

（二）技术要求

（1）挖孔施工应根据地质和水文地质情况，因地制宜选择孔壁支护方案报批，并应经过计算，确保施工安全并满足设计要求。

（2）孔内遇到岩层须爆破时，应专门设计，宜采用浅孔松动爆破法，严格控制炸药用量并在炮孔附近加强支护。

（3）孔深大于 5m 时，必须采用电雷管引爆。孔内爆破后应先通风排烟 15min，并经检查无有害气体后，施工人员方可下井继续作业。

（4）挖孔达到设计深度后，应进行孔底处理。必须做到孔底表面无松渣、泥、沉淀土。如地质情况复杂，应钎探了解孔底以下地质情况是否能满足设计要求，否则应与监理、设计单位研究处理。

（5）挖孔内无积水时，可不采用水下灌注混凝土施工，当不采用水下灌注混凝土时要按有关章节所述要求施工。

第二节 桥梁墩台施工

一、圬工墩台施工技术

（一）石砌墩台施工挂线

墩台在砌筑之前，首先要放好样，才能使砌石工作的进行有所依据。放样是根据施工测量定出的墩台中心线，放出砌筑墩台的轮廓线，并根据墩台的轮廓线进行砌筑。砌筑过程石料的定位可采用下列两种方法进行。

1. 垂线法

当墩台身和基础较低时，可依平面轮廓线砌筑圬工，对于直坡墩台可用吊垂砣的方法来控制定位石的位置，为了吊砣方便，吊砣点与轮廓线间留有 1～2cm 的距离，如图 5-10 所示；对于斜坡墩台可以用规板控制定位石的位置，如图 5-11 所示。

规板构造见图 5-12，使用时以斜边靠近墩台面，悬垂线若与所画墨线重合，则表示所砌墩台斜度符合要求。

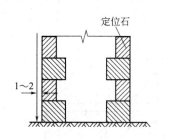

图 5-10 垂直墩台挂线（单位：cm）

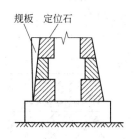

图 5-11 斜坡墩台挂线

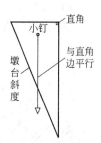

图 5-12 规板构造图

2. 瞄准法

当墩台身较高时，可采用瞄准法控制定位石的位置，见图 5-13。当墩台身每升高 1.5～

2m 时，沿墩台平面棱角埋设铁钉，使上下铁钉位于一个垂直平面上，并挂以铅丝。砌筑时，拉直铅丝，使与下段铅丝瞄成一直线，即可依此安砌定位石于正确位置。采用这种方法定位时，每砌高 2~3m 时，应用仪器测量中线，进行各部尺寸的校核，以确保各部尺寸的正确。

（二）石砌墩台的施工程序和作业方法

1. 墩台砌筑程序和作业方法

（1）基础砌筑　当基础开挖完毕并进行处理后，即可砌筑基础。砌筑时，应自最外边缘开始（定位行列），砌好外圈后填砌腹部（图 5-14）。基础一般用片石砌筑。当基底为土质时，基础底层石块可不铺座灰，石块直接干铺于基土上；当基底为岩石时，则应铺座灰再砌石块。第一层砌筑的石块应尽可能挑选大块的，平放铺砌，且轮流丁放或顺放，并用小石块将空隙填塞，灌以砂浆，然后开始一层一层地平砌。每砌 2~3 层就要大致找平后再砌。

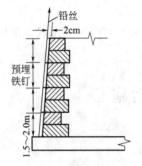

图 5-13　高墩台挂线

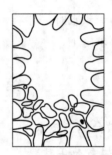

图 5-14　基础砌筑示意图

（2）墩台身砌筑　当基础砌筑完毕，并检查平面位置和高程均符合设计要求后，即可砌筑墩台身。砌筑前应将基础顶洗刷干净。砌筑时，桥墩先砌上下游圆头石或分水尖，桥台先砌四角转角石，后在已砌石料上挂线，砌筑边部外露部分，最后填砌腹部。

墩台身可采用浆砌片石、块石或粗料石砌筑（内部均用片石填腹）。表面石料一般采用一丁一顺的排列方法，使之连接牢固。墩台砌筑时应进度均匀，高低不应相差过大，每砌 2~3 层应大致找平。

为了美观和更好地防水，墩台表面砌缝，靠外露面需另外勾缝，靠隐蔽面随砌随刮平。勾缝的形式一般采用凸缝或平缝，浆砌规则块材料也可采用凹缝（图 5-15）。勾缝砂浆强度等级应按设计文件规定，一般主体工程用 M10，附属工程用 M7.5。砌筑时，外层砂浆留出距石面 1~2cm 的空隙，以备勾缝。勾缝最好在整个墩台砌好后，自上而下进行，以保证勾缝整齐干净。

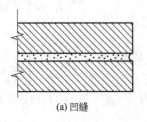

(a) 凹缝

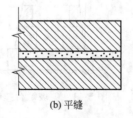

(b) 平缝

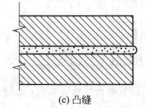

(c) 凸缝

图 5-15　表面砌缝的形鼓

2. 墩台砌筑工艺

（1）浆砌片石

① 灌浆法　砌筑时片石应水平分层铺放，每层高度15~20cm，空隙应以碎石填塞，灌以流动性较大的砂浆。对于基础工程，可用平板振捣器振捣，振捣时平板振捣器应放置在石块上面的砂浆层上振动，直至砂浆不再渗入砌体后，方可结束。

② 铺浆法　先铺一层座灰，每层高度一般不超过40cm，并选择厚度合适的石块，用作砌平整理，空隙处先填满较稠的砂浆，再用适当的小石块卡紧填实。然后再铺上座灰，以同样的方式继续铺砌上层石块。

③ 挤压法　先铺一层座灰，把片石铺上，左右轻轻揉动几下，再用手锤轻击石块，将灰缝砂浆挤压密实，在已砌好片石侧面继续安砌时，应在相邻侧面先抹砂浆，再砌片石，并向下和抹浆的侧面用手挤压，用锤轻击，使下面和侧面的砂浆挤实。分层高度宜在70~120cm之间，分层与分层间的砌缝应大致砌成水平。

（2）浆砌块石　一般多采用铺浆法和挤浆法。砌体应分层平砌，石块丁顺相间，上下层竖缝应尽量错开，错缝距离应不小于8cm，分层厚度一般不小于20cm。对于厚大砌体，如不易按石料厚度砌成水平层时，可设法搭配，使每隔70~120cm能够砌成一个比较平整的水平层，如图5-16所示。

（3）浆砌粗料石　砌筑前应按石料及灰缝厚度，预先计算层数，使其符合砌体竖向尺寸。石块上下和两侧修凿面都应和石料表面垂直，同一层石块和灰缝宽度应取一致。砌筑时宜先将已修凿的石块试摆，为求水平缝一致，可先干放于木条或铁棍上，然后将石块沿边棱（A—A）翻开（图5-17），在石块砌筑地点的砌石上及侧缝处铺抹砂浆一层并将其摊平，再将石块翻回原位，以锤轻击，使石块结合紧密，垂直缝中砂浆若有不满，应补填插捣至溢出为止。石块下垫放的木条或铁棍，在砂浆捣实后即行取出，空隙处再以砂浆填补压实。

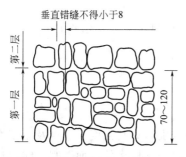

图 5-16　块石砌筑方法（单位：cm）

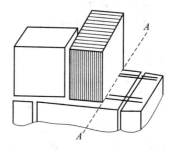

图 5-17　粗料石砌筑方法

3. 砌筑注意事项

为了使各个石块结合而成的砌体结合紧密，能抵抗作用在其上的外力，砌筑时必须做到下列几点。

（1）石料在砌筑前应清除污泥、灰尘及其他杂质，以免妨碍石块与砂浆的结合。在砌筑前应将石块充分润湿，以免石块吸收砂浆中的水分。

（2）浆砌片石的砌缝宽度不得大于4cm；浆砌块石不得大于3cm；浆砌料石不得大于2cm。上下层砌石应相互压叠，竖缝应尽量错开，浆砌粗料石，竖缝错开距离不得小于10cm，浆砌块石不得小于8cm，这样集中力能分布到砌体整体上，否则集中力将由一个柱体承受（图5-18）。

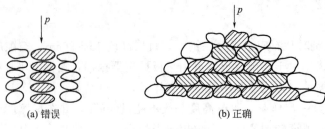

图 5-18 错缝示意

（3）应将石块大面向下，使其有稳定的位置，不得在石块下面用高于砌砂浆层厚度的石块支垫。

（4）浆砌砌体中石块都应以砂浆隔开，砌体中的空隙应用石块和砂浆填满。

（5）在砂浆尚未凝固的砌层上，应避免受外力碰撞，砌筑中断后应洒水润湿，进行养护。重新开始砌筑时，应将原砌筑表面清扫干净，洒水润湿，再铺浆砌筑。

（三）墩台施工质量检查和控制

对砂浆及小石子混凝土的抗压强度应按不同强度等级、不同配合比分别制取试件，重要及主体砌筑物，每工作班应制取试件 2 组；一般及次要砌筑物，每工作班可制取试件 1 组。

小石子混凝土抗压强度评定方法同一般混凝土，砂浆抗压强度合格条件如下。

（1）同等级试件的平均强度不低于设计强度等级。

（2）任意一组试件最低值不低于设计强度等级的 75%，砌体质量应符合下列规定：①砌体所用各项材料类别、规格及质量符合要求。②砌缝砂浆或小石子混凝土铺填饱满，强度符合要求。③砌缝宽度、错缝距离符合规定，勾缝坚固、整齐，深度和形式符合要求。④砌筑方法正确。

二、混凝土墩台的施工

就地浇筑的混凝土墩台施工有两个主要工序：一是制作与安装墩台模板；二是混凝土浇筑。

（一）墩台模板

1. 模板的设计原则

（1）宜优先使用胶合板和钢模板。

（2）在计算荷载作用下，对模板结构按受力程序分别验算其强度、刚度及稳定性。

（3）模板板面之间应平整，接缝严密，不漏浆，保证结构物外露面美观，线条流畅，可设倒角。

（4）结构简单，制作、拆装方便。

模板可采用一般用钢材、胶合板、塑料和其他符合设计要求的材料制成。浇筑混凝土之前，木板应涂刷脱模剂，外露面混凝土模板的脱模剂应采用同一种品种，不得使用废机油等油料，且不得污染钢筋及混凝土的施工缝处。重复使用的模板应经常检查、维修。

2. 常用的模板类型

有以下介绍的几种类型。

（1）拼装式模板　是用各种尺寸的标准模板利用销钉连接，并与拉杆、加劲构件等组成墩台所需形状的模板。如图 5-19 所示，将墩台表面划分为若干小块，尽量使每部分板扇尺寸相同，以便于周转使用。板扇高度通常与墩台分节灌注高度相同，一般可为 3～6m，宽度可为1～2m，具体视墩台尺寸和起吊条件而定。拼装式模板由于在厂内加工制造，因此板面平整、尺寸准确、体积小、重量小，拆装容易、快速，运输方便，故应用广泛。

（2）整体吊装模板　是将墩台模板水平分成若干段，每段模板组成一个整体，在地面拼装后吊装就位（图5-20）。分段高度可视起吊能力而定，一般可为2～4m。整体吊装模板的优点是：安装时间短，不需设施工接缝，加快施工进度，提高了施工质量；将拼装模板的高空作业改为平地操作，有利于施工安全；模板刚性较强，可少设拉筋或不设拉筋，节约钢材；可利用模外框架作简易脚手架，不需另搭施工脚手架；结构简单，装拆方便，对建造较高的桥墩较为经济。

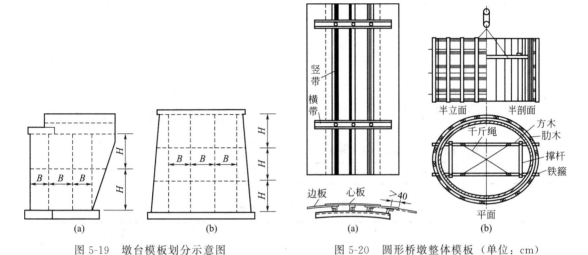

图5-19　墩台模板划分示意图　　　　图5-20　圆形桥墩整体模板（单位：cm）

（3）组合型钢模板　是以各种长度、宽度及转角标准构件，用定型的连接件将钢模拼成结构用模板，具有体积小、重量小、运输方便、装拆简单、接缝紧密等优点，适用于在地面拼装，整体吊装的结构上。

（4）滑动钢模板　适用于各种类型的桥墩。各种模板在工程上的应用，可根据墩台高度、墩台形式、机具设备、施工期限等条件，因地制宜，合理选用。

验算模板的刚度时，其变形值不得超过下列数值：结构表面外露的模板，挠度为模板构件跨度的1/400；结构表面隐蔽的模板，挠度为模板构件跨度的1/250；钢模板的面板变形为1.5mm，钢模板的钢棱、柱箍变形为3.0mm。模板安装前应对模板尺寸进行检查；安装时要坚实牢固，以免振捣混凝土时引起跑模漏浆；安装位置要符合结构设计要求。有关模板制作与安装的允许偏差见表5-8、表5-9。

（二）混凝土浇筑施工要点

墩台身混凝土施工前，应将基础顶面冲洗干净，凿除表面浮浆，整修连接钢筋。灌筑混凝土时，应经常检查模板、钢筋及预埋件的位置和保护层的尺寸，确保位置正确，不发生变形。混凝土施工中，应切实保证混凝土的配合比、水灰比和坍落度等技术性能指标满足规范要求。

1. 混凝土的运送

混凝土的运输方式及适用条件可参照表5-10选用。如混凝土数量大，浇筑捣固速度快时，可采用混凝土皮带运输机或混凝土输送泵。运输带速度应不大于1.0～1.2m/s。其最大倾斜角：当混凝土坍落度小于40mm时，向上传送为18°，向下传送为12°；当坍落度为40～80mm时，则分别为15°与10°。

表 5-8　模板制作的允许偏差

模板	项　目		允许偏差/mm
木模板	(1)模板的长度和宽度		±5.0
	(2)不刨光模板相邻两板表面高低差		3.0
	(3)刨光模板相邻两板表面高低差		1.0
	(4)平板模板表面最大的局部不平(用 2m 直尺检查)	刨光模板	3.0
		不刨光模板	5.0
	(5)拼合板中木板间的缝隙宽度		2.0
	(6)榫槽嵌接紧密度		2.0
钢模板	(1)外形尺寸	长和宽	0,−1
		肋高	±5
	(2)面板端偏斜		≤0.5
	(3)连接配件(螺栓、卡子等)的孔眼位置	孔中心与板面的间距	±0.3
		板端孔中心与板端的间距	0,−0.5
		沿板长、宽方向的孔	±0.6
	(4)板眼局部不平(用 300mm 长平尺检查)		1.0
	(5)板面和板侧挠度		±1.0

表 5-9　模板安装的允许偏差

项次	项　目		允许偏差/mm
一	模板高程	(1)基础	±15
		(2)墩台	±10
二	模板内部尺寸	(1)基础	±30
		(2)墩台	±20
三	轴线偏位	(1)基础	±15
		(2)墩台	±10
四	装配式构件支撑面的高程		+2,−5
五	模板相邻两板表面高低差		2
	模板表面平整(用 2m 直尺检查)		5
六	预埋件中心线位置		3
	预留孔洞中心线位置		10
	预留孔洞截面内部尺寸		+10,−0

2. 混凝土的灌筑速度

为保证混凝土的灌筑质量，混凝土的配制、输送及灌筑的速度为：

$$v \geqslant Sh/t$$

式中　v——混凝土配料、输送及灌筑的容许最小速度，m^3/h；

S——灌筑的面积，m^2；

h——灌筑层的厚度，m，可根据使用捣固方法按规定数值采用；

t——所用水泥的初凝时间，h。

表 5-10 混凝土的运输方式及适用条件

水平运输	垂直运输	适用条件		附 注
人力混凝土手推车、内燃翻斗车、轻便轨人力推车翻斗车，或混凝土吊车	手推车	中小桥梁水平运距较近	墩高 $H<10m$	搭设脚手平台，铺设坡道，用卷扬机拖拉手推车上平台
	轨道爬坡翻斗车		$H<10m$	搭设脚手平台，铺设坡道，用卷扬机拖拉手推车上平台
	皮带输送机		$H<10m$	倾角不宜超过 15°，速度不超过 1.2m/s。高度不足时，可两台串联使用
	履带（或轮胎）起重机起吊高度≈20m		$10<H<20m$	用吊斗输送混凝土
	木制或钢制扒杆		$10<H<20m$	用吊斗输送混凝土
	墩外井架提升		$H>20m$	在井架上安装扒杆提升吊斗
	墩内井架提升		$H>20m$	适用于空心桥墩
	无井架提升		$H>20m$	适用于滑动模板
轨道牵引车输送混凝土、翻斗车或混凝土吊斗汽车倾卸车、汽车运送混凝土吊斗、内燃翻斗车	覆带（或轮胎）起重机起吊高度≈30m	大中桥梁水平运距较远	$20<H<30m$	用吊斗输送混凝土
	塔式吊机		$20<H<50m$	用吊斗输送混凝土
	墩外井架提升		$H<50m$	井架可用万能杆件组装
	墩内井架提升		$H<50m$	适用于空心桥墩
	无井架提升		$H<50m$	适用于滑动模板
索道吊机			$H>50m$	
混凝土输送泵			$H<50m$	可用于大体积实心墩台

如混凝土的配制、输送及灌筑需时较长，则应采用下式计算：

$$v \geqslant Sh/(t-t_0)$$

式中 t_0——混凝土配制、输送及灌筑所消费的时间，h。

墩台是大体积坞工，为避免水化热过高致混凝土因内外温差过大引起裂缝，可采取以下措施：①用改善集料级配、降低水灰比、掺加混合材料与外加剂、掺入片石等方法减少水泥用量。②采用铝酸三钙、硅酸三钙含量小，水化热低的水泥，如大坝水泥、矿渣水泥、粉煤灰水泥、低强度等级水泥等。③减小浇筑层厚度，加快混凝土散热速度。④混凝土用料应避免日光暴晒，以降低初始温度。⑤在混凝土内埋设冷却管通水冷却。

当浇筑的平面面积过大，不能在前层混凝土初凝或能重塑前浇筑完成次层混凝土时，为保证结构的整体性，宜分块浇筑。分块时应注意：各分块面积不得小于 $50m^2$；每块高度不宜超过 2m；块与块间的竖向接缝面应与墩台身或基础平截面短边平行，与平截面长边垂直；上下邻层间的竖向接缝应错开位置做成企口，并应按施工接缝处理。混凝土中填放片石时应符合有关规定。

3. 混凝土浇筑

为防止墩台基础第一层混凝土中的水分被基底吸收或基底水分渗入混凝土，对墩台基底处理除应符合天然地基的有关规定外，尚应满足以下要求：①基底为非黏性土或干土时，应将其湿润。②如为过湿土时，应在基底设计高程下夯填一层 $10\sim15cm$ 厚片石或碎（卵）石层。③基底面为岩石时，应加以润湿，铺一层厚 $2\sim3cm$ 水泥砂浆，然后于水泥砂浆凝结前浇筑第一层混凝土。

墩台身钢筋的绑扎应和混凝土的灌筑配合进行。在配置第一层垂直钢筋时，应有不同的长度，同一断面的钢筋接头应符合施工规范的规定，水平钢筋的接头，也应内外、上下互相错开。钢筋保护层的净厚度，应符合设计要求。如无设计要求时，则可取墩台身受力钢筋的净保护层不小于 30mm，承台基础受力钢筋的净保护层不小于 35mm。墩台身混凝土宜一次连续灌筑，处理好连接缝。墩台身混凝土未达到终凝前，不得泡水。混凝土墩台的位置及外形尺寸允许偏差见表 5-11。

表 5-11 混凝土、钢筋混凝土基础及墩台允许偏差/mm

项次	项 目		基础	承台	墩台身	柱式墩台	墩台帽
1	端面尺寸		±50	±30	±20		±20
2	垂直或斜坡				0.2%H	0.3%H≤20	
3	底面高程		±50				
4	顶面高程		±30	±20	±10	±10	
5	轴线偏位		25	15	10	10	10
6	预埋件位置				10		
7	相邻间距					±15	
8	平整度						
9	跨径	L_k≤60m			±20		
		L_k>60m			±L_k/3000		
10	支座处顶面高程	简支梁					±10
		连续梁					±5
		双支座梁					±2

注：表中 H 为结构高度；L_k 为标准跨径。

第三节 钢筋混凝土简支梁桥施工

一、现浇钢筋混凝土梁桥施工

就地浇筑混凝土梁桥的上部结构，首先应在桥孔位置搭设支架，以支撑模板和混凝土以及其他施工荷载。

（一）支架

1. 支架的类型和构造

（1）支架按其构造分为立柱式支架、梁式支架和梁-柱式支架；图 5-21 示出了按构造分类的几种支架构造图。其中图 5-21(a)、(b) 为立柱式支架，可用于旱桥、不通航河道以及桥墩不高的小桥施工；图 5-21(c)、(d) 为梁式支架，钢板梁适用于跨径小于 20m，钢桁梁适用于跨径大于 20m 的情况；图 5-21(e)、(f) 为梁-柱式支架，适用于桥墩较高、跨径较大且支架下需要排洪的情况。

（2）支架按材料可分为木支架、钢支架、钢木混合结构和万能杆件拼装的支架等。

① 满布式木支架。满布式木支架主要适用于跨度和高度都不大的工程量较小的引桥、通道、立交桥。高度大于 6m，跨度大于 16m，桥位处水位深的桥梁，很少采用木支架施工。其形式根据支架所需跨径的大小等条件，采用排架式、人字撑式或八字撑式。排架式为

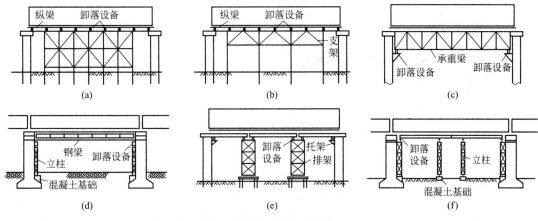

图 5-21 常用支架的主要结构

最简单的满布式支架，主要由排架及纵梁等部件组成。其纵梁为抗弯构件，因此，跨径一般不大于 4m。人字撑式和八字撑式的支架构造较复杂，其纵梁需加设人字撑、八字撑，是一种可变形结构。因此，需在浇筑混凝土时适当安排浇筑程序和保持均匀、对称地进行，以防发生较大变形。这类支架的跨径可达 8m 左右。由于我国木材资源日趋匮乏，使用木支架费工多，安全可靠性差，重复利用率低，成本高，因此，木支架在桥梁建设中已逐渐被品种繁多的钢支架所代替。

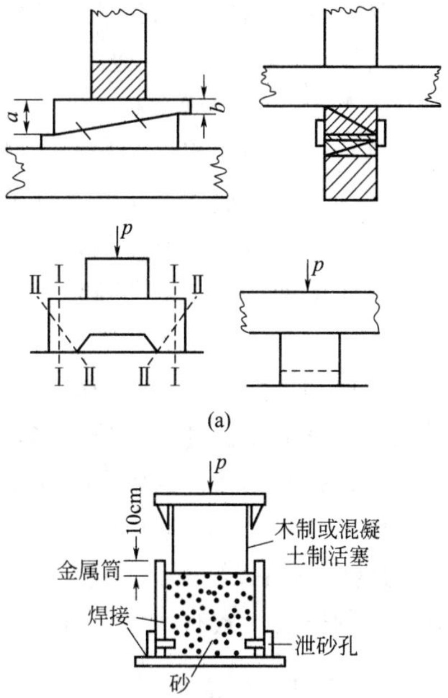

满布式木支架的排架，可设置在枕木上或桩基上，基础需坚实可靠，以保证排架的沉陷值不超过规定。当排架较高时，为保证排架横向的稳定，除在排架上设置撑木外，尚需在排架两端外侧设置斜撑木或斜立柱。

满布式支架的卸落设备一般采用斜度为 1∶8 的木楔、木马或砂筒（图 5-22）等，可设置在纵梁支点处或桩顶帽木上面。

② 钢木混合支架。为加大支架跨径，减少排架数量，支架的纵梁可采用工字钢，其跨径可达 10m。但在这种情况下，支架多采用木框架结构，以提高支架的承载力及稳定性。这类钢木混合支架

图 5-22 支架的支垫形式

的构造通常如图 5-23 所示。所需热轧普通工字钢见图 5-24。

③ 万能杆件拼装支架。用万能杆件可拼装成各种跨度和高度的支架，其跨度需与杆件本身长度成整数倍。

用万能杆件拼装的桁架的高度，可达 2m、4m、6m 或 6m 以上。当高度为 2m 时，腹杆拼为三角形；高度为 4m 时，腹杆拼为菱形；高度超过 6m 时，则拼成多斜杆的形式。

用万能杆件拼装墩架时，柱与柱之间的距离应与桁架之间的距离相同。桩高除柱头及柱脚外应为 2m 的倍数。

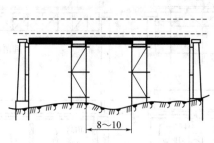

图 5-23　钢木混合支架（单位：m）

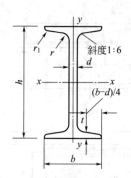

图 5-24　热轧普通工字钢截面形状

　　用万能杆件拼装的支架，在荷载作用下的变形较大，而且难以预计其数值，因此，必要时应考虑预加压重，预压重量相当于浇筑的混凝土及其模板和支架上机具、人员的重量。

　　④ 装配式公路钢桥桁架节拼装支架。用装配式公路钢桥桁架节，可拼装成桁架梁和支架。为加大桁架梁孔径和利用墩台做支撑，也可拼成八字斜撑以支撑桁架梁。桁架梁与桁架梁之间，应用抗风拉杆和木斜撑等进行横向联结，以保证桁架梁的稳定。

　　用装配式公路钢桥桁架节拼装的支架，在荷载作用下的变形很大，因此，应进行预压。

　　⑤ 轻型钢支架。桥下地面较平坦、有一定承载力的梁桥，为节省木料，宜采用轻型钢支架。轻型钢支架的梁和柱，以工字钢、槽钢或钢管为主要材料，斜撑、联结等可采用角钢。构件应制成统一规格和标准；排架应预先拼装成片或组，并以混凝土、钢筋混凝土枕木或木板作为支撑基底。为了防止冲刷，支撑基底需埋入地面以下适当的深度。为适应桥下高度，排架下应垫以一定厚度的枕木或木楔等。

　　为便于支架和模板的拆卸，纵梁支点处应设置木楔。轻型钢支架构造示例如图 5-25 所示。

　　⑥ CKC 门式脚手架钢支架。CKC 门式脚手架因其轻巧、灵活、使用简单方便，在桥梁建设中曾广泛应用。其品种规格多，适宜支撑各种形状的混凝土构造物，但因它轻巧而刚度小，采用插接和销接，连接间隙较大，虽本身配有小交叉杆，还是容易晃动，特别是多层门架叠合使用时更明显，为了保证支架的整体稳定性，一定要有纵横大交叉杆，常用 648mm×3mm 的钢管将门架纵横交叉连接。连接用管扣（排栅夹）较方便，亦安全可靠。CKC 门式钢脚手架的安装形式有六种，搭设方法见图 5-26。

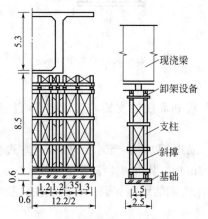

图 5-25　轻型钢支架（单位：m）

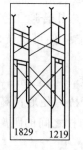
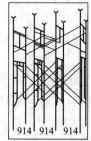
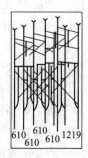

图 5-26　CKC 门式钢脚手架搭设方法

⑦ WDJ 碗扣式多功能脚手架钢支架。WDJ 碗扣式多功能脚手架是一种先进的承插式钢管脚手架，已广泛应用于建筑、市政及交通的各个领域。

⑧ 墩台自承式支架。在墩台上留下承台式预埋件，上面安装横梁及架设适宜长度的工字钢或槽钢，即构成模板的支架。这种支架适用于跨径不大的梁桥，但支立时仍需考虑梁的预拱度、支架梁的伸缩以及支架和模板的卸落等问题。

⑨ 模板车式支架。这种支架适用于跨径不大，桥墩为立柱式的多跨梁桥的施工，形状如图 5-27 所示。在墩柱施工完毕后即可立即铺设轨道，拖进孔间，进行模板的安装，这种方法可简化安装工序和节省安装时间。

当上部构造混凝土浇筑完毕，强度达到要求后，模板车即可整体向前移动。但移动时需将斜撑取下，将插入式钢梁节段推入中间钢梁节段内，并将千斤顶放松。

2. 支架的基础

为了保证现浇的梁体不产生大的变形，除了要求支架本身具有足够的强度、刚度，以及具有足够的纵、横、斜三个方面的连接杆件来保证支架的整体性能外，支架的基础必须坚实可靠，以保证其沉陷值不超过施工规范的规定。对于跨径不大且采用满布式的

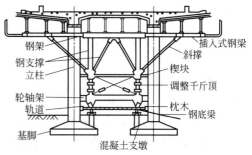

图 5-27　模板车式支架

木支架排架［图 5-21(a)、(b)］，可以将基脚设置在枕木上，枕木下的基层必须夯实；对于梁-柱式支架，因其荷载较集中，故其基脚宜支撑在临时桩基础上［图 5-21(e)、(f)］，也可以直接支撑在永久结构的墩身或基础的上面［图5-21(c)、(d)］。

3. 支架的预拱度

(1) 确定预拱度时应考虑的因素　在支架上浇筑梁式上部构造时，在施工时和卸架后，上部构造要发生一定的下沉和产生一定的挠度。因此，为使上部构造在卸架后能满意地获得设计规定的外形，需在施工时设置一定数值的预拱度。在确定预拱度时应考虑下列因素。

① 卸架后上部构造本身及活载一半所产生的竖向挠度。

② 支架在荷载作用下的弹性压缩。

③ 支架在荷载作用下的非弹性压缩。

④ 支架基底在荷载作用下的非弹性沉陷。

⑤ 由混凝土收缩及温度变化而引起的挠度。

(2) 预拱度的计算　上部构造及支架的各项变形值之和，即为应设置的预拱度。各项变形值可按下列方法计算和确定。

① 桥跨结构应设置预拱度，其值等于恒载和半个静活载所产生的竖向挠度。当恒载和静载产生的挠度不超过跨径的 1/1600 时，可不设预拱度。

② 满布式支架，当其杆件长度为 L、弹性模量为 E、压应力为 σ 时，其弹性变形等于 $\sigma L/E$；当支架为桁架等形式时应按具体情况计算其弹性变形。

③ 支架在每一个接缝处的非弹性变形，在一般情况下，横纹木料为 3mm，顺纹木料为 2mm，木料与金属或木料与坞工的接缝为 1~2mm，顺纹与横纹木料接缝为 2.5mm。

卸落设备砂筒内砂料压缩和金属筒变形的非弹性压缩量，根据压力的大小、砂子细度模数及筒径、筒高确定。一般 200kN 压力砂筒为 4mm，400kN 压力砂筒为 6mm，砂末预先

压紧者为 10mm。

④ 支架基底的沉陷，可通过试验确定或参考表 5-12 估算。

表 5-12　支架基底沉陷/cm

土壤	枕梁	柱	
		当柱上有极限荷载时	柱的支撑能力不充分利用时
砂土	0.5~1.0	0.5	0.5
黏土	1.5~2.0	1.0	0.5

（3）预拱度的设置　根据梁的挠度和支架的变形所计算出来的预拱度之和，为预拱度的最高值，应设置在梁的跨径中点。其他各点的预拱度，应以中间点为最高值，以梁的两端为零，按直线或二次抛物线进行分配。

（二）模板

1. 对模板的要求

模板是供浇筑混凝土用的临时结构物，它不仅关系到预制梁尺寸的精度，而且对工程质量、施工进度和工程造价有直接影响。因此模板应满足下列要求。

（1）具有足够的强度和稳定性，能可靠地承受施工中的各项荷载。

（2）具有足够的刚度，在施工中不变形，保证结构的设计形状、尺寸和模板各部件之间相互位置的准确性。

（3）模板的接缝严密，不漏浆，施工操作方便，保证安全。

（4）制作便利、装拆方便，提高模板的周转使用率。

2. 模板的种类

模板的种类按使用材料的不同可分为以下几种。

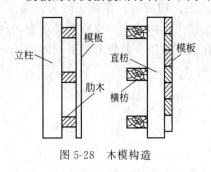

图 5-28　木模构造

（1）木模　在桥梁建筑中最常用的模板是木模。它的优点是制作容易，但木材耗量大，成本较高。

木模由模板、肋木（带木）、立柱或横枋、拉杆等组成（图 5-28），模板可以竖直或水平拼装。模板厚度通常为 3~5cm，板宽 15~20cm，不得过宽，以免翘曲。肋木一般用 8cm×12cm 或 10cm×12cm 枋木，肋木间距即为模板的跨度，根据模板的厚度、受力的大小、模板的强度、刚度进行验算而定。立柱可用 10cm×12cm 或 10cm×14cm 的枋木，也可用 100mm×100mm×12mm 角钢制作，或用万能杆件代用。

立柱的间距即肋木的跨度，根据对肋木的强度和刚度的演算而定。拉杆一般采用两端带丝扣的圆钢，是立柱的支点，承受立柱传来的反力，据此，选定拉杆所需的直径，通常采用 $\phi 16$ 或 $\phi 12$ 圆钢。拉杆的间距，在水平方向按立柱间距设置，竖直方向即立柱的跨度，在选定了立柱的断面以后，由对立柱的强度和刚度验算求得。

（2）钢模　钢模是用钢板代替模板，用角钢代替肋木和立柱。钢板厚度一般为 4mm，角钢尺寸应根据计算确定。

钢模造价虽高，但周转次数多，实际成本低，且结实耐用，接缝严密，能经受强力振捣，浇筑的构件表面光滑，故目前采用日益增多（图5-29）。

（3）钢木结合模　钢木结合模用角钢做支架，木模板用平头开槽螺栓连接于角钢上，表面钉以黑铁皮。这种模板节约木料，成本较低，同时具有较大的刚度和稳定性。如图5-30所示。

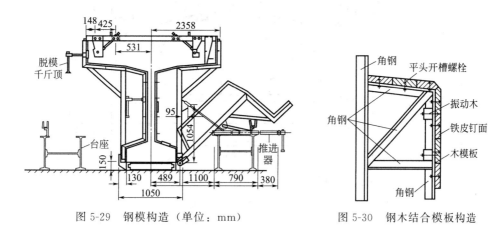

图5-29　钢模构造（单位：mm）　　　　　图5-30　钢木结合模板构造

（4）土模　土模节约木材和铁件，但用工较多，制作要求严格，预埋构件较难固定，雨季施工困难。土模按其位置高低可分为三种。

① 地下式土模　在已平整的地坪上就地放样，挖槽成型，构件大都埋入地下，外露5cm左右。

② 半地下式土模　构件一半埋入地下，所挖出的土作为两边侧模。

③ 地上式土模　构件全部外露在地坪上，侧模由填土夯筑而成。

3. 上部结构模板构造实例

（1）实心板模板　图5-31为装配式钢筋混凝土预制实心模板构造。模板为单元可折式的。设置模板的地基应夯实整平，图中小木桩只在地基较软的情况下才采用。

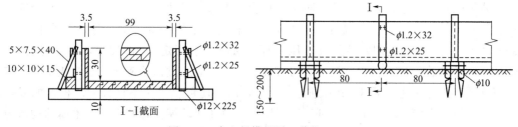

图5-31　实心板模板图（单位：cm）

（2）空心板模板　空心板模板由外模和芯模组成。图5-32为装配式钢筋混凝土预制空心板的横截面构造，图5-33为芯模构造。它采用四合式活动模板，为了便于搬运装拆，按桥长分为两节，每节由四块单元体组成，每隔70cm左右设木骨架一道，且以扁铁条相连接。中间设活动支撑板，支撑板除一个角用铰链连接外，其余三个角均以活榫支撑，支撑板中间开孔，用来适应拉条在立芯模和拆芯模时的活动范围。芯模在底板浇筑后架立，顶上用临时支架固定，在两侧混凝土浇筑高度达芯模的2/3时，可将顶上的临时支架拆除。

对于空心板的芯模，目前常用的是充气橡胶管内模施工法，该法使用方便，容易装拆。

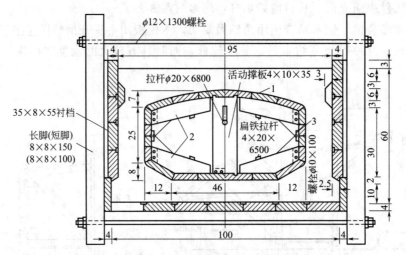

图 5-32 空心板的横截面构造（铁件单位：mm；其他单位：cm）

1—芯模；2—骨架；3—铁铰链

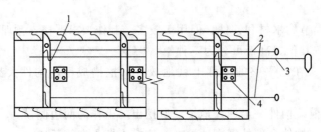

图 5-33 芯模构造

1—活动支撑板；2—扁铁条；3—拉条；4—铁铰

它主要由橡胶和纺织品加工成胶布，用氯丁胶冷凝制成设计的内模形状，以充气橡胶管或囊的形式出现，橡胶管被充气后即成内模。胶管在使用前，需经过检查不得漏气，使用后应将表面的水泥浆清洗干净，妥善保管，防止日晒和有机物的侵蚀。所充气压的大小与胶管的直径、新浇筑混凝土的压力、气温等因素有关。当板的空心直径为 0.3m 时，宜采用 39.2～49kPa 气压。浇筑前，应用定位箍筋、压块等设法将内模固定（图 5-34），操作时要对称、均衡，并防止胶管偏位。胶管放气的时间与气温有关，应通过试验确定，当气温为 5～15℃时，可在混凝土施工完毕后 8～10h 进行。此外，内模还可以采用不抽拔的芯模，如混凝土管、纸管、钢丝管等。箱梁的内模可采用钢模、木模和滑动模板，其钢模或木模的构造与空心板的模板相似。

（3）T 形梁模板　当在预制厂预制 T 梁时，一般采用图 5-35 所示的木模板。模板的单元长度一般取 4～5m，模板接头位置应尽量设在横隔板处。木模板厚度采用 30～50mm，加劲肋采用方木。方木截面边长为 80～100mm，肋木的间距一般为 0.7～1.5m。侧模在构造上应考虑设置能安装振捣器的构件。

当在现场支架上浇筑 T 梁时，应在底板下设置横梁，横梁支撑在纵梁上，纵梁与支架之间设置楔木，以便拆模。横梁间距一般为 1.0～1.5m。

当为预应力混凝土时，底模两端应加固，因为在张拉预应力钢筋时，梁会拱起，整个梁的重量会集中在底模两端。

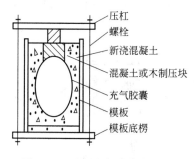

图 5-34 固定充气胶囊示意图

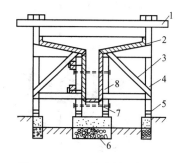

图 5-35 T 形梁木模板构造图

1—定位模板；2—模板；3—斜撑木；4—立柱；

5—木楔；6—基础；7—螺栓拉杆；8—加劲肋

图 5-36 为装配式钢筋混凝土 T 形梁模板构造。图 5-37 为装配式钢筋混凝土 T 形梁模板组合构件示意图。施工时先将组合构件拼装成箱框，然后再拼装成整片 T 形梁模板，拆模时只要将每个箱框下落外移即可。枕木下的地基必须夯实整平，以免在施工中发生不均衡沉陷，必要时可打小木桩。

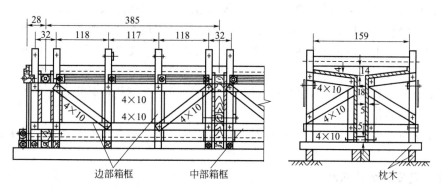

图 5-36 装配式钢筋混凝土 T 形梁模板构造（单位：cm）

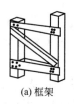

(a) 框架

(b) 横隔梁侧板

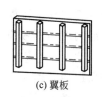

(c) 翼板

(d) 主梁侧板

图 5-37 装配式钢筋混凝土 T 形梁模板组合构件

（4）桥墩模板 图 5-38 所示为桥墩模板骨架。这种模板的位置是固定的，整个桥墩模板由壳板、肋木、立柱、木、拉条、枕梁和铁件组成。肋木间距取决于板壳厚度及混凝土侧压力的大小，肋木跨径等于立柱间的距离，可根据计算决定。如果水平肋木与立柱的每个交点处都设置拉杆，则柱不受弯曲。

立柱与底框可采用圆木，肋木一般用方木制成。圆形部分的拱肋木条由 2～5 层木板交错叠用钢件结合，里面做成与墩面相配合的曲线形状。墩端圆头部分混凝土的压力，假定垂直用于模板表面，有使拱肋木与相接的直肋木拉开的趋势。因此，连接拱肋木的螺栓或钉子应据计算设置。

为了保证模板在风力作用下的稳定，安装好的模板应用临时内部连接杆与拉索固定起来（图 5-39）。

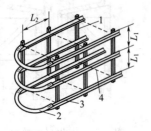 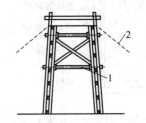

图 5-38　桥墩模板骨架图　　　　　　图 5-39　桥墩模板的稳定措施
1—立柱；2—拱肋木；3—肋木；4—拉杆　　　　1—临时撑木；2—拉索

（三）模板和支架的制作与安装

1. 模板及支架在制作和安装时的注意事项

（1）构件的连接应尽量紧密，以减小支架变形，使沉降量符合预计数值。

（2）为保证支架稳定，应防止支架与脚手架和便桥等接触。

（3）模板的接缝必须密合，如有缝隙，需塞堵严密，以防跑浆。

（4）建筑物外露面的模板应抛光并涂以石灰乳浆、肥皂水或润滑油等润滑剂。

（5）为减少施工现场的安装拆卸工作和便于周转使用，支架和模板应尽量制成装配式组件或块件。

（6）钢质支架宜制成装配式常备构件，制作时应特别注意构件外形尺寸的准确性，一般应使用样板放样制作。

（7）模板应用内撑支撑，用螺栓栓紧，使用木内撑时，应在浇筑到该部位时及时将支撑撤去。

2. 制作及安装质量标准

支架和模板在使用前应进行检验，需保证坚固、稳定，其位置及尺寸符合设计要求。

3. 支架和模板的安装

（1）安装前按图纸要求检查支架和自制模板的尺寸与形状，合格后才准进入施工现场。

（2）安装后不便涂刷脱模剂的内侧模板应在安装前涂刷脱模剂，顶板模板安装后，绑扎钢筋前涂刷脱模剂。

（3）支架结构应满足立模高程的调整要求，按设计高程和施工预拱度立模。

（4）承重部位的支架和模板，必要时应在立模后预压，消除非弹性变形和基础的沉陷；预压重力相当于以后所浇筑混凝土的重力，当结构分层浇筑混凝土时，预压重力可取浇筑混凝土重量的 80%。

（5）相互连接的模板，模板面要对齐，连接螺钉不要一次紧到位，整体检查模板线形，发现偏差及时调整后再锁紧连接螺钉，固定好支撑杆件。

（6）模板连接缝隙大于 2mm 应用灰膏类填缝或用胶带密封；预应力管道锚具处空隙大时用海绵泡沫填塞，防止漏浆。

（7）主要起重机械必须配备经过专门训练的专业人员操作，指挥人员、驾驶员、挂钩工人要统一信号。

（8）遇六级以上大风时应停止施工作业。

（四）模板和支架的拆除

模板和支架拆除的有关要求见表 5-13。

表 5-13　模板和支架的拆除

项　目	拆除注意要点
非承重侧模板的拆除	应在混凝土强度能保证其表面及棱角不因拆除模板而受损坏时拆除。一般当混凝土抗压强度达到 2.5MPa 时可拆除侧模板
承重模板、支架的拆卸	钢筋混凝土结构的承重模板、支架，应在混凝土强度能承受其自重力及其他可能的叠加荷载时，方可拆除；一般跨径等于或小于 3m 的梁、板达到设计强度的 70％ 时方可拆除。如设计上对拆除承重模板、支架另有规定，应按照设计规定执行
卸落支架的程序	应按设计所规定的要求进行。如无设计规定时，应详细拟定卸落程序，分几个循环卸完，卸落量开始宜小，以后逐渐增大，在纵向应对称、均衡卸落。在拟定卸落程序时应注意以下几点： ①在卸落前应在卸架设备（如简单木楔和组合木楔等）上画好每次卸落量的标记； ②简支梁、连续梁宜从跨中向两支座依次循环卸落；悬臂梁宜先卸挂梁及悬臂的支架，再卸无铰跨内的支架
墩台模板的拆除	桥墩、台模板宜在其上部结构施工前拆除。拆除模板、卸落支架时，不允许用猛力敲打和强扭等粗暴的方法进行
其他注意事项	模板、支架拆除后，应将其表面灰浆、污垢清除干净，并应维修整理，分类妥善存放，防止变形开裂

（五）钢筋骨架

1. 钢筋骨架的组成

混凝土内的钢筋骨架是由纵向钢筋（主筋）、架立钢筋、箍筋、弯起钢筋（斜筋）、分布钢筋以及附加钢件构成。图 5-40 示出了普通矩形截面梁的钢筋骨架构造。

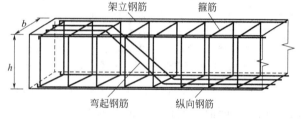

图 5-40　简支梁的钢筋构造梁的总剖面

图 5-41 所示是计算跨径为 8.45m，整体式现浇肋板梁桥的钢筋细部构造。其中的

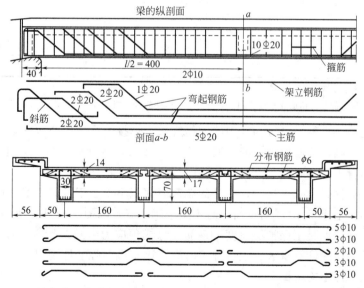

图 5-41　整体式现浇肋板梁桥的钢筋构造示例（单位：cm；钢筋直径：mm）

图 5-41 为主梁的钢筋布置和连续桥面板的钢筋布置。

2. 钢筋骨架的成型

钢筋骨架都要通过钢筋整直→切断→除锈→弯曲→焊接或者绑扎等工序以后才能成型。除绑扎工序外，每个工序都可用相应的机械设备来完成。对于就地现浇的结构，焊接或者绑扎的工序多放在现场支架上来完成，其余均可在工地附近的钢筋加工车间来完成。下面着重叙述对最后一道工序所应遵循的技术要求。

（1）钢筋接头宜采用焊接接头和钢筋机械连接接头（套筒挤压接头、墩粗直螺纹接头），当有困难时，钢筋可采用搭接绑扎的方法，但受拉钢筋之间的搭接长度不应小于表 5-14 中的规定，受压区钢筋绑扎接头的搭接长度，应取受拉钢筋绑扎接头长度的 0.7 倍。

表 5-14　受拉钢筋绑扎接头搭接长度

钢　　筋	混凝土强度等级		
	C20	C25	>C25
R235	$35d$	$30d$	$25d$
HRB335	$45d$	$40d$	$35d$
HRB400,KL400	—	$50d$	$45d$

注：1. 当带肋钢筋直径 d 大于 25mm 时，其受拉钢筋的搭接长度应按表值增加 $5d$ 采用；当带肋钢筋直径小于 25mm 时，搭接长度可按表值减少 $5d$ 采用。

2. 当混凝土在凝固过程中受力钢筋易受扰动时，其搭接长度应增加 $5d$。

3. 在任何情况下，受拉钢筋的搭接长度不应小于 300mm；受压钢筋的搭接长度不应小于 200mm。

4. 环氧树脂涂层钢筋的绑扎接头搭接长度，受拉钢筋按表值的 1.5 倍采用。

5. 受拉区段内，R235 钢筋绑扎接头的末端应做成弯钩，HRB335、HRB400、KM00 钢筋的末端可不做弯钩。

（2）受力钢筋接头应设置在内力较小处，并错开布置。在任一搭接长的区段内，有接头的受力钢筋截面面积占总截面面积的百分率不应超过表 5-15 的规定。

表 5-15　搭接长度区段内受力钢筋接头面积的最大百分率

接头形式	接头面积最大百分率/%	
	受拉区	受压区
主钢筋绑扎接头	25	50
主钢筋焊接接头	50	不限制
预应力钢筋对焊接头	25	不限制

注：1. 在同一根钢筋上应尽量少设接头。

2. 装配式构件连接处的受力钢筋焊接接头和预应力混凝土构件的螺丝端杆接头，可不受本条限制。

（3）轴心受拉、小偏心受拉构件中的钢筋宜采用焊接。当采用搭叠式电弧焊接时，钢筋端都应预先折向一侧，使两接合钢筋轴线一致。搭接时，双面焊缝的长度不得小于 $5d$，单面焊缝的长度不得小于 $10d$（d 为钢筋直径），如图 5-42(a) 所示。

（4）当采用夹杆式电弧焊接时，夹杆的总截面面积不得小于被焊钢筋的截面积。夹杆长度，如用双面焊缝不小于 $5d$，用单面焊时不应小于 $10d$，如图 5-42(b) 所示。

（5）由于钢筋的混凝土保护层厚度（钢筋外缘或预应力管道外缘至混凝土表面的距离）对钢筋防腐和结构耐久性有重大影响，施工时必须满足有关强制性规定。

（六）混凝土浇筑及振捣

该施工过程包括混凝土搅拌、混凝土运输、浇筑混凝土、振捣密实四个工序。混凝土的

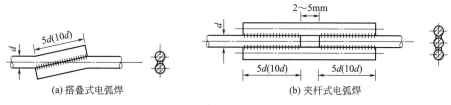

图 5-42　钢筋接头焊缝形式（括号内数字为单面焊缝）

砂石配合比及水灰比均应通过设计和试验室的试验来确定，拌制一般采用搅拌机。混凝土的振捣一般采用插入式振捣器、附着式振捣器、平板式振捣器或振动台等设备，这需依据不同构件和不同部位的需要来选用，目的是达到模板内的软体混凝土密实，不能使混凝土内存在大的空洞、蜂窝和麻面。这里着重对其他两个工序的技术要求作一介绍。

1. 混凝土的运输

（1）混凝土的运输能力应适应混凝土凝结速度和浇筑速度的需要，务必使混凝土在运到浇筑地点时仍保持均匀性和规定的坍落度。无论采用汽车运输还是搅拌车运输，其运输时间不宜超过表 5-16 中的规定。

表 5-16　混凝土拌和物运输时间限制

气温/℃	一般汽车运输时间/min	搅拌车运输时间/min
20～30	30	60
10～19	45	75
5～9	60	90

注：表列时间系指从加水搅拌至入模时间。

（2）采用泵送混凝土应符合下列规定

① 混凝土的供应必须保证输送混凝土泵能连续工作。

② 输送管线宜直，转弯宜缓，接头应严密，如管道向下倾斜，应防止混入空气，产生阻塞。

③ 泵送前应先用水泥浆润滑输送管道内壁。混凝土出现离析现象时，应立即用压力水或其他方法冲洗管内混凝土，泵送间歇时间不宜超过 15min。

④ 在泵送过程中，受料斗内应具有足够的混凝土，以防止吸入空气产生阻塞。

2. 混凝土的浇筑

跨径不大的简支梁桥，可在钢筋全部扎好以后，将梁与桥面板沿一跨全部长度用水平分层法浇筑，或者用斜层法从梁的两端对称地向跨中浇筑，在跨中合拢。

较大跨径的梁桥，可用水平分层法或用斜层法先浇筑纵横梁，然后沿桥的全宽浇筑桥面板混凝土。此时桥面板与纵横梁之间应设置工作缝，如图 5-43（a）中的折线所示。采用斜层浇筑时，混凝土的适宜倾斜角与混凝土的稠度有关，一般可为 20°～25°，如图 5-43（b）所示。

当桥面较宽且混凝土数量较大时，可分成若干条纵向单元分别浇筑，每个单元的纵横梁也应沿其全长采用水平分层法或斜层法浇筑。当分成纵向单元浇筑时，也应在纵梁之间的横梁处按照单元的划分留置工作缝，待各纵向单元浇筑完成后，再填接缝混凝土。最后对于桥面板按全面积一次浇筑完成，不设工作缝。

当采用水平分层法浇筑和插入式振捣器振捣时，其分层厚度不宜超过 0.3m，并且必须

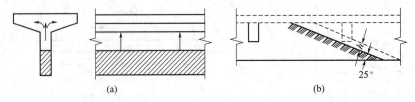

图 5-43　混凝土的浇筑方法

在前一层混凝土开始凝结之前，将次一层混凝土浇筑完毕。当气温在 30℃ 以上时，前后两层浇筑时间相隔不宜超过 1h，当气温在 30℃ 以下时，不宜相隔 1.5h，或由试验资料来确定相隔时间。当无法满足上述规定的间隔时间时，就必须预先确定施工缝预留的位置。一般将它选择在受剪力和弯矩较小且便于施工的部位，并应按下列要求进行处理。

（1）在浇筑接缝混凝土之前，先凿除老混凝土表层的水泥浆和较弱层。

（2）经凿毛的混凝土表面，应用水洗干净，在浇筑次层混凝土之前，对垂直施工缝宜刷一层净水泥浆，对于水平缝宜铺一层厚为 10～20mm 的 1：2 的水泥砂浆。

（3）对于斜面施工缝应凿成台阶状再进行浇筑。

（4）接缝位置处在重要部位或者结构物处在地震区时，则在灌筑之前应增设锚固钢筋，以防开裂。

（七）养护及拆除模板

混凝土浇筑完毕后，应在收浆后尽快用草袋、麻袋或稻草等物予以覆盖和洒水养护。洒水持续的时间，随水泥品种的不同和是否掺用塑化剂而异，对于用硅酸盐水泥拌制的混凝土构件不少于 7 昼夜，对于用矿渣水泥、火山灰水泥或在施工中掺用塑化剂的，不少于 14 昼夜。

混凝土构件经过养护后，达到了设计强度的 25％～50％ 时，即可拆除侧模；达到了设计吊装强度并不低于设计强度等级的 70％ 时，就可起吊主梁。

二、装配式构件的起吊、运输和安装

（一）预制构件的起吊、堆放

构件的起吊，是指把预制构件从预制厂的底座上移出来，称为"出坑"。装配式桥构件在脱底模移运、堆放、吊装时，混凝土的强度不应低于设计所要求的吊装强度，一般不得低于设计强度的 75％。对孔道已压浆的预应力混凝土构件，其孔道水泥浆的强度不应低于设计要求，如设计无规定时，一般不低于 30MPa。

1. 起吊位置

构件移运时的起吊位置应按设计规定，一般即为吊环或吊孔的位置。如设计无规定，又无预埋的吊环或吊孔时，对上、下面有相同配筋的等截面直杆构件的吊点位置，一点吊可设在离端头 0.29L 处，两点吊可设在离端头 0.21L （L 为构件长）处。其他配筋形式的构件应根据计算决定吊点位置。

2. 起吊方法

（1）三脚扒杆偏吊法　将手拉葫芦斜挂在三脚扒杆上，偏吊一次，移动一次扒杆，把构件逐步移出，如图 5-44 所示。

（2）横向滚移法　就是把构件从预制底座上抬高后，在构件底面两端装置横向移动设备，用手拉葫芦牵引，把构件移出底座，如图 5-45 所示。

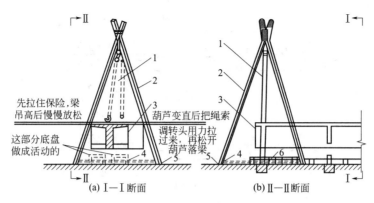

图 5-44　三脚扒杆偏吊法

1—手拉葫芦；2—三角扒杆；3—梁；4—绊脚绳；5—木楔；6—底座

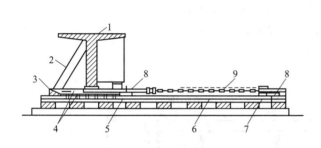

图 5-45　横向滚移法

1—梁；2—临时支撑；3—保险三角木；4—走板及滚筒；

5—端横隔板垫木板；6—滚道；7—手拉葫芦用木块垫平；

8—千斤索；9—手拉葫芦

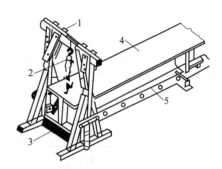

图 5-46　小型门架梁吊

1—小型门架；2—手拉葫芦；3—滚移设备；

4—梁；5—梁的底座

　　在装置横向滚移设备时，从底座上抬高构件的办法有吊高法、顶高法。吊高法是用小型门架配手拉葫芦把构件从底座吊起，如图 5-46 所示。顶高法是用如图 5-47 所示的特制的凹形托架配千斤顶把构件从底座顶起，如图 5-48 所示。滚移设备包括走板、滚筒和滚道三部分，如图 5-49 所示。走板在构件底面，与构件一起行走。滚筒放在走板与滚道之间，由于

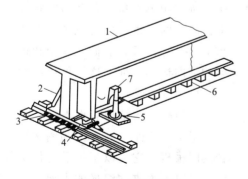

图 5-47　凹形托架

1—梁；2—斜支撑；3—滚移设备；

4—端横隔梁下用木楔塞紧；5—千斤顶；

6—梁的底座；7—凹形托梁

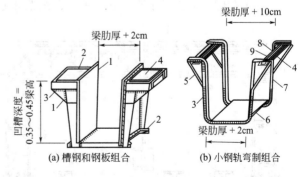

图 5-48　千斤顶顶梁

1—钢板；2—槽钢；3—焊缝；4—加强钢板；

5—圆钢加强；6—支撑钢板；7—小钢轨骨架；

8—定位钢板；9—钢轨

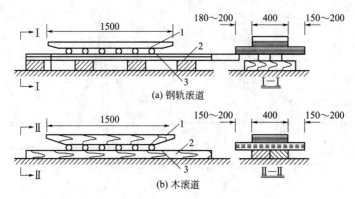

图 5-49　滚移设备（单位：mm）

1—走板；2—滚道；3—滚筒

它的滚动而使构件行走。滚筒用硬木或无缝钢管制成，其长度比走板宽度每边长出 15～20cm，以便操作。滚道是滚筒的走道，有木滚道和钢轨滚道两种。

（3）龙门吊机法　就是用专设的龙门吊机把构件从底座上吊起，横移至运输轨道，卸落在运构件的平车上。

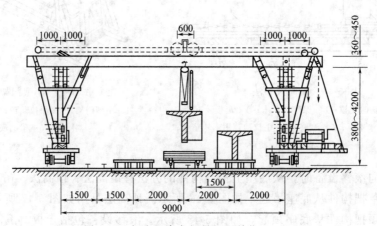

图 5-50　钢木组合龙门吊机（单位：mm）

龙门吊机（也称龙门架）是由底座、机架和起重行车三部分组成，运行在专用的轨道上。吊机的运动方向有三个，即荷重上下升降、行车的横向移动和机架的纵向运动。推动这三种运动的动力可用电力或人力。

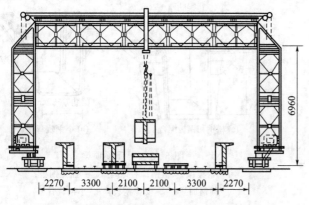

图 5-51　钢桁架组合龙门吊机（单位：mm）

龙门吊机的结构有钢木组合和钢桁架组合两种。图 5-50 为钢木组合龙门吊机。它是以工字梁为行车梁、以原木为支柱组成的支架，安装在窄轨平车和方木组成的底座上，可以在专用的轨道上纵向运行。

图 5-51 为钢桁架组合龙门吊

机。它以钢桁架片为主要构件，配上少量原木组成的机架，安装在由平车和方木组成的底座上，也在专用的轨道上纵向运行。

3. 预制构件起吊、堆放时注意事项

（1）预制构件在出坑前、拆模后应检查其实际尺寸，伸出预埋钢筋（或钢板）、吊环的位置及混凝土的质量，并根据有关规定进行适当补修、处理，务使预制构件形状正确，表面光滑，安装时不致发生困难。尖角、凸出或细长构件在装卸移运过程中应用木板保护。如有必要，试拼的构件应注上号码。

（2）构件的吊环应顺直，如发现弯曲必须校正，使吊环能顺利套入。吊绳（千斤绳）交角大于 60°时，必须设置吊架或扁担，使吊环垂直受力，以防吊环折断或破坏临时吊环处的混凝土。如用钢丝绳捆绑起吊时，需用木板、麻袋等垫衬，以保护混凝土的棱角。

（3）预制板、梁构件移运和堆放时的支点位置应与吊点位置一致，并应支撑牢固。起吊及堆放板式构件时，注意不要吊错上下面位置，以免折断。顶起构件时必须垫好保险垛。构件移运时应有特制的固定架，构件应竖立或稍微倾斜放置，注意防止倾覆。如平放，两端吊点处必须设方木支垫，以免产生负弯矩而断裂。

（4）堆放预制构件的场地，应平整压实，不致积水。雨季和春季冻融期间，必须注意防止地面软化下沉而造成构件折断和损坏。

（5）预制构件应按吊运及安装次序顺号堆放，并注意在相邻两构件之间留出适当通道。构件堆垛时应设置在垫木上，吊环应向上，标志应向外；构件混凝土养护期未满时，应继续养护。

（6）构件堆放时，应按构件的刚度和受力情况决定平放还是竖放，并保持稳定。水平分层堆放构件时其堆垛高度应按构件强度、地面耐压力、垫木强度以及堆垛的稳定性而定。一般大型构件以两层为宜，不宜超过三层。预制梁堆垛不宜多于四层。小型构件堆放如有折断可能时，应以其刚度较大的方向作为竖直方向。

（7）堆放构件必须在吊点处设垫木，层与层之间应以垫木隔开，多层垫木位置应在一条垂直线上。

（二）构件的运输

装配式混凝土预制板、梁及其他预制构件通常在桥头附近的预制场或桥梁预制厂内预制。为此，需配合吊装架梁的方法，通过一定的运输工具将预制梁运到桥头或桥孔下，从工地预制场到桥头或桥孔下的运输称为场内运输，将预制梁从桥梁预制厂（或场）运往桥孔或桥头的运输称为厂外运输。

1. 场内运输

（1）纵向滚移法运梁　用滚移设备，以人力或电动绞车牵引，把构件从工地预制场运往桥位。其设备和操作方法与横向滚移基本相同，不过走板的宽度要适当加宽，以便在走板装置斜撑，使 T 形梁具有足够的稳定性。这种方法运梁的布置如图 5-52 所示。

（2）轨道平车法运梁　把构件吊装在轨道平车上，用电动绞车牵引，沿专用临时铁路线运往桥位。轨道平车设有转盘装置，以便装上车后能在曲线轨道上运行。同时装设制动装置，以便在运行过程中发生情况时制动。运构件时，牵引的钢丝绳必须挂在后面一辆平车上，或从整根构件的下部缠绕一周后再引向导向轮至绞车。对于 T 形梁，还应加设斜撑，以确保稳定。这种方法运梁的布置如图 5-53 所示。

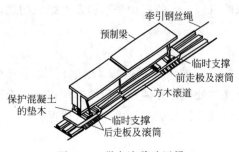

图 5-52　纵向滚移法运梁

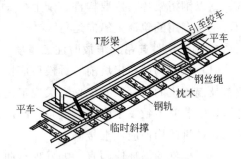

图 5-53　轨道平车法运梁

2. 场外运输

距离较远的场外运输，通常采用汽车、大型平板拖车、火车或驳船。

受车厢长度、载重量的限制，一般中、小跨径的预制板、梁或小构件（如栏杆、扶手等）可用汽车运输。50kN 以内的小构件可用汽车吊装卸；大于 50kN 的构件可用轮胎吊、履带吊、龙门架或扒杆装卸。要运较长构件时，可在汽车上先垫以长的型钢或方木，再搁放预制构件，构件的支点应放在近两端处，以避免道路不平、车辆颠簸引起的构件开裂。特别长的构件应采用大型平板拖车或特制的运梁车运输。运输道路应平整，如有坑洼而高低不平时，应事先修理平整，或采取如图 5-54 所示的措施，防止构件产生负弯矩。使用大型平板拖车运梁时，车长应满足支撑间距要求，构件下的支点需设活动转盘，以免搓伤混凝土。梁运输时应顺高度方向竖立放置，同时应不得支在梁翼缘板上，以防止根部开裂。

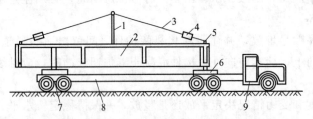

图 5-54　防止构件发生负弯矩的措施

1—立柱；2—构件；3—钢丝绳；4—花篮螺丝；5—吊环；
6,7—转盘装置；8—连接杆；9—主车

设固定措施防止倾倒。用斜撑支撑梁时，应支在梁腹上，开裂。装卸梁时，必须等支撑稳妥后，才许卸除吊钩。

（三）构件的安装

简支式梁、板构件的架设，不外乎起吊、纵移、横移、落梁等工序。从架梁的工艺类别来分，有陆地架设、浮吊架设和高空架设法等。下面简要介绍各种常用的架梁方法的工艺特点。

1. 陆地架梁法

（1）自行式吊机架梁法　当桥梁跨径不大、质量较轻时可以采用自行式吊车（汽车吊车或履带吊车）架梁。其特点是机动性好，架梁速度快。如果是岸上的引桥或者桥墩不高时，可以视吊装质量的不同，用一台或两台（抬吊）吊车直接在桥下进行吊装 [图 5-55(a)]，也可配合绞车进行吊装 [图 5-55(b)]。

（2）跨墩或墩侧龙门架架梁法　对于桥不太高、架桥孔数又多，沿桥墩两侧铺设轨道不困难的情况，

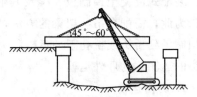

(a) 一台自行式吊机架设法

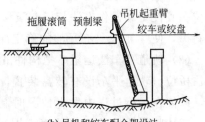

(b) 吊机和绞车配合架设法

图 5-55　自行式吊机架梁法

可以采用跨墩或墩侧龙门吊车（图 5-56）来架梁，通过运梁轨道或者用拖车将梁运到后，就用门式吊车起吊、横移，并安装在预定位置。当一孔架完后，吊车前移，再架设下一孔。用本法的优点是架设安装速度较快，河滩无水时也较经济，而且架设时不需要特别复杂的技术工艺，作业人员较少。但龙门吊机的设备费用一般较高，尤其在高桥墩的情况。

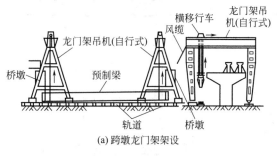

图 5-56　龙门架架设法

（3）移动式支架架梁法　对于高度不大的中、小跨径桥梁，可在桥下顺桥轴线方向铺设轨道，其上设置可移动支架来架梁。如图 5-57 所示，预制梁的前端搭在支架上，通过移动支架将梁移运到要求的位置后，再用龙门架或人字扒杆吊装；或者在桥墩上设枕木垛，用千斤顶卸下，再将梁横移就位。

（4）摆动式支架架梁法　摆动式支架架梁法较适宜用于桥梁高跨比稍大的场合。本法是将预制梁沿路基牵引到桥台或已架成的桥孔上并稍悬出一段，悬出距离根据梁的截面尺寸和配筋确定。从桥孔中心河床上悬出的梁端底下设置人字扒杆或木支架，如图 5-58 所示，前方用牵引绞车牵引梁端，此时支架随之楔动而到对岸。

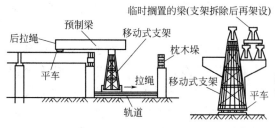

图 5-57　移动式支架架梁法

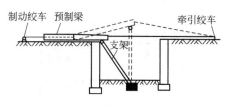

图 5-58　摆动式支架架梁法

为防止摆动过快，应在梁的后端用制动绞车牵引制动，配合前牵引逐步放松。

当河中有水时也可用此法架梁，但需在水中设一个简单小墩，以供设立木支架用。

2. 浮运架梁法

浮运架梁法是将预制梁用各种方法移装到浮船上，并浮运到架设孔以后就位安装。采用浮运架梁法时，要求河流须有适当的水深，以浮运预制梁时不致搁浅为准；同时水位应平稳或涨落有规律，流速及风力不大，河岸能修建适宜的预制梁装卸码头，具有坚固适用的船只。本法的优点是桥跨中不需设临时支架，可以用一套浮运设备架设多跨同跨径预制梁，设备利用率高，较经济，架梁时浮运设备停留在桥孔的时间很少，不影响河流通航。

浮运架设的方法有如下三种。

（1）将预制梁装船浮运至架设孔起吊就位安装法　此法吊装预制梁的浮船结构如图 5-59 所示。预制梁上船可采用在引道栈桥或岸边设置栈桥码头，在码头上组拼龙门架，用

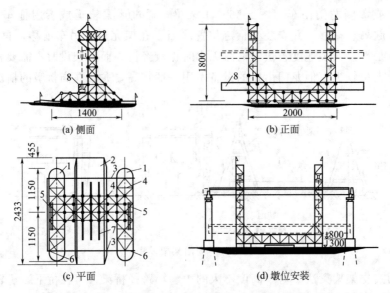

图 5-59　预制梁装船浮运架设法（单位：cm）

1—190kN 浮运船；2—800kN 铁驳船；3—连接 36 号工字钢；4—万能杆件；

5—吊点位置；6—50kN 卷扬机；7—56 号工字钢；8—预制梁

龙门架吊运预制梁上船。

（2）对浮船充排水架设法　将预制梁装载在一艘或两艘浮船中的支架枕木垛上，使梁底的高度高于墩台支座顶面 0.2～0.3m，然后将浮船托运至架设孔，充水入浮船，使浮船吃水加深，降低梁底高度，使预制梁安装就位。在有潮汐的河流上架设预制梁时，可利用潮汐时水位的涨落来调整梁底高程，安装就位。若潮汐水位高度不够，可在浮船中用水泵充水或排水进行解决。

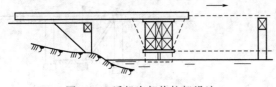

图 5-60　浮船支架拖拉架设法

（3）浮船支架拖拉架设法　将预制梁拖拉滚移到岸边，并将其一端拖至浮船支架上，再用如前所述的移动式支架架设法沿桥轴线拖拉浮船至对岸，预制梁亦相应拖拉至对岸，预制梁前端抵达安装位置后，用龙门架或人字扒杆安装就位。如图 5-60 所示。

3. 高空架梁法

（1）联合架桥机架梁（蝴蝶架梁法）　此法适用于架设安装 30m 以下的多孔桥梁，其优点是完全不设桥下支架，不受水深流急影响，架设过程中不影响桥下通航、通车，预制梁的纵移、起吊、横移、就位都比较方便。缺点是架设设备用钢量较多，但可周转使用。

联合架桥机由两套门式吊机、一个托架（蝴蝶架）、一根两跨长的钢导梁三部分组成，如图 5-61 所示。钢导梁顶面铺设运梁平车和托架行走的轨道，门式吊车顶横梁上设有吊梁用的行走小车。

联合架桥机架梁顺序如下。

① 在桥头拼装导梁，梁顶铺设钢轨，并用绞车纵向拖拉导梁就位。

② 拼装蝴蝶架和门式吊机，用蝴蝶架将两个门式吊机移运至架梁孔的桥墩（台）上。

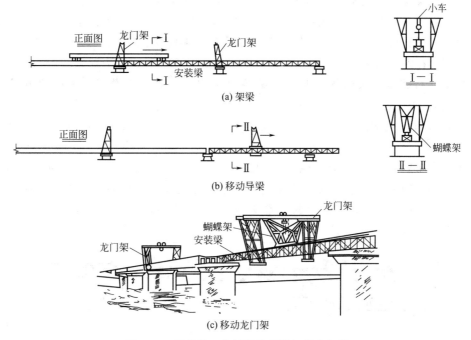

图 5-61　用导梁、龙门架及蝴蝶架联合架梁

③ 用平车将预制梁沿轨道运送至架梁孔位,将导梁两侧可以安装的预制梁用两个门式吊机吊起,横移并落梁就位。

④ 将导梁所占位置的预制梁临时安放在已架设好的梁上。

⑤ 用绞车纵向拖拉导梁至下一孔后,将临时安放的梁由门式吊机架设就位,并用电焊将各梁连接起来。

⑥ 在已架设的梁上铺接钢轨,再用蝴蝶架顺序将两个门式吊机托起并运至前一孔的桥墩上。

如此反复,直至将各孔梁全部架设好为止。图 5-62 所示为该架设法示意图。

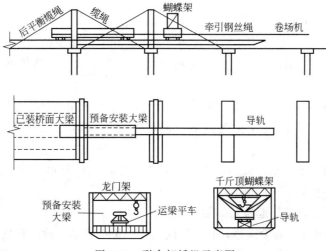

图 5-62　联合架桥机示意图

（2）双导梁穿行式架梁法　本法是在架设孔间设置两组导梁，导梁上安设配有悬吊预制梁设备的轨道平车和起重行车或移动式龙门吊机，将预制梁在双导梁内吊着运到规定位置后，再落梁、横移就位。横移时可将两组导梁吊着预制梁整体横移，另一种是导梁设在宽度以外，预制梁在龙门吊机上横移，导梁不横移，此法比第一种横移方法安全。

双导梁穿行式架梁法的优点与联合架桥机法相同，适用于墩高、水深的情况下架设多孔中小跨径的装配式梁桥，但不需蝴蝶架而配备双组导梁，故架设跨径可较大，吊装的预制梁可较重。我国用该类型的吊机架设了梁长51m、重1310kN的预应力混凝土T形梁桥。

两组分离布置的导梁可用公路装配式钢桥桁节、万能杆件设备或其他特制的钢桁节拼装而成。两组导梁净距应大于待安装的预制梁宽度。导梁顶面铺设轨道，供吊梁起重行车行走。导梁设三个支点，前端可伸缩的支撑设在架桥孔前方桥墩上，如图5-63所示。

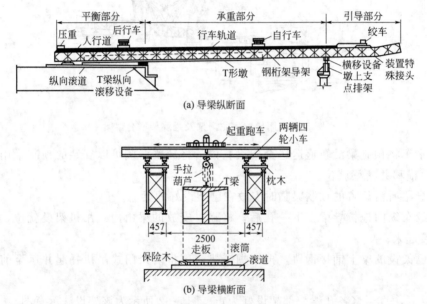

图5-63　双导梁穿行式架梁法（单位：mm）

两组型钢组成的起重横梁支撑在能沿导梁顶面轨道行走的平车上，横梁上设有带复式滑车的起重行车。行车上的挂链滑车供吊装预制梁用。其架设顺序如下。

① 在桥头路基上拼装导梁和行车，并将拼装好的导梁用绞车拖拉就位，使可伸缩支脚支撑在架梁孔的前墩上。

② 先用纵向滚移法把预制梁运到两导梁间，当梁前端进入前行车的吊点下面时，将预制梁前端稍稍吊起，前方起重横梁吊起，继续运梁前进至安装位置后，固定起重横梁。

③ 用横梁上的起重行车将梁落在横向滚移设备上，并用斜撑撑住，以防倾倒，然后在墩顶横移落梁就位（除一片中梁处）。

④ 用以上步骤并直接用起重行车架设中梁。

如用龙门吊机吊着预制梁横移，其方法同联合架桥机架梁。此法预制梁的安装顺序是先装两个边梁，再安装中间各梁。全孔各梁安装完毕并符合要求后，将各梁横向焊接联系，然后在梁顶铺设移运导梁的轨道，将导梁推向前进，安装下一孔。重复上述工序，直至便桥架梁完毕。

（3）自行式吊车桥上架梁法　在预制梁跨径不大，重量较轻，且梁能运抵桥头引道上时，可直接用自行式伸臂吊车（汽车吊或履带吊）来架梁。但是，对于架桥孔的主梁，当横向尚未连成整体时，必须核算吊车通行和架梁工作时的承载能力。此种架梁方法简单方便，几乎不需要任何辅助设备，如图 5-64 所示。

（4）扒杆架梁法　此法是用立在安装孔墩台上的两副人字扒杆，配合运梁设备，以绞车互相牵吊，在梁下无支架、导梁支托的情况下，把梁悬空吊过桥孔，再横移落梁，就位安装的架梁法。其架梁示意图如图 5-65 所示。

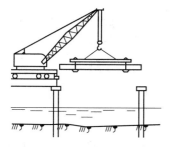
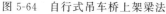
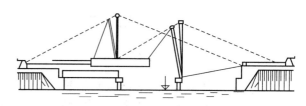

图 5-64　自行式吊车桥上架梁法　　　　图 5-65　扒杆纵向"钓鱼"架梁法

本法不受架设孔墩台高度和桥孔下地基、河流水文等条件影响；不需要导梁、龙门吊机等重型吊装设备而可架设 30～40m 以下跨径的桥梁；扒杆的安装移动简单，梁在吊着状态时横移容易，且也较安全，故总的架设速度快。但本法需要技术熟练的起重工，且不宜用于不能置缆索锚碇和梁上方有障碍物处。

（四）装配式混凝土梁（板）的横向联结

装配式钢筋混凝土和预应力混凝土简支梁（板）的施工工序一般如下。

装配式梁（板）等构件预制→构件移运堆放→运输→预制梁（板）架设安装→横向联结施工→桥面系施工。

装配式混凝土简支梁（板）桥横向一般由多片主梁（板）组成，为了使多片装配式主梁（板）能联成整体共同承受桥上荷载，必须使多片主梁（板）间有横向联结，且有足够的强度。

1. 装配式混凝土板桥的横向联结

装配式板桥的横向联结常用企口混凝土铰联结和钢板焊接联结等形式。板与板之间的联结应牢固可靠，在各种荷载作用下不松动、不解体，以保证各预制装配式板通过企口混凝土铰接缝或焊接钢板连接成整体共同承受车辆荷载。

（1）企口混凝土铰接缝　企口混凝土铰接缝是在板预制时，在板两侧（边板为一侧）按设计要求预留各种形状的企口（如菱形、漏斗形、圆形等），预制板安装就位后，在相邻板间的企口中浇筑纵缝混凝土。铰缝混凝土应采用 C30 以上细集料混凝土，施工时注意插捣密实。实践证明，这种纯混凝土铰已能保证传递竖向剪力，使各预制板共同参与受力。有的还从预制板中伸出钢筋相互绑扎后填塞铰缝混凝土，并浇筑在桥面铺装混凝土中，如图 5-66所示。

（2）焊接钢板连接　由于企口混凝土铰接需要现场浇筑混凝土，并需待混凝土达到设计强度后才能作为整体板桥承受荷载，为了加快施工进度，可以采用焊接钢板的横向连接形式，如图 5-67 所示。板预制时，在板两侧相隔一定距离预埋钢板，待预制板安装就位后，用一块钢板焊在相邻两块预埋钢板上形成铰接构造。焊接钢板的连接构造沿纵向中距通常为 $0.8 \sim 1.5 \mathrm{m}$，在桥跨中间部分布稍密，向两端支点逐渐减疏。

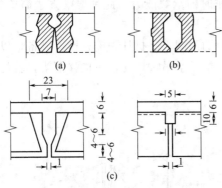

图 5-66　企口混凝土铰接缝（单位：cm）

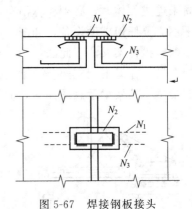

图 5-67　焊接钢板接头

2. 装配式混凝土简支梁桥的横向连接

预制装配式混凝土简支梁桥，待各预制梁在墩台安装就位后，必须进行横向连接施工，把各片主梁连成整体梁桥，才能作为整体桥梁共同承担二期恒载和活载。实践证明，横向连接刚度越大，各主梁共同受力性能越好，因此，必须重视横向连接施工。

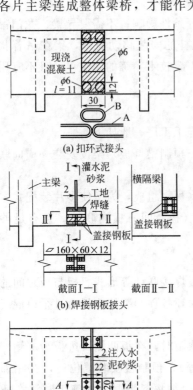

图 5-68　横隔梁横向
连接（单位：cm）

装配式简支梁桥的横向连接可分成横隔梁的联结和翼缘板的连接两种情况。

（1）横隔梁的横向连接　通常在设有横隔梁的简支梁桥中通过横隔梁的接头把所有主梁连接成整体。接头要有足够的强度，以保证结构的整体性，并在桥梁营运过程中接头不致因荷载反复作用和冲击作用而发生松动。横隔梁接头通常有扣环式、焊接钢板和螺栓接头等形式。

① 扣环式接头　扣环式接头是在梁预制时，在横隔梁接头处伸出钢筋扣环 A（按设计计算要求布置），待梁安装就位后，在相邻构件的扣环两侧安装上腰圆形的接头扣环 B，再在形成的圆形环内插入短分布筋后，现浇混凝土封闭接缝。接缝宽度约为 $0.2 \sim 0.6 \mathrm{m}$。通过接缝混凝土将各主梁连成整体，如图 5-68(a) 所示。

随着装配式混凝土梁主梁间距的加大，为了减小预制梁的外形尺寸和吊装重力，T 形梁的翼缘板和横隔梁都采用这种扣环式横向连接形式，以达到既经济，施工吊运又简单的目的。1983 年我国编制的装配式钢筋混凝土和预应力混凝土 T 形简支梁桥标准图，主间距均采用 2.2m，而预制主梁的翼缘板和横隔梁宽仅为 1.6m，0.6m 就是采用扣环式连接的接缝宽度。

② 焊接钢板接头　在预制 T 梁横隔梁接头处下端两侧和顶部的翼缘内预埋接头钢板（应焊在横梁主筋上），当 T 梁安装就位后，在横隔的预埋钢板上再加焊盖接钢板，将相邻 T 梁连接起来，并在接缝处灌筑水泥浆封闭，见图 5-68(b) 所示。

③ 螺栓接头　为简化接头的现场施工，可采用螺栓接头，如图 5-68(c) 所示。预埋钢板和焊接钢板接头，盖板不是用电焊，而是用螺钉与预埋钢板连接起来，然后用水泥砂浆封闭。为此，钢板上要留螺钉孔。这种接头不需特殊机具，施工迅速，但在营运中螺钉易松动，挠度较大。

（2）翼缘板的横向连接　以往具有横隔梁的装配式 T 梁桥中，主梁间通过横隔梁连成整体，T 梁翼缘板之间不连接，翼缘板是作为自由悬臂处理的。目前，为改善翼缘板的受力状态，翼缘板之间也进行横向连接。另外，无横隔梁的装配式 T 梁桥，主梁是通过相邻翼缘板之间的横向连接成整体梁桥的。

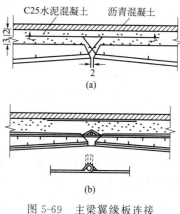

图 5-69　主梁翼缘板连接
构造（单位：cm）

翼缘板之间通常做成企口铰接式的连接，如图5-69所示。由主梁翼缘板内伸出连接钢筋，横向连接施工时，将此钢筋交叉弯制，并在接缝处再安放局部的钢筋网，然后将它们浇筑在桥面混凝土铺装层内，如图5-69(a) 所示。也可将主梁翼缘板内的顶层钢筋伸出，施工时将它弯转并套在一根沿纵向通长布置的钢筋上，形成纵向铰，然后浇筑在桥面混凝土铺装层中，如图 5-69(b) 所示。接缝处的桥面铺装层内应安放单层钢筋网，计算时不考虑铺装层受力。这种连接构造由于连接钢筋较多，对施工增加了一些困难。

3. 装配式混凝土梁（板）桥横向连接施工注意事项

横向连接施工是将单个预制梁（板）连成整体使其共同受力的关键施工工序，施工时必须保证质量，并注意以下几点。

（1）相邻主梁（板）间连接处的缺口填充前应清理干净，接头处应湿润。

（2）填充的混凝土和水泥浆应特别注意质量，在寒冷季节，要防止较薄的接缝或小截面连接处填料热量的损失，这时采取保温和蒸汽养护等措施以保证硬化。在炎热天气，要防止填料干燥太快，粘接不牢，以致开裂。若接缝处很薄（约 5mm 左右），可灌入纯水泥浆。

（3）横向连接处有预应力筋穿过时，接头施工时应保证现浇混凝土不致压扁或损坏力筋套管。套管内的冲洗应在接头混凝土浇筑后进行。

（4）钢材及其他金属连接件，在预埋或使用前应采取防腐措施，如刷油漆或涂料等。也可用耐腐蚀材料制造预埋连接件，焊接时，应检查所用钢筋的可焊性，并应由熟练焊工施焊。

第四节　悬臂梁桥和连续梁桥的施工

悬臂体系和连续体系梁桥的最大特点是，桥跨结构上除了有承受正弯矩的截面以外，还有能承受负弯矩的支点截面，这也是它们与简支梁体系的最大差别。因此，它们的施工方式与简支梁大不相同。

目前所用的施工方法大致可分为以下三类。

(1) 逐孔施工法　它又可分为落地支架施工和移动模架施工两种。

(2) 节段施工法　它是将每一跨结构划分成若干个节段，采用悬臂浇筑或者悬臂拼装（预制节段）两种方法逐段地接长，然后进行体系转换。

(3) 顶推施工法　它是在桥的一岸或两岸开辟预制场地，分节段地预制梁身，并用纵向预应力筋将各节段连成整体，然后应用水平液压千斤顶施力，将梁段向对岸推。若依顶推施力的方法又可分为单点顶推和多点顶推两类。

下面将分别介绍这些施工方法的各自特点。

一、逐孔施工法

(一) 落地支架施工

落地支架施工方法与前述的关于简支梁桥的就地浇筑法施工基本上是相同的。所不同的是悬臂梁桥和连续桥在中墩处的截面是连续的，而且承担较大的负弯矩，需要混凝土截面连续通过。因此，必须充分重视两个方面的影响。

(1) 不均匀沉降的影响。桥墩的刚度比临时支架的刚度大得多，加之支架一般垫基在未经精心处理的土基上，因此，难以预见的不均匀沉陷往往导致主梁在支点截面处开裂。

(2) 混凝土收缩的影响。由于每次浇筑的梁段较长，混凝土的收缩又受到桥墩、支座摩阻力和先浇部分混凝土的阻碍，也是容易引起主梁开裂的另一个原因。

鉴于上述原因，一般采用留工作缝或者分段浇筑的方法。图 5-70 (a) 所示的连续梁，仅在几个支点处设置工作缝，宽约 0.8～1.0m，待沉降和收缩完成以后，再对接缝截面进行凿毛和清洗，然后浇灌接缝混凝土。当梁的跨径较大时，临时支架也会因受力不均，产生挠曲线，例如图 5-70 (b) 悬臂梁中跨的临时桥下过道处，将有明显的折曲，故在这些部位也预留工作缝。

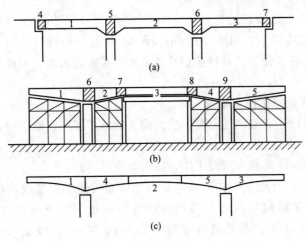

图 5-70　浇筑次序和工作缝设置

图中序号表示浇筑顺序

有时为了避免设置工作缝的麻烦而采用图 5-70 (c) 所示的分段浇筑方法。其中的 4、5 段须待 1、2、3 段达到足够强度后才能浇筑。

(二) 移动模架施工

移动模架施工法是使用移动式的脚手架和装配式的模板，在桥上逐孔浇筑施工。它像一座设在桥孔上的活动预制场，随着施工进程不断移动和连续现浇施工。图 5-71 所示是上承式移动模架构造图的一种。它由承重梁、导梁、台车、桥墩托架和模架等构件组成。在箱形梁两侧各设置一根承重梁，用来支撑模架和承受施工重力。承重梁的长度要大于桥梁跨径，浇筑混凝土时承重梁支撑在桥墩托架上。导梁主要用于运送承重梁和活动模架，因此，需要

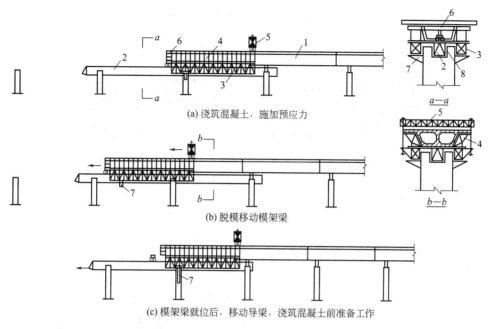

(a) 浇筑混凝土，施加预应力

(b) 脱模移动模架梁

(c) 模架梁就位后，移动导梁，浇筑混凝土前准备工作

图 5-71　移动式模架逐孔施工法

1—已完成的梁；2—导梁；3—承重梁；4—模架；5—后端横梁和悬吊台车；
6—前端横梁和支撑台车；7—桥墩支撑托架；8—墩台留槽

有大于两倍桥梁跨径的长度。当一孔梁的施工完成后便进行脱模卸架，由前方台车和后方台车在导梁和已完成的桥梁上面，将承重梁和活动模架运送至下一桥孔。承重梁就位后，再将导梁向前移动。

当采用移动模架施工时，连续梁分段时的接头部位应放在弯矩最小的部位，若无详细计算资料时，可以取离桥墩 1/5 处。

二、节段施工法

（一）悬臂浇筑法

悬臂浇筑法一般采用移动式挂篮作为主要施工设备，以桥墩为中心，对称地向两岸利用挂篮浇筑梁节段的混凝土（图 5-72），待混凝土达到要求强度后，便张拉预应力束，然后移动挂篮，进行下一节段的施工。悬臂浇筑的节段长度要根据主梁的截面变化情况和挂篮设备的承载能力来确定，一般可取 2～8m。每个节段可以全截面一次浇筑，也可以先浇筑梁底板和腹板，再安装顶板钢筋及预应力管道，最后浇筑顶板混凝土，但需注意由混凝土龄期差而产生的收缩、徐变次内力。悬臂浇筑施工和周期一般为 6～10 天，依节段混凝土的数量和结构复杂的程度而定。合龙段是悬臂施工的关键部位。为了控制合龙段的准确位置，除了需要预先设计好预拱度和进行严密的施工监控外，还要在合龙段中设置劲性钢筋定位，采用超早强水泥，选择最合适的梁的合龙温度（宜在低温）及合龙时间（夏季宜在晚上），以提高施工质量。

（二）悬臂拼装法

悬臂拼装法是将预制好的梁段，用驳船运到桥墩的两侧，然后通过悬臂梁上（先建好的梁段）的一对起吊机械，对称吊装梁段，待就位后再施加预应力，如此下去，逐渐接长，如

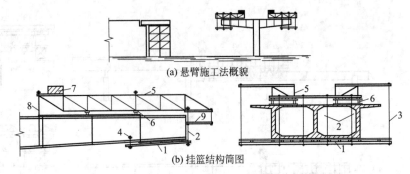

图 5-72　悬臂浇筑法施工

1—底模架；2~4—悬吊系统；5—承重结构；6—行走系统；

7—平衡重；8—锚固系统；9—工作平台

图 5-73(a) 所示。用作悬臂拼装的机具很多，有移动式吊车、桁架式吊车、缆式起重机、汽车吊和浮吊等。

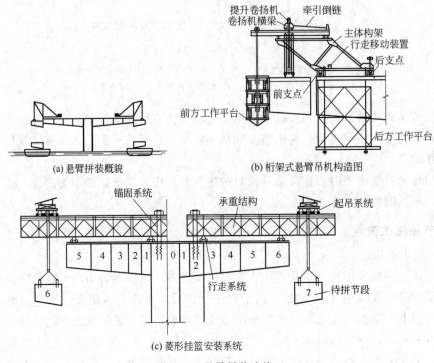

图 5-73　悬臂拼装法施工

图 5-73(b) 是桁架式悬臂吊机构造示意图，它由纵向主桁架、横向起重桁架、锚固装置、平衡重、起重系统、行走系统和工作吊篮等部分组成。起重系统是由电动卷扬机、吊梁扁担及滑车组等组成。吊机的整体纵移可采用钢管滚筒、在临时轨道上滚移，由电动卷扬机牵引。工作吊篮挂于主桁前端的吊篮横梁上，供施工人员施加预应力和压浆等操作之用。这种吊机结构最简单，故使用最普遍。

图 5-73(c) 是菱形挂篮吊机构造示意图。它由菱形主体构架、支撑与锚固装置、起吊系统、自行走系统和工作平台等部分组成。与桁架式吊机的最大不同点是它具有自行前移的动

能，可以加快施工速度。

预制节段之间的接缝可采用湿接缝和胶接缝。湿接缝宽度约为 0.1～0.2m，拼装时下面设临时托架，梁段位置调准以后，使用高强度等级的砂浆或细石混凝土填实，待接缝混凝土达到设计强度以后再施加预应力。胶接缝是用环氧树脂加水泥在节段接缝面上涂上约厚 0.8mm 的薄层，它在施工中可使接缝易于密贴，完工以后可提高结构的抗剪能力、整体刚度和不透水性，故应用较普遍。但胶接缝要求梁段接缝有很高的制造精度。

（三）悬臂施工法中的梁墩临时固结

对于 T 形刚构桥和连续刚构桥梁，因墩梁本身就是固结着的，所以不存在梁墩临时固结的问题。但对于悬臂梁桥和连续梁桥来说，采用悬臂施工法时，就必须在 0 号块节段将梁体与桥墩临时固结或支撑。图 5-74 是 0 号块件与桥墩临时固结的构造示意图，只要切断预应力筋后，便解除了临时固结，完成了结构体系的转换。图 5-75 是几种不同的临时支撑措施示意图。临时支承可用硫黄水泥砂浆块、砂筒或混凝土块等卸落设备，以便于体系转换和拆除临时支撑。

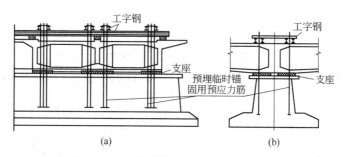

图 5-74　0 号块件与桥墩的临时固结构造

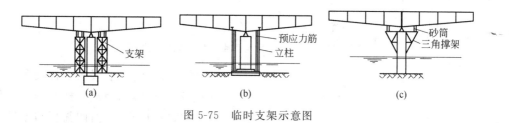

图 5-75　临时支架示意图

三、顶推施工法

（一）单点顶推

单点顶推又可分为单向单点顶推和双向单点顶推两种方式。只在一岸桥台处设置制作场地和顶推设备的称单向单点顶推［图 5-76(a)］；为了加快施工进度，也可在河两岸的桥台处设置制作场地和顶推设备，从两岸向河中顶推，这样的方法称为双向单点顶推［图 5-76(c)］。

在顶推中为了减少悬臂梁的负弯矩，一般要在梁的前端安装长度约为顶推跨径 0.6～0.7 倍的钢导梁，导梁应自重轻而刚度大。顶推装置由水平千斤顶和竖直千斤顶组合而成，可以联合作用，其工序是顶升梁→向前推移→落下竖直千斤顶→收回水平千斤顶，如图 5-77 所示。

在顶推的过程中，各个桥墩墩顶均需布设滑道装置，它由混凝土滑台、不锈钢板和滑板

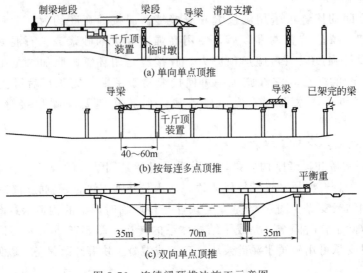

(a) 单向单点顶推

(b) 按每连多点顶推

(c) 双向单点顶推

图 5-76 连续梁顶推法施工示意图

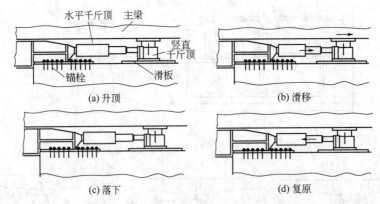

(a) 升顶

(b) 滑移

(c) 落下

(d) 复原

图 5-77 水平千斤顶与垂直千斤顶联用顶推

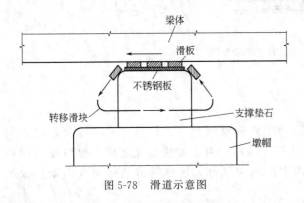

图 5-78 滑道示意图

组成。滑板则由上层氯丁橡胶和下层聚四氟乙烯板镶制而成，橡胶板与梁体接触使摩擦力增大，而四氟板与不锈钢板接触使摩擦力减至最小，借此就可使梁前进。图 5-78 是滑板从后一侧滑移到前一侧，落下后再转运到后侧供继续使用的示意图。

每个节段的顶推周期约为 6～8 天，全梁顶推完毕后，便可解除临时预应力筋，调整、张拉和锚固后期预应力筋，再进行灌浆、封端、安装永久性支座，至此主体结构即告完成。

（二）多点顶推

它是在每个墩台上设置一对小吨位的水平千斤顶，将集中的顶推力分散到各墩上，如图 5-79 所示。由于利用水平千斤顶传给墩台的反力来平衡梁体滑移时在桥墩上产生的摩阻力，从而使桥墩在顶推过程中只承受较小的水平力，因此，可以在柔性墩上采用多点顶推施工。多点顶推采用拉杆式顶推装置［图 5-79(a)］的顶推工艺为：水平千斤顶通过传力架固定在桥墩（台）靠近主梁的外侧，装配式的拉杆用连接器接长后与埋固在箱梁腹板上的锚固器相连接，驱动水平千斤顶后活塞杆拉动拉杆，使梁借助梁底滑板装置向前滑移，水平千斤顶走完一个行程后，就卸下一节拉杆，然后水平千斤顶回油使活塞杆退回，再连接拉杆进行下一顶推循环。图 5-79(b) 是用穿心式千斤顶拉梁前进，在此情况下，拉杆的一端固定在梁的锚固器上，另一端穿过水平千斤顶后用夹具锚固在活塞杆尾端，水平千斤顶走完一个行程，松去夹具，活塞杆退回，然后重新用夹具锚固拉杆并进行下一顶推循环。

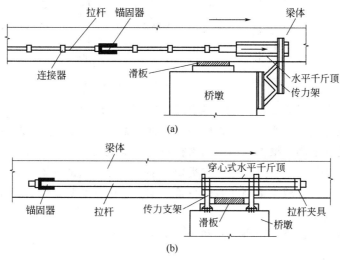

图 5-79　拉杆式顶推装置

必须注意，在顶推过程中要严格控制梁体两侧的千斤顶同步运行。为了防止梁体在平面内发生偏移，通常在墩顶上梁体的旁边设置横向导向装置，如图 5-80 所示。

顶推施工法适宜于建造跨度为 40～60m 的多跨等高度连续梁桥，当跨度更大时就需要在桥跨间设置临时支撑墩，国外已用顶推法修建成跨度达 168m 的桥梁。多点顶推与单点顶推比较，可以免用大规模的顶推设备，并能有效地控制顶推梁的偏心。当顶推曲梁桥时，由于各墩均匀施加顶推力，能顺利施工，因此，目前此法被广泛采用。

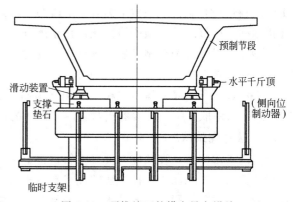

图 5-80　顶推施工的横向导向设施

广泛采用。多点顶推法也可以同时从两岸向跨中心方向顶推，但需增加更多的设备，使工程造价提高，因此较少采用。

第五节　斜拉桥的施工

建造斜拉桥最适宜的方法是悬臂施工法，主要有以下两个原因。

（1）斜拉桥的跨径一般较大，常在 200m 以上，其主跨一般要跨越河水较深、地质情况较复杂的通航河道。如果不采用悬臂施工法，而采用其他三种方法如支架施工法、顶推施工法和转体施工法都会给施工带来更大的困难，增大施工临时费用，甚至影响到河道的通航。

（2）在斜拉桥上采用悬臂施工法要比在 T 形刚构桥、连续梁桥和连续刚桥上采用更为有利，这可以通过图 5-81 两种桥型的对比来说明。

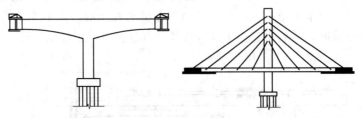

图 5-81　两种桥型应用悬臂浇筑法的对比

梁式桥若要增大悬臂施工的跨长，必须依靠增大梁高来实现，但当达到一定的跨长之后，即使再增大梁的高度，所提高的强度和刚度都将被其本身的自重和挂篮的重量所抵消，这是梁式桥跨径受到限制的根本原因。而斜拉桥通过斜拉索提供的弹性支撑可以大幅度地提高结构的强度和刚度，在施工过程中，它类似于多个弹性支撑的悬臂梁，通过调整索力来减小主梁内力，这样就可以减小梁高和减轻自重，增大桥梁的跨越能力，因而成为大跨度桥梁中具有竞争力的一种桥型。

斜拉桥的悬臂施工也有悬臂拼装法和悬臂浇筑法两种。

一、悬臂拼装法

悬臂拼装法主要用在钢主梁（桁架梁或箱形梁）的斜拉桥上。钢主梁一般先在工厂加工制作，再运至桥位处吊装就位。钢梁预制节段长度应从起吊能力和方便施工考虑，一般以布置 1～2 根斜拉索和 2～4 根横梁为宜，节段与节段之间的连接分全断面焊接和全断面高强螺栓连接两种，连接之后必须严格按照设计精度进行预拼装和校正。常用的起重设备有悬臂吊机、大型浮吊以及各种自制吊机。这种方法的优点是钢主梁和索塔可以同时在不同的场地进行施工，因此具有施工快捷和方便的特点。

图 5-82（a）所示是双塔斜拉桥在采用悬臂拼装法施工时直到全桥合龙之前的全貌，图 5-82（b）所示是取其中一座索塔从两侧逐节扩展的过程，它的大体步骤图中说明已给出。

二、悬臂浇筑法

悬臂浇筑法主要用在预应力混凝土斜拉桥上。其主梁混凝土的悬臂浇筑与一般预应力混凝土梁式桥的基本相同。这种方法的优点是结构的整体性好，施工中不需用大吨位悬臂吊机运输预制节段块件的驳船；但其不足之处是在整个施工过程中必须严格控制挂篮的变形和混凝土收缩、徐变的影响，相对于悬臂拼装法而言其施工周期较长。

图 5-83 所示是斜拉桥采用悬臂浇筑法的施工程序图。

其中的现拼支架仍可利用如图所示的塔吊进行安装，前支点挂篮构造如图 5-84 所示，它的工作原理是利用待浇梁段斜拉索作为挂篮的前支点，施工过程中将挂篮后端锚固在已浇梁段上，它能充分发挥斜拉索的效用，由斜拉索和已浇梁段共同来承担待浇节段的混凝土梁段的重量。待主梁混凝土达到设计强度后，拆除斜拉索与挂篮的连接，使节段重力转换到斜拉索上，再前移挂篮。前支点挂篮的优越性在于它使普通挂篮中的悬臂梁受力变成为简支梁

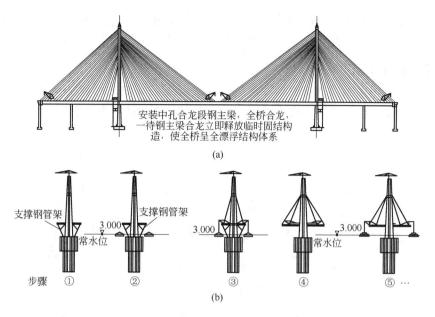

图 5-82 悬臂拼装程序

① 利用塔上塔吊搭设 0 号、1 号块件临时用的支撑钢管架。

② 利用塔吊安装好 0 号及 1 号块件。

③ 安装好 1 号块件的斜拉索，并在其上架设主梁悬臂吊机，拆除塔上塔吊和临时支撑架。

④ 利用悬臂吊机安装两侧的 2 号块的钢主梁，并挂相应的两侧斜拉索。

⑤ 重复上一循环直至全桥合龙

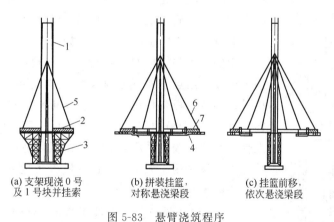

图 5-83 悬臂浇筑程序

1—索塔；2—现浇梁段；3—现拼支架；4—前支点挂篮；5—斜拉索；
6—前支点斜拉索；7—悬浇梁段

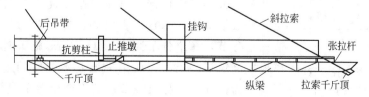

图 5-84 前支点挂篮示意图

受力，使节段悬浇长度及承重能力均大为提高，加快了施工进度。不足之处是在浇筑一个节段混凝土过程中要分阶段调索，工艺复杂，挂篮与斜拉索之间的套管定位难度较大。

三、索塔施工要点

一般来讲，钢塔采用预制拼装的办法施工，混凝土塔的施工则有搭架现浇、预制拼装、滑升模板浇筑、翻转模板浇筑、爬升模板浇筑等多种施工方法可供选择。

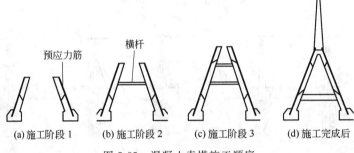

图 5-85　混凝土索塔施工顺序

根据斜拉桥的受力特点，索塔要承受巨大的竖向轴力，还要承受部分弯矩。斜拉桥设计对成桥后索塔的几何尺寸和轴线位置的准确性要求都很高。混凝土塔柱施工过程受施工偏差、混凝土收缩、徐变、基础沉降、风荷载、温度变化等因素影响，其几何尺寸、平面位置将发生变化，如控制不当，则会造成缺陷，影响索塔外观质量，并且产生次内力。因此不管是何种结构形式的索塔，采用哪种施工方法，施工过程中都必须实行严格的施工测量控制，确保索塔施工质量及内力分布满足设计及规范要求。

混凝土索塔的基本施工顺序如图 5-85 所示。

索塔施工的模板按照结构形式不同可分为提升模和滑模。提升模按其吊点不同可分为依靠外部吊点的单节整体模板逐段提升、多节模板交替提升（翻转模板）及本身带爬架的爬升模板（爬模）。滑模因只适用于等截面的垂直塔柱，有较大的局限性，目前已较少采用，而提升模板因适应性强、施工快捷的特点被大量采用。无论采用提升模板还是采用滑模，均可以实现索塔的无支架现浇。

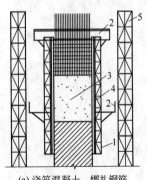

(a) 浇筑混凝土，绑扎钢筋

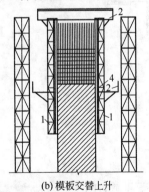

(b) 模板交替上升

图 5-86　翻转模板布置示意图
1—模板桁架；2—工作平台；
3—已浇墩身；4—外面模板；
5—脚手架

（一）翻转模板（交替提升多节模板）

每套翻转模板由内/外模、对拉螺杆、护栏及内工作平台等组成，不必另设内外脚手架，如图 5-86 所示。模板分节高度及分块大小，应根据起重设备吊装能力和塔柱构造要求确定。一般情况下，每套模板沿高度方向分为底节、中节和顶节三个分节，每个分节高度为 1～3m。施工时先安装第一层模板，浇筑混凝土，完成第一层基本节段的施工；再以已浇混凝土为依托，拆除已浇节段的下两个分节模板，顶节不拆，向上提升并接于顶节之上，安装对拉螺杆和内撑，完成第二层模板安装。如此由下至上依次交替上升，直至达到设计的施工高度为止。

翻转模板系统依靠混凝土对模板的黏着力自成体系，制造简单，构件种类少，模板的大小可根据施工能力大小灵活选用。混凝土接缝较易处理，施工速度快，能适应各种结构形式的斜拉桥索塔施工，目前被大量使用，特别是折线形索塔使用翻转模板施工更有优势，但此类模板自身不能爬升，要依靠塔吊等起重设备提升翻转循环使用，因而对起重设备要求较高。

（二）爬模（自备爬架的提升模板）

爬模系统一般由模板、爬架及提升系统三大部分组成，根据提升方式不同又可分为倒链手动爬模、电动爬架拆翻模、液压爬升模等几种。爬模系统所配模板一般采用钢模，且沿竖向将模板分为3～4节，模板分节高度根据塔柱构造特点、混凝土浇筑压力、爬架本身提升能力等因素确定，一般分节高度为1.5～4.5m。

爬架可用万能杆件组拼，亦可采用型钢加工，主要由网架和联结导向滑轮提升结构组成。爬架沿高度方向分为两部分，下部为附墙固定架，包括两个操作平台；上部为操作层工作架，包括两个以上操作平台。爬架总高度及结构形式根据塔柱构造特点、拟配模板组拼高度及施工现场条件综合确定，常用高度一般在15～20m。

爬架提升系统由爬架自提升设备和模板拆翻提升设备两部分组成，如图5-87所示。爬架自提升设备一般可采用倒链葫芦、电动机或液压千斤顶，模板拆翻提升设备则可采用倒链葫芦、电动葫芦或卷扬机。要求提升速度不可太快，以确保同步平稳。

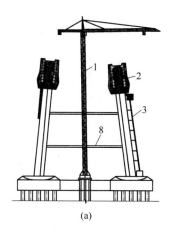
(a)

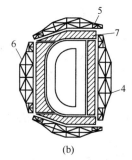
(b)

图5-87　爬模系统示意图
1—塔吊；2—爬模；3—电梯；
4—1号爬架；5—2号爬架；
6—3号爬架；7—活动脚手架；
8—临时支架

爬模施工前须先施工一段爬模安装锚固段，俗称爬模起始段。待起始段施工完成后拼装爬模系统，依次循环进行索塔的爬模施工。根据爬模的施工特点，无论采用何种提升方式，相对其他施工方法均有施工速度快、安全可靠、对起重设备要求不高的特点。但此法对折线形索塔适应性较差，故一般在直线形索塔施工中应用较为广泛。

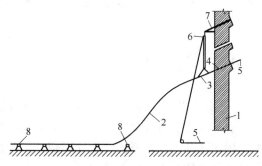

图5-88　单吊点法安装拉索
1—索塔；2—待安装拉索；3—吊运索夹；
4—锚头；5—卷扬机牵引；6—滑轮；
7—索孔吊架；8—滚轮

四、拉索施工

（一）拉索的安装

拉索的安装就是将成品拉索架设到索塔锚固点和主梁锚固点之间的位置上。

1. 卷扬机组安装

采用卷扬机组安装拉索时，一般为单点起吊，如图5-88所示，当拉索上到桥面以后，便可从索塔孔道中放下牵引绳，连接拉索的前端，在离锚具下方一定距离设一个吊点，索塔吊架用型钢组成支架，配置转向滑轮。当锚头提升到索孔位置时，采用牵引绳与吊绳相互调节，使锚头位置准确，牵引至索塔孔道内就位后，将锚头固定。

单吊点法施工简便、安装迅速，缺点是起重索所需的拉力大，斜拉索在吊点处弯折角度较大，故一般适应较柔软的拉索。

2. 吊机安装

采用索塔施工时的提升吊机，用特制的扁担梁捆扎拉索起吊。拉索前端由索塔孔道内伸出的牵引索引入索塔拉索锚孔内，下端用移动式吊机提升。吊机法操作简单快速，不易损坏拉索，但要求吊机有较大的起重能力。

（二）拉索张拉

斜拉索的张拉一般可分为拉丝式（钢绞线夹片群锚）锚具张拉和拉锚式锚具张拉两种。其中拉锚式锚具张拉因施工操作方便及现场工作量较少等优点被更多地采用。根据设计要求及现场实际情况，有采用塔部一端张拉的，有采用梁部一端张拉的，也有采用塔、梁部两端张拉的，其中以塔部一端张拉使用最为广泛。

1. 拉丝式夹片群锚钢绞线斜拉索的张拉

对于配装拉丝式夹片群锚锚具的钢绞线斜拉索，挂索时先要在拉索上方设置一根粗大钢缆作为辅助索，拉索的聚乙烯套管先悬挂在辅助索上，然后逐根穿入钢绞线，用单根张拉的小型千斤顶调好每根钢绞线的初应力，最后用群锚千斤顶整体张拉。新型的夹片群锚拉索锚具，第一阶段张拉使用拉丝方式，调索阶段使用拉锚方式。

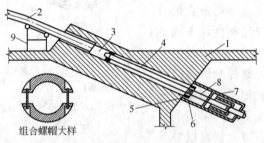

图 5-89　拉锚式斜拉索张拉示意
1—梁体；2—拉索；3—拉索锚头；4—长拉杆；5—组合螺帽；6—撑脚；7—千斤顶；8—短拉杆；9—滚轮

2. 拉锚式斜拉索的张拉

拉锚式斜拉索张拉均为整体张拉。根据目前的技术水平，国内外拉索锚具、千斤顶、拉索的设计吨位已达到"千吨"级水平，大吨位拉索整体张拉工艺已十分成熟。无论是一端张拉还是两端张拉，一般情况下都需在斜拉索端头接上张拉连接杆，之后使用大吨位穿心式千斤顶实施斜拉索的张拉调索，为方便施工，张拉杆大都采用分节接长，而非整根通长，如图 5-89 所示。

第六节　桥面系及附属工程施工

桥面系包括：桥面伸缩装置、桥面防水层、桥面铺装以及护轮带、人行道、栏杆与护栏、灯柱等附属工程。虽然这些都是非主体工程，但其设置是否合理、施工质量的好坏，将直接影响整个桥梁的使用，特别是安全方面。由于桥面部分天然敞露而受大气影响，车辆行人来往时对桥面外观的要求也很高，根据以往的实践，建桥时因对桥面重视不足而导致日后修补和维护的弊病经常发生，因此，如何合理改进桥面的构造和施工技术，已愈来愈引起人们的重视。

一、伸缩装置

桥梁伸缩装置是为了使车辆平稳通过桥面并满足桥面变形的需要，在桥面伸缩接缝所设置的各种装置的总称。

（一）伸缩装置的作用

伸缩装置应能满足梁体的自由伸缩，并要求具有良好的耐久性、车辆行驶的舒适性、良好的防水性以及施工的方便性。在桥梁结构中，伸缩装置要适应梁的温度变化、混凝土的收缩与徐变引起的伸缩、梁端的旋转以及梁的挠度等因素引起的接缝变化等。

（二）伸缩装置的分类

目前我国常用的伸缩装置按照传力方式和构造特点大致可分为对接式、钢制支撑式、橡胶组合剪切式、模数支撑式和无缝式五大类，详见表 5-17。

表 5-17 桥梁伸缩装置分类

类 别	形 式	种 类 示 例	说 明
对接式	填塞对接型	沥青、木板填塞型、U 形镀锌铁皮型、矩形橡胶条型、组合式橡胶条型、管形橡胶条型	以沥青、木板、麻絮、橡胶等材料填塞缝隙的构造（在任何状态下都处于压缩状态）
	嵌固对接型	W 型、SW 型、M 型、SD Ⅱ 型、PG 型、FV 型、GNB 型、GQF-C 型	采用不同形状的钢构件将不同形状橡胶条（带）嵌固，以橡胶条（带）的拉压变形吸收梁变位的构造
钢制支撑式	钢制型	钢梳齿板型	采用面层钢板或梳齿钢板的构造
		钢板叠合型	
橡胶组合剪切式	板式橡胶型	BF 型、JB 型、JH 型、SD 型、SC 型、SB 型、SG 型、SEG 型、SEJ 型、UG 型、BSL 型、CD 型	将橡胶材料与钢件组合，以橡胶的剪切变形吸收梁的伸缩变位，桥面板缝隙支撑车轮荷载的构造
模数支撑式	模数式	TS 型、J-75 型、SSF 型、SG 型、XF 斜向型、GQF-MZL 型	采用异形钢材或钢组焊件与橡胶密封组合的支撑式结构
无缝式	暗缝型	GP 型（桥面连续）、TST 弹塑体、EPBC 弹性体	路面施工前安装的伸缩构造，以路面等形式吸收梁变位的构造

（三）钢板伸缩装置

1. 梳形钢板伸缩装置

（1）梳形钢板伸缩装置组成　梳形钢板伸缩装置是由梳形板、锚栓、垫板、锚板、封头板及排水槽等组成，有的还在梳齿之间填塞合成橡胶，以起防水作用。图 5-90 为一梳形钢板伸缩装置的构造实例。

（2）梳形钢板伸缩装置安装　安装梳形钢板伸缩装置时，应首先按设计高程将锚栓预埋入预留孔内，然后焊接锚板，并调整封头板使之与垫板齐平，最后再安装梳形板和浇筑混凝土。

安装程序为：桥面整体铺装→切缝→缝槽表面清理→将构件放入槽内→用定位角铁固定构件位置及高程→布设焊接锚固筋，在混凝土接缝表面涂底料→浇筑树脂混凝土→及时拆除定位角铁→养生→填缝→结束。

安装时要将构件固定在定位角铁上，以保证安装精度，并应防止产生梳齿不平、扭曲及其他变形，要严格控制好梳齿间的横向间隙。构件的位置固定好后，可进行锚固系统的树脂混凝土浇筑。为使锚固系统牢固可靠，要配置较多的连接筋及钢筋网，这将给混凝土的浇筑

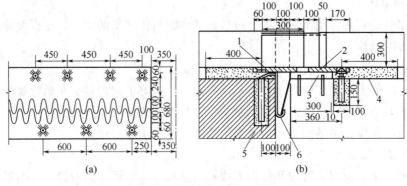

图 5-90　梳形钢板伸缩装置（单位：mm）

1—封头板；2—垫板；3—锚板；4—C40 混凝土；5—锚栓；6—排水槽

带来不便，故浇筑混凝土时要认真细致，尤其对角隅周围的混凝土一定要振捣密实，不得有空洞。为使混凝土中的空气能顺利排出，可在钢梳齿根部钻适量 $\phi 20\text{mm}$ 的小孔。混凝土浇筑完成后，应及时将定位角铁拆除，以保证伸缩装置在温度变化时能自由伸缩。

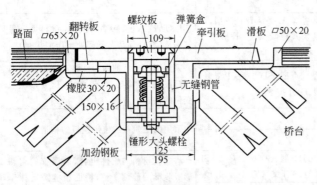

图 5-91　滑动钢板伸缩装置（单位：mm）

2. 滑动钢板伸缩装置

滑动钢板伸缩装置，一侧用螺栓锚定牵引板，另一侧搁置在桥台边缘处的角钢上，角钢与牵引板间设置滑板，用钢板的滑动适应结构的伸缩。缝间可填充压缩材料或加设盖板，如图 5-91 所示。滑动钢板通过橡胶垫块始终紧压在护缘角钢上，这样既消除了不利的拍击作用，又显著减小了车辆的冲击作用。

（四）橡胶伸缩装置

橡胶伸缩装置是指伸缩体采用橡胶构件的伸缩装置。伸缩体两端固定用 A3 号钢。伸缩体所用的橡胶有良好的耐老化、耐气候和抗腐蚀的性能。

橡胶伸缩装置适用温度的范围是：氯丁胶型（普通型），＋60～－25℃；三元乙丙胶型（耐寒型），＋60～－45℃；橡胶硬度（邵氏硬度），（50±5）～（60±5）℃。

橡胶伸缩装置尚在发展中，经常有新产品推出，种类繁多，这里仅列出常用的几类为大家作介绍。

1. 纯橡胶伸缩装置

纯橡胶伸缩装置有空心板型、W 形或 M 形。这类装置具有构造简单、伸缩性好、防水防尘、安装方便、价格低廉等优点，伸缩量为 30～50mm，一般用于低等级公路的中小桥梁。

（1）空心板型橡胶伸缩装置

① 构造特点　空心板型橡胶伸缩装置，是指利用橡胶富有弹性和耐老化特性，将其嵌入型钢制成的槽内，使橡胶在气温升降变化时始终保持受压状态的伸缩装置。根据伸缩量不

同的需要做成两孔或三孔的形式，如图 5-92 所示。

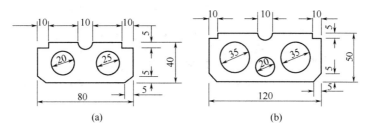

图 5-92　空心板型橡胶伸缩装置（单位：mm）

② 施工安装程序　施工安装程序如图 5-93 所示。

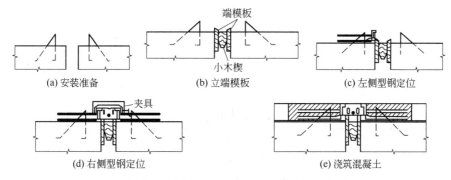

图 5-93　空心板型橡胶伸缩装置施工安装程序

a. 安装准备。如图 5-93(a) 所示，清理梁端、顶面凿毛、冲洗，各梁伸出不齐者应予以修整，以利设置端模板。

b. 立端模板。如图 5-93(b) 所示，两端模板要用小木楔挤紧。木楔横桥向尺寸应尽量小，以使其在梁伸长时能被挤碎，缩短时可自由脱落，模板由下面设法取出。模板应尽量薄，顶端削成 45°角，楔子应打入适当深度，使其顶部不阻碍胶条压缩时向下凸变。

c. 左侧型钢定位。如图 5-93(c) 所示，将左侧型钢组件焊好后，按设计要求用定位钢筋点焊于架立钢筋上，然后将胶条相互接触的表面进行除锈去油污等清理工作。

d. 涂胶、对合、加压、右侧型钢定位。如图 5-93(d) 所示，右侧型钢与胶条相互接触的表面除锈去油污，并将橡胶伸缩条两侧胶面打毛，然后涂以"202"或"203"胶水，立即对合，用特别夹具加压至计算的安装定位值后，与左侧同样方法点焊定位。定位完毕拆除所有夹具。

e. 浇筑混凝土。如图 5-93(e) 所示，定位完毕，伸缩装置两侧各浇宽 50cm 的 C30 混凝土，并注意养护。

以上各道工序应连续进行，不宜间断。空心板型橡胶伸缩装置安装如图 5-94 所示。

（2）W 形橡胶伸缩装置

① 构造特点　W 形橡胶伸缩装置是将富有弹性、耐老化的 W 形橡胶条嵌入配套的 L 形钢内，橡胶条在气温升降变化时始终处于受压状态的一种伸缩装置，如图 5-95 所示。

② 施工安装程序（图 5-96）

a. 安装准备。如图 5-96(a) 所示，具体步骤同上。

b. 立端模板。如图 5-96(b) 所示，具体步骤同上。

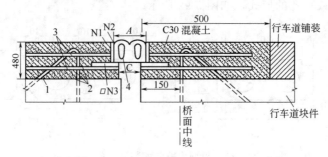

图 5-94 空心板型橡胶伸缩装置安装总图（单位：mm）

1,2,3—钢筋；4—橡胶条；N1,N2—角钢；N3—钢板

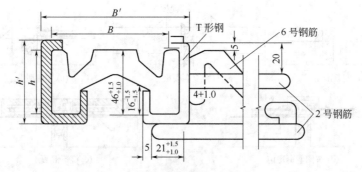

图 5-95 W 形橡胶伸缩装置（单位：mm）

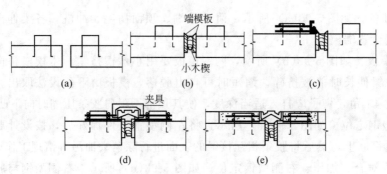

图 5-96 W 形橡胶伸缩装置施工安装程序示意图

c. L 形钢定位。如图 5-96(c)、(d) 所示，将左侧型钢组用垫块垫平，然后将与胶条相互接触的表面进行除锈去油污等清理工作，再将橡胶用旋凿压入左侧型钢中。将右侧型钢与胶条相互接触的表面除锈去油污，然后橡胶条用旋凿压入右侧型钢中，用特制夹具加压至安装时计算的安装定位值后，按设计要求用定位钢筋点焊于架立钢筋上，定位完毕拆除所有夹具。

d. 浇筑混凝土。如图 5-96(e) 所示，具体步骤同上。

W 形橡胶伸缩装置安装总图如图 5-97 所示。

2. 橡胶与钢板黏合式伸缩装置

橡胶与钢板黏合式伸缩装置属板式伸缩装置系列，曾广泛使用过，但由于结构本身存在摩擦阻力大、螺钉紧固以及施工养护困难等缺陷，目前在高等级公路上的使用日渐减少。

（1）板式橡胶伸缩装置　板式橡胶伸缩装置，使用耐老化、耐磨的橡胶与加劲钢板黏合

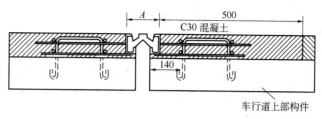

图 5-97 W 形橡胶伸缩装置安装总图

而成，其原理是利用橡胶体的拉压与剪切变形来适应桥面的伸缩位移，并利用橡胶体内预埋的加劲钢板来跨越变形缝以承受车辆荷载。橡胶板两侧通过预埋于梁端的螺栓与桥梁连接，产品单位长度 1m，分段组装至桥宽，其构造如图 5-98 所示。变位伸缩量为 30～150mm。

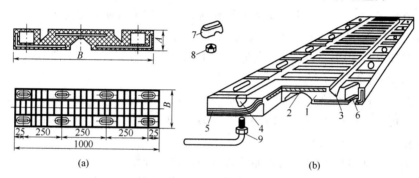

图 5-98 板式橡胶伸缩装置（单位：mm）

1—橡胶；2—加强钢板；3—伸缩槽；4—止水块；5—嵌合部；
6—螺母垫板；7—腰形盖帽；8—螺母；9—螺钉

（2）BF-2(SEJ) 橡胶伸缩装置　是 20 世纪 90 年代产品。它是由不等边角钢、焊接梳齿形固定块连接在主梁端部，中间托板的两端分别支撑在边梁角钢上，上部橡胶伸缩体由螺栓与托板和边梁角钢组合成整体，整个装置的水平变形和垂直荷载由各部件紧密配合来完成。橡胶伸缩条按桥宽长度无缝整体制作，中间托板与边角钢起到支撑作用，其构造如图 5-99 所示。

该装置变位伸缩量为 40～200mm，适用于正交桥、斜交桥及弯桥。

（五）模数式伸缩装置

由于公路和各种长大桥梁的不断兴起，对位移伸缩量的要求愈来愈高，钢板

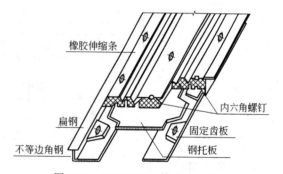

图 5-99 BF-2(SEJ) 橡胶伸缩装置

及一般的橡胶伸缩装置，已很难满足大位移量的要求，因此出现了在大位移量情况下能承受车辆荷载的各种类型模数式伸缩装置系列。

这类伸缩装置在构造上的共同点是：均由 V 形截面形状的橡胶密封条，嵌接于异型边梁钢和中梁钢内组成可伸缩的密封体，异型钢梁直接承受车辆荷载，且可根据要求的伸缩量，随意增加中梁钢和密封橡胶条，加工组装成各种伸缩量的系列产品；其不同点仅在于承重异型钢梁和传递伸缩力的传动机构形式及原理上的差异。在工程上使用较多的品牌有"万

宝"系列、"SSFB"系列、"J-75"系列等。

（六）其他伸缩装置

1. 改性沥青填充型伸缩装置

改性沥青填充型伸缩装置，由以橡胶、塑料、沥青等为主的多种高分子聚合物与碎石拌和后，现浇填充于桥梁变形缝的槽口内而成。

（1）优点　这种装置较之其他伸缩装置有以下优点。

① 优质　是一种桥面无缝的伸缩装置，与路面平接，行车平稳，防水可靠。

② 价廉　价格低于同等性能的其他伸缩装置。

③ 适应性好　水泥混凝土、沥青混凝土桥都可以使用。使用温度−25～＋60℃。

④ 施工简便　不设任何锚固系统，所以也就不存在以往伸缩装置最大的病害——锚固失效，从而免除了锚固和部件的移动带来的麻烦，不仅施工方便，也降低了施工成本。

⑤ 安装迅速　本装置不仅可以在新建桥上应用，也可在维修更换旧伸缩装置时使用。在维修更换旧伸缩装置时，不必封闭交通，可半幅通车，半幅施工，并能在几小时内完成作业，完工后1h即可通车。

（2）特点　改性沥青填充型伸缩装置是一种高阻尼材料，可承受三维变形和作用力，行车平衡，防水可靠。但由于使用时间还不长，现在也只能用在伸缩量小于50mm的中小桥上，对大位移量伸缩缝还无能为力。

（3）实例　下面就以万宝埋入式伸缩装置为例进行介绍。

万宝埋入式伸缩装置（亦称无缝伸缩缝），此装置是美国 WBA 公司 20 世纪 90 年代研制的一种新型独特的伸缩装置。该伸缩装置由支撑钢板和用新型弹性材料混合石料加固的特种填料组成，应用在伸缩位移量 50mm 以下的中小型桥梁。其构造特点如图 5-100 所示。

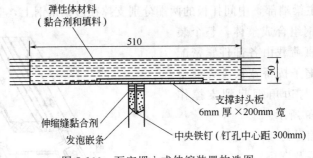

图 5-100　万宝埋入式伸缩装置构造图

① 构造与材料

a. 支撑钢板。支撑钢板用于保护梁端接缝，同时承受弹性材料及石料加固的填料，该钢板带孔，便于将发泡嵌条锚住。支撑钢板尺寸不小于 200mm(宽)×6mm(厚)。

b. 嵌条。闭孔发泡嵌条直径为梁间隙的 1.5 倍，应具耐热性能。

c. 改性弹性材料。该弹性材料经过特殊改性，以保证材料能在较大温度范围内，既具柔韧性又有较高的软点（82℃），因此在室外温度下不会发生流变现象，它与支撑钢板、角状的填料一起作为伸缩装置的主体材料。

d. 石料。采用二次清洗后干燥的 1 号和 1-A 石料（下列为通过以下筛子尺寸的石料的百分数）。

1 号石料　25mm：10％　　　　　　　　1-A 石料　13mm：100％

　　　　　　　　13mm：90％～100％　　　　　　　　　6mm：90％～100％

　　　　　　　　6mm：0～15％　　　　　　　　　　　　3mm：0～15％

② 槽口尺寸　伸缩装置槽口最小安装尺寸为 510mm 宽、50mm 深，应完整、清洁、干燥。

③ 施工安装程序

a. 埋入式伸缩装置根据接缝长度和体积发运材料。将支撑钢板切割成 1m 或 1.5m 长度发运，改性弹性材料和石料计算体积后按量发运。

b. 本伸缩装置应由生产工厂或工地专业施工队伍进行施工，以确保质量。

c. 现场准备。路面、人行道、防护栏中的槽口应根据施工图确立尺寸，所有接缝间隙大于 6mm 的都必须先填充发泡嵌条。槽口最小宽度为 510mm，最小深度为 50mm。将发泡嵌条置于接缝开口处，约低于开口 25mm，将预先加热的弹性体结合料浇筑于接缝剩余空间的部分，要注意保证弹性结合料不流出接缝处。将钢板沿接缝中心线首尾相连，在钢板中心位置钉入钉子，通过预钻孔用锤子直接钉入弹性结合料中，这些钉子用于钢板定位。然后将弹性体及石料混合，进行浇筑。

d. 浇筑混合填料。在安装前，弹性黏结料必须加热熔化至一定温度（不低于 191℃），整个槽口宜用热空气枪或丙烷气加热，然后将加热的黏结料浇筑于槽口的侧部和底部及钢板的表面；将预先计量的石料置于混合搅拌器中，加热不低于 121℃，并把已热的黏结料加到石料中，混合约 5min，直至所有石料被黏结料包裹为止，然后将混合物浇满槽口，并搅拌、振捣；待接缝浇满后，再在顶部表面敷设细砂、抹平，其顶面宜略高于路面高程，并用压路机械顺向压实，冷却后即可通车。

2. TST 弹塑体、碎石填充型伸缩装置

TST 材料系由多种高分子聚合物与沥青混合而成。高温（140～190℃）显示与沥青-L 样的流动性，在常温下（-25～+60℃）显示为具有弹性和可塑性的固体。TST 永不固化，并长期保持这种性能。TST 在 -25℃时，仍有 100％的延伸率，而将其用在伸缩装置上，仅需要大约 5％的伸长与压缩，因而不会开裂或拉断。这种 TST 装置，现在只能用到最大的伸缩量 50mm 的中小桥梁上。其构造特点如图 5-101 所示。

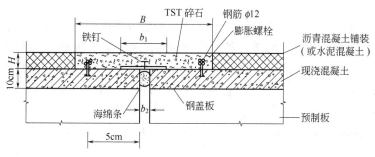

图 5-101　TST 填充型伸缩装置构造图

（1）组成

① 跨缝板　跨缝板的作用是为了防止施工中碎石落下和保证伸缩体均匀收缩。

② 海绵体　其作用是防止施工中熔化的 TST 漏掉。

③ 碎石　碎石有足够的能力支持荷载，在碎石内浇灌上弹塑体将碎石固定，以满足伸缩装置的均匀收缩。

（2）槽口尺寸（表 5-18）

表 5-18　槽口尺寸/mm

伸缩量	10	20	30	40	45	50
槽口宽 B	200	300	400	500	600	700
槽口深 H	60	60	80	80	80	80
梁端间隙 b_2	20	20	30	40	40	40

（3）施工安装程序

① TST 填充型伸缩装置应由生产工厂或工地专业施工队伍施工，以确保质量。

② 施工环境的要求　可靠的交通安全保障；无雨天气；风力大于 3 级，温度低于 10℃ 时不宜施工。

（4）施工步骤

① 清扫伸缩装置周边的桥面。

② 按设计要求确定的槽口宽度放线、切缝、清理。

③ 距离槽口 5cm，每间隔 25cm 打入一个膨胀螺钉，每米两边共 8 只，其高度在 $1/2H$ 的槽口深，并在螺钉内侧螺母上顺缝方向通焊一根 $\phi 12$ 钢筋。

④ 清洗槽口，用火焰喷射器烘干槽口，并将槽口加热。

⑤ 用海绵胶条填塞变形缝，不留空隙，以免熔化的 TST 漏掉。

⑥ 用 TST 专用黏合剂涂刷槽口壁，涂刷要饱满，不堆积不露白，晾干 15min 左右即可。

⑦ 浇入一层熔化的 TST，并用刮板均匀涂满槽口的底面与侧面。

⑧ 放置专用跨缝板盖住变形缝，跨缝板位置一定要对中。梁端间隙≤40mm，用专用塑料板；梁端间隙＞40mm，用规定的钢板，且每段长度不得大于 1000mm，并插入定位针。

⑨ 从槽口一端开始，插入第一层已加热至 100～50℃ 的粗粒碎石，厚度以能见到下面的 TST 为准。然后浇入第二层 TST，淹没碎石即可；为加速 TST 渗透和排气，可用钢纤不断插捣。

⑩ 按上述步骤浇筑 TST 和碎石 2～3 层，到距槽口顶面 10mm 左右时，暂停作业，这时 TST 还在继续渗透、排气、收缩，按上述方法施工另一条伸缩缝。大约 1h 后，已施工未罩面的伸缩缝，TST 渗透、排气、收缩停止，表面出现孔隙和凹陷，此时可用加热后粒径为 5～10mm 的细粒料石罩面，用平头铲将细粒料拍紧、找平，以粒料高出槽口 3mm 左右为宜，最后在粒料上非常小心地浇一层 TST，以其充满粒料孔隙并刚淹没粒料为限。若施工精心，一般不需要修整，自然冷却 1～2h 后即可开放交通，如急需通车，可用冷水强制降温，30min 后可放行车辆。

3. D·S 布朗公司弹塑体填充式伸缩装置

该产品按小位移量（≤50mm）设计。布朗 502 弹塑体是由多种高分子聚合而成，它在高温（140℃ 以上）为熔态，在常温（-25～+60℃）是弹塑性固体。受到快速作用力（如冲击、振动）时显示高弹性，在缓慢作用力（如温度作用下的收缩、自然状态下的徐变）下显可塑性，其延伸性好，黏结力强，不会开裂。这也是 502 弹塑体能用在碎石填充式伸缩装置上的依据，是伸缩装置构成和工作的主体。其构造及尺寸如图 5-102 所示。

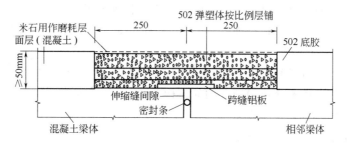

图 5-102　D·S 布朗填充式伸缩装置构造图（单位：mm）

（1）构造、材料

① 布朗 502 弹塑体　由多种高分子聚合而成的一种高黏弹塑材料。

② 集料　特别精选的黑色花岗石，按特定级配混合均匀，加倍清洗、干燥，用作集料，与 502 拌和，增大密实度和承载力。

③ 米石　特别精选黑色花岗石，加倍清洗、干燥，用作表面磨耗层。

④ 跨缝板　选用铝板，厚 1mm，宽 150mm（当预留间隙大于 50mm 时，应适当加宽），标准长度为 1.2m 或 1.5m，作为跨缝板，防止集料落入缝隙并保证伸缩体均匀伸缩。

⑤ 密封条　用高弹性海绵制成，防止熔化的 502 泄漏。

（2）槽口尺寸　按标准预留槽口，最小槽深 50mm，宽度 500mm，无须锚固。根据桥面的具体情况，槽深可适当增加。

（3）施工安装程序

① 切割槽口，最小深度 50mm，宽度 500mm；用风镐、钢丝刷清除所有杂物。

② 用火焰喷射枪清洁、干燥槽口。

③ 在槽底、槽边涂底胶，晾干 10～15min。

④ 在伸缩间隙处嵌入密封条，浇入深化的 502 填满间隙。

⑤ 放置跨缝板对中压紧。

⑥ 在槽底槽边涂一层熔化的 502，厚 1～2mm。

⑦ 在搅拌机中将集料加热到 135～163℃，在熔化炉中将 502 加热到 188℃。

⑧ 拌和 502 集料。

⑨ 将拌和料按比例分层摊铺、捣实，最后一层填料比桥面略高；在热黏结剂上撒一层米石，用压路机压实平齐。

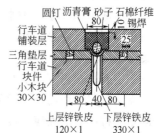

(a) 伸缩量为 20～40mm 时

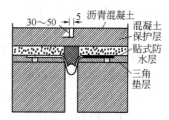

(b) 伸缩量不超过 10mm 时

4. U 形锌铁皮伸缩装置

U 形锌铁皮伸缩装缝只能用在低等级公路的中、小跨径桥梁及人行道上。当伸缩量在 20～40mm 以内时，常采用以锌铁皮为跨缝材料的伸缩缝构造，见图 5-103。弯成 U 形断面的长条锌铁皮，分上、下层的弯开部分开凿了孔径 6mm、孔距 30mm 的梅花眼，其上设置石棉纤维垫绳，然后用沥青填塞。这样，当桥面伸缩时，锌铁皮可随之变形，下层 U 形锌铁皮可将渗下的雨水沿横向排出桥外。对于沥

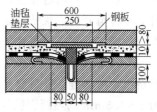

(c) 用油毛毡隔离

图 5-103　U 形锌铁皮伸缩装置
构造图（单位：mm）

青混凝土桥面，如伸缩量不超过 10mm，可以不必将桥面断开，如图 5-103（b）所示。为避免桥面出现不规则的缝迹，可在桥面施工时预留 5mm 宽、30～50mm 深的整齐切口，以后再注入沥青砂。

图 5-103（c）所示是使缝上桥面层与梁段混凝土保护层用油毛毡局部隔离，以增加桥面参与受力部分的长度，而不使桥面断开的伸缩构造。

U 形锌铁皮伸缩缝的优点是构造简单、施工方便、行车方便、价格较低，但耐久性较差，且只能适应于小伸缩量的桥梁使用。

二、桥面防水层

（一）概述

桥面的防水层设置在行车道铺装层下边，它将透过铺装层渗下的雨水汇积到排水设施排出。有以下几种类型：卷材防水层、涂料防水层、水泥砂浆防水层、石灰三合土或胶泥防水层。

（二）防水层类型及施工要求

1. 卷材防水层

热铺卷材防水层，应采用石油沥青油毡、沥青玻璃布油毡、再生胶油毡等。铺贴石油沥青卷材，必须使用石油沥青胶结材料；铺贴焦油沥青卷材，必须使用焦油沥青胶结材料。

防水层所用的沥青，其软化点应较基层及防水层周围介质的可能最高温度高出 20～25℃，且不低于 40℃。沥青胶结材料的加热温度，应符合国家相关标准的规定。耐酸沥青胶采用角闪石粉、辉绿岩粉、石英粉或其他耐碱矿物粉为填充料。

底板卷材防水层可以垫层混凝土或水泥砂浆找平层作为基层，侧墙卷材防水层可以水泥砂浆找平层或直接以钢筋混凝土侧墙作为基层。基层必须牢固、平整、洁净；铺贴卷材前应尽量干燥；基层表面的阴阳角处，均应做成圆弧形或钝角。

铺贴卷材前，表面应用冷底子油满涂铺匀，待冷底子油干燥后方可铺贴卷材。卷材铺贴应符合下列规定。

（1）卷材铺贴前应保持干燥，并应将表面的云母、滑石粉等清除。

（2）卷材搭接长度，长边不应小于 10cm，短边不应小于 15cm；上下两层和相邻两幅卷材的接缝相互错开，上下层卷材不得相互垂直。

（3）粘贴卷材的沥青胶厚度，一般为 1.5～2.5mm，不得超过 3mm。

（4）在转角处，卷材的搭接缝应留置在底面上距侧墙不小于 60cm 处。

（5）在底板和墙角面处的卷材防水层，应在铺设前先将转角抹成钝角或圆弧形，铺设时并应在防水层上加铺附加层，附加层一般可采用两层同样的油毡或一层沥青玻璃布油毡，铺贴时应按转角处的形状粘贴紧密；当转角由三个不同方向表面构成时，除附加层外，应加一层沥青玻璃布油毡或金属片予以加固。

（6）粘贴卷材应展平压实，卷材与基层和各层卷间必须黏结紧密，并将多铺的沥青胶结材料挤出，搭接缝必须封缝严密，防止出现水路；粘贴完最后一层卷材后，表面应再涂一层厚为 1～1.5mm 的热沥青胶结材料。

2. 涂料防水层

涂料防水层是在混凝土结构表面上涂刷防水涂料以形成防水层或附加防水层。防水涂料可使用沥青胶结材料或合成树脂、合成橡胶的乳液或溶液。在较潮湿的基面上涂刷防水涂料时，应采用湿固型涂料或乳化沥青、阳离子氯丁橡胶乳化沥青等亲水性涂料。涂料防水层施工前的基层表面必须平整、密实、洁净。

（1）沥青胶结材料防水层施工的规定

① 基层表面应满涂冷底子油，并宜使其干燥。

② 沥青胶结材料防水层一般涂两层，每层厚 1.5～2.0mm。

③ 沥青胶结材料所用沥青的软化点、加热温度和使用温度，可参照卷材防水层。

④ 沥青胶结材料防水层施工温度不得低于－20℃，如温度过低，必须采取保温措施。

⑤ 在炎热季节施工时，应采取遮阳措施，防止烈日暴晒及沥青流淌。

（2）合成树脂或合成橡胶乳液、溶液防水涂料施工的规定

① 乳液或溶液防水涂料的配合比应按照设计规定或涂料说明书办理，配制时应搅拌均匀。

② 防水涂料可用手工抹压、涂刷或喷涂，厚度应均匀一致，每道涂料厚度应按不同涂料确定，一般为 1.0～3.0mm。

③ 第一层涂层涂刷完毕，必须干燥结膜后，方可涂刷下一层，一般涂 2～3 层。涂刷第一层时必须与混凝土密实结合，不得夹有空隙。

④ 涂料中如配合有挥发性溶剂时，应在 3～4h 内完成。

⑤ 涂料防水层中夹有玻璃丝布等夹层时，应在涂刷一遍涂料后，逐条紧贴玻璃丝布并扫平、压紧，使胶结料吃透布面。涂贴应均匀，不得有起鼓、翘边、皱褶、流淌等现象。玻璃丝布搭接要求，可参照卷材防水层办理。

⑥ 当采用水乳型橡胶沥青时，施工时最低气温不低于＋5℃。雨天及大风天不得施工。

3. 水泥砂浆防水层

水泥砂浆防水层分为掺外加剂的水泥砂浆防水层、刚性多层做法防水层两种。

（1）水泥砂浆防水层材料应符合的规定

① 水泥宜采用普通水泥或膨胀水泥，亦可采用矿渣水泥，侵蚀性环境中的水泥砂浆防水层，应按设计规定选用水泥，严禁使用过期、结块、失效水泥。

② 外加剂宜采用减水剂或氯化物金属盐类防水剂。

③ 砂宜用中砂。

④ 水宜用不含有害物质的纯净水。

⑤ 水泥砂浆中水泥和砂的配合比，一般可采用（1:2）～（1:2.5）（体积比）；水灰比可采用 0.4～0.45；坍落度可用 7～8cm；纯水泥浆水灰比可采用 0.4～0.6。采用外加剂的水泥砂浆，配合比应按有关技术规定执行。

（2）水泥砂浆防水层的铺设应符合的规定

① 底层表面平整、粗糙、干净和湿润，不得有积水。

② 刚性多层做法的防水层，各层宜连续施工，紧密贴合，不留施工缝。

③ 水泥砂浆应分层铺设，每层厚度 5～10mm，前层初凝后再铺设后一层，总厚度不宜小于 20mm。

④ 铺抹的最后一层，应将表面压光。

⑤ 采用水泥砂浆与纯水泥浆交替铺设的方法时，应先铺设纯水泥浆，再铺设水泥砂浆，可交替铺设 4～5 层。

⑥ 水泥砂浆在气温不低于 5℃ 的条件下施工和养护，养护期不少于 7～10 昼夜；水泥砂浆强度达到设计强度后方可承受水压。

4. 石灰三合土或胶泥防水层

在非冰冻区，中、小拱桥可采用三合土防水层，其厚度可为 10cm 左右。在铺设之前应先将拱背按排水方向做成一定的坡度，并砌抹平整。为确保防水效果，最好涂抹一层沥青。

三合土中之石灰应使用石灰胶或熟石灰粉。胶泥宜采用塑性指数大于 15 者，石灰和土应用 5mm 的筛子过筛，砂一般采用细砂。石灰、胶泥和细砂的比例可据胶泥成分采用 2：1：3 或 2：1：4。

配好的混合料应在使用 7 天前拌和均匀并加水储存。使用时应再次拌和，使用稠度均匀适宜；其用水量不宜过多，以达到塑性为止。

铺设时应注意拍打平整、密实。铺设完成后应覆盖养护，防止日晒、雨淋。发现裂缝时，应及时拍打密实。等表面不再发生裂缝后，才能在其上铺筑填充料。非冰冻地区的小跨径拱桥，也可采用胶泥做防水层，但须严格控制胶泥的含水量，以防干裂。

梁式桥的桥面防水，以往防水工程，一般用 1～3 层沥青防水卷和 2～3 层防水涂料。这种体系的主体即石油沥青其适应性和耐久性差，但施工条件苛刻，故逐渐不被采用而改用防水混凝土。路面为水泥混凝土的路面上，桥面防水采用防水混凝土成为较通用的方式。

三、桥面铺装

桥面铺装即行车道铺装。它的作用在于保护桥面板，防止车轮直接磨损，并免受雨水的浸蚀，且对车辆轮重的集中荷载起扩散作用。

行车道铺装有多种形式：水泥混凝土、沥青混凝土、沥青表面处治和泥结碎石等。水泥混凝土和沥青混凝土铺装用得较广，能满足各项要求。沥青表面处治和泥结碎石铺装，耐久性较差，仅在低等级公路桥梁上使用。

装配式钢筋混凝土和预应力混凝土梁桥常采用水泥混凝土或沥青混凝土桥面铺装。水泥混凝土铺装的造价较低，耐磨性能好，适应重载交通，但养生期长，日后修补较麻烦；沥青混凝土铺装重量较轻，维修方便，易于养护，但易老化和变形。

（一）沥青混凝土桥面铺装

桥面铺装采用沥青混凝土铺筑时，为防止沥青混凝土中的集料损坏防水层，宜在防水层上先铺一层沥青砂做保护层。

（二）水泥混凝土桥面铺装

桥面铺装采用水泥混凝土铺筑时，有两种方式：一种方式是全桥面铺装防水混凝土，其厚度一般为 6～8cm；另一种方式是在桥面铺装上再设置 7cm 厚的防水混凝土。防水混凝土层铺筑完成后，须及时覆盖和养护，并在混凝土达到设计强度后才能通车。

（三）桥面铺装施工注意事项

对预应力混凝土梁式桥，由于预应力损失、桥面铺装等第二部分恒载及活载的作用等因素，均会对梁体挠度造成一定影响。当上挠度过大时，将使桥面铺装施工产生困难，导致桥面铺装层在跨中较薄而支点处较厚，从而不能满足设计厚度的要求。因此，除应在梁体施工时采取有效措施避免过大的上挠度外，当梁体的实际挠度已较大，并不可避免将对桥面铺装层的施工造成不利影响时，应采取调整桥面高程等措施，以保证铺装层的厚度。

四、附属工程

（一）概述

桥面上设置的护轮安全带、路缘石、防撞护栏、装饰块、人行道、栏杆及照明灯柱等属于桥面系施工的范畴。

对大多数桥梁而言，桥面系施工的主要工作内容是小型块件的预制和安装，随着公路等级的提高和长大桥梁的不断兴建，现浇混凝土防撞栏和金属防撞栏的施工也非常普遍。由于小型块件的混凝土体积较小，工序虽简单但较烦琐，块件数量多，所耗费的工时亦多，而施工产值却不高，所以块件预制和安装的质量往往不被重视。

桥面系的施工，不仅要满足桥梁使用功能上的要求，对外观质量也应有较高的要求。在施工中，除应采取合理的工艺控制方法保证预制块件的质量外，安装（或现浇）施工的重点是控制好线形和高程两个方面，使其协调一致、平顺美观。

（二）路缘石

路缘石起到保护人行道的作用，其可以做成预制块件安装或与桥面铺装层一起现浇。预制的安全带块件有矩形截面和肋板截面两种。

（三）车行道

桥面行车道一般用沥青混凝土或水泥混凝土铺筑。

当采用沥青混凝土铺筑时，为防止沥青混凝土中的石子损坏隔水层，宜在隔水层上先铺一层沥青砂做保护层。

当采用水泥混凝土铺筑时，须在完成后及时覆盖和养护，并须在混凝土达到设计强度后才能通车。浇筑桥面铺装混凝土时，须注意以下几点。

（1）必须在横向联结钢板焊接完成后，才能进行桥面铺装，以免后焊的钢板胀缩而引起桥面混凝土在接缝处发生裂纹。

（2）浇筑铺装混凝土前应将桥面清洗干净，按设计要求铺设桥面钢筋网。

（3）桥面铺装混凝土如设计上要求防水混凝土，应按防水混凝土施工。

（四）人行道

人行道板一般是预制拼装，也可现浇。在预制或现浇人行道板时，要注意预留出安装灯柱、栏杆的位置，埋设好预埋件。

人行道梁必须采用稠水泥砂浆坐浆安装，并以此来形成人行顶面的横向排水坡；安装悬臂式人行道板时，需注意将构件上设置的钢板与桥面板内的锚栓焊牢后，完成了人行道梁的锚固，才可安砌或浇筑人行道板，以设计无锚固的人行道梁，人行道板的铺设应按照由里向外的次序操作。

人行道应在桥面断缝处做成伸缩缝。

人行道防水层通过人行道板与路缘石砌缝处与桥面防水层连成整体。

（五）栏杆与护栏

栏杆是桥梁工程的重要组成部分，对桥梁工程的评价起着直观的作用。栏杆施工不仅要保证质量，还要满足艺术型和美观的要求，见图5-104所示。

安装金属栏杆应符合下列要求。

（1）对焊接的栏杆，所有外露的接头，在焊后均应对焊缝作补焊缺陷及磨光的清面工作。

（2）对栏杆的线形应在就位固定以前，按设计及实际情况，精心弯制，以保证接头准确配合，安装后栏杆线形和弯曲度要准确。

（3）对栏杆构件需要在现场连接的孔眼，应将构件精确组装就位后，再进行打孔。

（4）金属栏杆应在厂内除锈，并涂防锈漆一道，在安装以后，校验线形与位置均无误后，再涂2～3道油漆，漆后栏杆表面须光滑，色泽一致。

（六）灯柱

灯柱常用钢管或铸铁管架立，一般采用钢筋（或钢板）焊接（或螺栓锚固）在桥面预埋

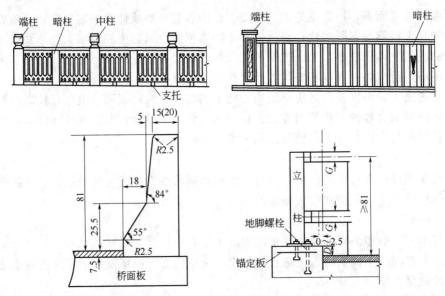

图 5-104 栏杆示意图（单位：cm）

的锚栓上，再用水泥砂浆填缝固定。安装灯柱时，必须在全桥对直和校平，对坡桥、斜桥则要求平顺。灯柱施工的一般有以下要求。

（1）安装前对构件要进行全面检查，符合质量要求才能使用。

（2）灯柱按设计的位置准确放样。

（3）灯柱的连接必须牢固，线条顺直、整齐、美观，电路安全可靠。

（4）灯柱的竖直度：顺桥向、横桥向均不大于 10mm。

习　题

1. 简述桩基础的分类以及各种桩基础的施工过程。

2. 桩基础施工是会出现哪些事故，事故解决的方法是什么？

3. 支架的类型及特点是什么？

4. 模板分类及要求是什么？

5. 简述主梁钢筋骨架的制作要点。

6. 简述混凝土浇筑的注意事项。

7. 普通钢筋混凝土梁的现浇过程一般程序是怎样的？

8. 装配式板桥有什么优越性？其横向连接有哪些方法？

9. 参照教材，能够熟练阅读装配式梁桥主梁、横隔梁的构造。

10. 装配式 T 形梁桥由哪些部分组成？各部分的作用是什么？各部分构造上有什么要求？

11. 装配式简支梁桥上部结构安装施工的方法和要点是什么？

12. 装配式梁桥吊装的方法以及连接方式是什么？

13. 简述连续梁桥和刚构桥的施工方法。

14. 缆索吊装施工的主要工序是什么？

15. 桥面由哪些部分组成？如何进行桥面排水？

16. 简述几种常见的伸缩装置类型。

17. 伸缩缝的作用是什么？人行道有哪几种形式？

18. 拱桥主拱圈有哪几种基本类型？

19. 拱桥设置变形缝、伸缩缝的作用是什么？

20. 简述防水层的施工方法。

第六章 市政管道工程施工

知识点

● 管道、开槽埋管、管道试验、管道处理。

学习目标

● 了解管道的技术要求、管道不开槽法的施工程序和工艺；理解管道材料及连接方式、管道除锈、刷油、防腐、保温的种类；掌握开槽埋管的施工程序和工艺。

第一节 管道施工概述

管道工程是市政工程不可缺少的组成部分。城市排水管道主要分为污水管道和雨水管道，雨水管道用于排除降落到地面上的雨水，污水管道用于排除城镇的各种污水，并将其送至污水处理厂或水体中。污水和雨水管道主干管，一般沿道路纵向布置，平行于道路中心线，设置在城市街道下。一般情况下，污水管道比雨水管道埋置较深，故先施工污水管道，后施工雨水管道。污水管道和雨水管道主要是由管道、基础、接口抹带、检查井等构成。

一、管道术语

各种用途的管道都是由管子和管道附件组成。管道附件是连接在管道上的阀门、接头配件等部件的总称。为便于生产厂家制造、设计以及施工单位选用，国家对管子和管道附件制定了统一的规定标准。管子和管道附件的通用标准主要是下列所指的公称通径、公称压力、试验压力和工作压力等。

1. 公称通径

管道和管道附件的标准直径。它是就内径而言的标准，只近似于内径而不是实际内径。因为同一号规格的管外径都相等，但对各种不同工作压力要选用不同壁厚的管道，压力大选用管壁较厚的，内径因壁厚增大而减小。公称通径通常用字母 DN 作为标志符号，符号后面注明单位为毫米的尺寸。例如 $DN50$，表示公称通径为 50mm 的管道。

公称通径的使用一般是针对有缝钢管、铸铁管、混凝土管等管子的标称，但无缝钢管不用此表示法。管子和管道附件以及各种设备上的管子接口，都要符合公称通径标准，根据公称通径标准进行生产制造或加工，不得随意选定尺寸。

2. 公称压力

是生产管道和管道附件的强度方面的标准。不同的材料承受压力的性能不同。在管道内流动的介质，都具有一定的压力和温度。用不同材料组成的管子和管道附件所能承受的压力，受介质工作温度的影响。随着温度的升高，材料强度要降低。所以在某一温度下制品所允许承受的压力，作为其耐压强度的标准，此时的温度称为基准温度。制品在基准温度下的耐压强度则称为公称压力，用符号 PN 表示，如公称压力 2.5MPa，可记为 $PN2.5$。

3. 试验压力

在常温下检验管子及附件机械强度及严密性能的压力标准，即通常水压试验的压力标准。试验压力以 p_s 表示。水压试验采用常温下的自来水，试验压力为公称压力的 $1.5\sim2$ 倍，即 p_s 为 $(1.5\sim2)PN$，公称压力 PN 较大时，倍数值选小的；PN 较小时，倍数值选大的。

4. 工作压力

指管道内流动介质的工作压力，用字母 pt 表示。"t"为介质最高温度的 $1/10$ 的整数值，例如 pt 为 P20 时，"20"表示介质最高温度为 200℃，输送热水和蒸汽的热力管道和附件，由于温度升高而产生热应力，使金属材料机械强度降低，因而承压能力随着温度升高而降低，所以热力管道的工作压力随着工作温度提高而减小其最大允许值。

公称压力既表示管道又表示管道附件的一般强度标准，可根据所输送介质的参数选择管道及管道附件，而不必进行强度计算，这样既便于设计，又便于安装。

二、管材

（一）对管材的基本要求

对于排水工程所使用的管道材料的基本要求如下。

（1）具有足够的机械强度和一定的刚度。管道埋置于道路之下，外部荷载主要由土壤重量所产生的静荷载，以及有车辆运行而产生的动荷载组成。所以排水管道必须具有足够的强度，以承受外部荷载和内部水压力的作用。为了保证排水管道在运输和施工中不至于破裂，也必须要求管道强度足够大。

（2）是管材内外表面光滑，水利条件较好，从而使水流阻力尽量减小。

（3）具有一定的耐腐蚀能力。排水管道在污水或地下水的侵蚀作用下，损坏程度增大，使用时间缩短。为了抵抗污水中杂质对于管道的冲刷和磨损作用，就要求管道具有抗腐蚀的性能。

（4）具有不透水性。排水管道内排放的是污水或工业废水，污水若从管道渗出进入土壤，将会污染地下水或邻近水体，同时又会破坏管道以及附近房屋的基础；若地下水渗入管道内，不但降低了管道的排水能力，同时也增大了污水泵站和处理厂的工作负荷。

（5）易加工。排水管道的材料选用，应本着就地取材的原则，同时考虑预制管件及快速施工的可能。

总之，在进行给排水管材选用时，要求管道材料应满足排水工程的使用，同时，还要考虑管道材料的选用对降低排水系统造价的影响。因此，选择排水管道材料时应综合考虑技术性、抗破坏性、耐腐蚀性、抗渗性、光滑性、经济性及其他方面的因素。应在保证质量的前提下，选择价格低廉、货源充足、供货近便的管材。

（二）管道的技术要求

（1）能承受设计要求的工作压力，一般说来要求管道的管壁有一定厚度，特别注意壁厚要均匀。对于不同的工作压力就要选用不同的管材。

（2）能通过设计要求的流量，而不至于造成过大的水头损失，以节约能量。这就要求有适当大小的管道内径，使得管内流速不至于太高。并要求管道内壁尽可能光滑、以减少摩阻系数。

（3）价格低廉，使用寿命长。塑料管材要注意防老化，钢铁管材注意防锈蚀。

（4）便于运输、易于安装与施工，主要是接头的连接要方便而且不漏水。自重不要太大，有一定的抗震和抗折的能力。

（三）管道的分类

1. 市政管道按其用途不同分

分为给水管道、排水管道、热力管道和燃气管道等。城市排水管道主要分为污水管道和雨水管道。污水管道用于排除城镇的各种污水，并送至污水处理厂，进行净化处理。雨水管道用于排除降落到地面上的雨水。污水和雨水管道一般铺设在道路和街道下面，平行于道路中心线。

2. 按管道材料分

管材是指给排水工程所选用的管材，分为金属与非金属管材两大类。金属管材有无缝钢管、有缝钢管（焊接钢管）、铸铁管、铜管、不锈钢管等；非金属管分为塑料管、玻璃钢管、混凝土管、钢筋混凝土管、陶土管等。

（1）素混凝土管和钢筋混凝土管　素混凝土管是没有配钢筋的混凝土管，是用水泥、砂、碎石按一定比例混合加水搅拌浇筑而成的。素混凝土管能承受的内水压力较小。这种管体积大，应尽量争取在现场附近浇制，而不要远途运输，以免在运输过程中损坏、破裂。但是素混凝土管的性能与制管所用的材料、制管工艺水平有很大关系。因此，在有条件的地方，应通过测试来确定工作压力。

钢筋混凝土管有预应力钢筋混凝土管和自应力钢筋混凝土管两种，都是在混凝土浇制过程中使钢筋受到一定的拉力，从而使管子在工作压力范围内不会产生裂缝。可承受内压 $400\sim500$ kPa，常用直径为 $70\sim1200$ mm。钢筋混凝土管的优点是：钢材用量仅为铸铁管的 $10\%\sim15\%$，而且不会因锈蚀使输水性能降低，使用寿命长，一般可使用 70 年或更长时间。但其质脆，较重，运输有一定困难，而且目前制造工艺比较复杂。

混凝土和钢筋混凝土管适用于排除雨水、污水，可在专门的工厂预制，也可在现场浇制。分为混凝土管、轻型钢筋混凝土管、重型钢筋混凝土管 3 种。混凝土管管径一般不超过 400 mm，长度一般为 1 m。为了抵抗外压力，直径大于 400 mm 时，一般加配钢筋制成钢筋混凝土管，其长度在 $1\sim4$ m 之间。混凝土管和钢筋混凝土管可以根据抗压能力的不同要求，制成无压管、低压管、预应力管等。混凝土管和钢筋混凝土管除用作一般自流排水管道外，钢筋混凝土管及预应力钢筋混凝土管亦可用作泵站的压力管及倒虹管。它们的主要缺点是抗酸、碱侵蚀及抗渗性能较差、管节短、接头多、施工复杂。另外大管径钢筋混凝土管的自重大，搬运不便。

（2）陶土管　陶土管是由耐火土经焙烧制成，一般是承插式。陶土管直径一般不超过 500 mm，长度一般为 1000 mm。带釉的陶土管内外壁光滑，水流阻力小，不透水性好，耐磨损，抗腐蚀。但陶土管质脆易碎，不宜远运，不能受内压，抗弯抗拉强度低，不宜敷设在松土或埋深较大的地方。此外，管节短，需要较多的接口，增加施工费用。常用于排除酸性废水，或管外有侵蚀性地下水的污水管道。

（3）金属管　常用的金属管有铸铁管和钢管，只有在排水管道承受高内压、高外压或对渗漏要求特别高的地方，才使用金属管。金属管质地坚硬，抗压、抗震性强，管节长。但价格较贵，对酸碱的防腐蚀性较差，在使用时必须涂刷耐腐蚀的涂料并注意绝缘。

铸铁管一般可承压 1 MPa，优点是工作可靠和使用寿命长，一般可使用 $60\sim70$ 年，但一般在 30 年后就要开始陆续更换。缺点是较脆，不能经受较大的动荷重，比钢管要多花

1.5～2.5 倍的材料。每根管子长度仅为钢筋的 1/4～1/3，故接头多，增加施工工作量。另外，在长期输水后，由于锈蚀，内壁会产生锈瘤，使内径逐渐变小，阻力逐渐加大，而大大降低其过水能力。

钢管可承压 1.5～6.0MPa，与铸铁管相比，它的优点是能经受较大的压力、韧性强、能承受动荷载、管壁较薄、节省材料。管段长而接口少，敷设简便，但易腐蚀、寿命仅为铸铁管的一半，因此敷设在土中时表面应有良好的保护层。常用的钢管有热轧无缝钢管、冷轧（冷拔）无缝钢管、水煤气输送钢管（即自来水管）和电焊钢管等，一般用焊接，螺纹接头或法兰接头。

（4）塑料管道　塑料管道通常采用粘接、对接熔接和电熔管件熔接等。塑料管是由不同种类的树脂掺入稳定剂、添加剂和润滑剂等配合后，挤压成型的。采用不同的树脂就产生出不同的塑料管，品种很多。现在常用的有聚氯乙烯管（PVC）、聚乙烯管（PE）和聚丙烯管（PP）等。对于不同厚度的管子分别可承受内压力 400～1000kPa，其优点是施工容易，能适应一定的不均匀沉陷，内壁光滑，水头损失小。老化问题值得注意，但埋在地下可减慢老化速度。各种塑料管的规格各不相同，管径为 5～500mm，壁厚 0.5～8.0mm。

（5）其他管材　随着新型市政材料的不断研制，用于制作排水管道的材料也日益增多。如玻璃钢管、强化塑料管、聚氯乙烯管等，具有弹性好、耐腐蚀、重量轻、不漏水、管节长、接口施工方便等特点。在国外，英国生产有玻璃纤维筋混凝土管，美国生产有一种用塑料填充珍珠岩水泥的"构架管"，还有一种加筋的热固性树脂管。

（四）管道的连接方式

排水管道的不透水性和耐久性，在很大程度上取决于敷设管道时接口的质量。据统计，排水管道出现的问题，有 70％ 以上是管道接口的问题。所以，管道接口应具有足够的强度、不透水、能抵抗污水或地下水的侵蚀，具有一定的弹性，并且施工方便。管道接口是管道施工中的主要工序，也是管道安装中保证工程质量的关键。根据管道的不同，管道接口的连接方式也不同。管口构造通常有承插式、企口式、平口式。

1. 接口的形式

（1）柔性接口　柔性接口允许管道纵向轴线交错 3～5mm 或交错一个较小的角度，而不致引起渗漏。柔性接口一般用在地基软硬不一，沿管道轴向沉陷不均匀的无压管道上。柔性接口施工复杂，造价较高，在地震区采用有其独特的优越性。

（2）刚性接口　刚性接口不允许管道有轴向的交错，但施工简单、造价较低，因此采用较广泛。刚性接口抗震性能差，用在地基比较良好、有带形基础的无压管道上。

（3）半柔半刚性接口　介于上述两种接口形式之间，使用条件与柔性接口类似。

2. 接口的方法

（1）水泥砂浆抹带接口　属于刚性接口。在管子接口处用 (1:2.5)～(1:3) 水泥砂浆抹成半椭圆形或其他形状的砂浆带，带宽 120～150mm。一般适用于地基土质较好的雨水管道，或用于地下水位以上的污水支线上。企口管、平口管、承插管均可采用此种接口。

（2）钢丝网水泥砂浆抹带接口　属于刚性接口。将抹带范围的管外壁凿毛，抹 1:2.5 水泥砂浆一层厚 15mm，中间采用 20 号 10mm×10mm 钢丝网一层，两端插入基础混凝土中，上面再抹砂浆一层厚 10mm。适用于地基土质较好的带形基础的雨水、污水管道上。

（3）承插式橡胶圈接口　属柔性接口。在插口处设一凹槽，防止橡胶圈脱落。该种接口的管道有配套的"O"形橡胶圈。此种接口施工方便，适用于地基土质较差、地基硬度不均匀地区或地震区。企口管、平口管、承插管均可采用此种接口。

（4）企口式橡胶圈接口　属于柔性接口。配有与接口配套的"q"形橡胶圈。该种接口适用于地基土质不好、有不均匀沉降地区，既可用于开槽施工，也可用于顶管施工。

（5）预制套环石棉水泥（或沥青砂）接口　属于半柔半刚性接口。石棉水泥质量比为水∶石棉∶水泥＝1∶3∶7（沥青砂配比为沥青∶石棉∶砂＝1∶0.67∶0.67）。适用于地基不均匀地段，或地基经过处理后管道可能产生不均匀沉陷且位于地下水位以下，内压低于10m 的管道。

（6）现浇混凝土套环接口　属于刚性接口。适用于加强管道接口的刚度，可根据设计需要选用。

三、排水管道的基础

合理设计管道基础，对于排水管道使用寿命和安装质量有较大影响。在实际工程中，有时由于管道基础设计不周，施工质量较差，发生基础断裂、错口等事故。

（一）组成

排水管道基础一般由地基、基础和管座三个部分组成，如图 6-1 所示。

地基指沟槽底的土壤部分。常用的有天然地基和人工地基。地基承受管子和基础的质量以及管内水的质量，管上部土的荷载及地面荷载。

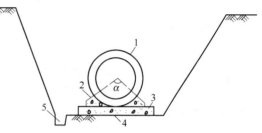

图 6-1　管道基础示意图

1—管道；2—管座；3—管基；4—地基；5—排水沟

（二）管道基础

基础指管子与地基间的设施，起传递荷载的作用。管座、管子与基础间的设施，使管子与基础成为一体，以增加管道的刚度。以下介绍几种常见的排水管道基础。

1. 弧形素土基础（图 6-2）

在原土上挖成弧形管槽，弧度中心角采用 60°～90°，管道安装在弧形槽内。它适用于无地下水且原土干燥并能挖成弧形槽，管径 D 为 150～1200mm，埋深 0.8～3.0m 的污水管线，但当埋深小于 1.5m，且管线敷设在车行道下，则不宜采用。

2. 砂垫层基础（图 6-3）

在沟槽内用带棱角的中砂垫层厚 200mm，它适用于无地下水、坚硬岩石地区，管道埋深 1.5～3.0m，小于 1.5m 时不宜采用。

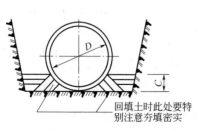

图 6-2　弧形素土基础

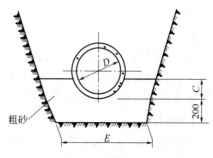

图 6-3　砂垫层基础

3. 灰土基础

适用于无地下水且土质较松软的地区，管道直径 D 为 $150\sim700$mm，适用于水泥砂浆抹带接口、套管接口及承插接口，弧度中心角常采用 $60°$，灰土配合比为 $3:7$（质量比）。

4. 混凝土基础

混凝土基础分为混凝土带形基础和混凝土枕基两种。混凝土枕基一般只在管道接口处设置，它适用于干燥土壤雨水管道及污水支管上，管径 $D<900$mm 的水泥砂浆接口及管径 $D<600$mm 的承插接口。混凝土带形基础是沿管道全长铺设的基础，整体性强，抗弯抗震性好，按管座的形式不同分 $90°$、$135°$、$180°$、$360°$ 四种管座基础。这种基础适用于各种潮湿土壤，以及地基软硬不均匀的排水管道，管径为 $200\sim2000$mm。无地下水时在槽底的原土上直接浇混凝土基础。有地下水时常在槽底先铺 $10\sim15$cm 厚的卵石或碎石垫层，然后才在上面浇混凝土基础，一般采用强度等级为 C10 的混凝土。在地震区，土质特别松软，不均匀沉陷严重地段，最好采用钢筋混凝土带形基础。

四、管道附件

（一）阀门

阀门是由阀体、阀瓣、阀盖及手轮等部件组成。在各种管道系统中，起到开启、关闭以及调节流量、压力的作用。阀门的种类很多，下面简单介绍几种阀门。

1. 阀门的分类（图 6-4）

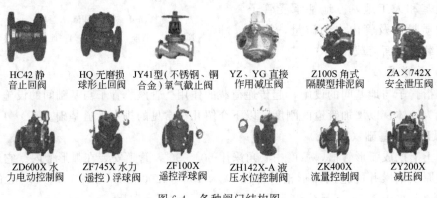

HC42 静音止回阀　　HQ 无磨损球形止回阀　　JY41型（不锈钢、铜合金）氧气截止阀　　YZ、YG 直接作用减压阀　　Z100S 角式隔膜型排泥阀　　ZA×742X 安全泄压阀

ZD600X 水力电动控制阀　　ZF745X 水力（遥控）浮球阀　　ZF100X 遥控浮球阀　　ZH142X-A 液压水位控制阀　　ZK400X 流量控制阀　　ZY200X 减压阀

图 6-4　各种阀门结构图

（1）按其动作特点分为驱动阀门和自动阀门两大类。

① 驱动阀门，是用手操纵或其他动力操纵的阀门。如闸阀、截止阀等。

② 自动阀门，是依靠介质本身的流量、压力或温度参数发生的变化而自行动作的阀门。这类阀门有止回阀（逆止阀，单向阀）、安全阀、浮球阀、液位控制阀、减压阀等。

（2）按工作压力的大小，阀门可分为：低压阀门，$\leqslant1.6$MPa；中压阀门，$2.5\sim6.4$MPa；高压阀门，$\geqslant10$MPa；超高压阀门，>100MPa。

（3）按制造材料，阀门分为金属阀门和非金属阀门两大类。金属阀门主要由铸铁、钢、铜制造；非金属阀门主要由塑料制造。

2. 阀门的安装

阀门经研磨、清洗、装配后，经试压合格后方可安装。

阀门安装时，应仔细核对阀门的型号、规格是否符合设计要求。安装的阀门，其阀体上标示的箭头，应与介质流向一致。水平管道上的阀门，其阀杆一般应安装在上半周范围内，不允许阀杆朝下安装。

（二）消火栓

1. 消火栓的分类

消火栓是发生火警时的取水龙头，按照其安装的形式可分为地面式和地下式两种。

地面式消火栓装于地面上，目标明显，易于寻找，但较易损坏，有时也会妨碍交通，一般适用于气温较高的地区；地下式消火栓一般安装于地下消火栓井内，使用时不如地面式方便，适用于气温较低的地区。

2. 消火栓的安装

消火栓消防系统由水枪、水带、消火栓、消防管道等组成。水枪、水带、消火栓一般设在便于取用的消火栓内。消防管道由消防立管及接消火栓的短支管组成。消火栓消防给水系统，消防立管直接接在消防给水系统上；与生活饮用水共用的消火栓消防系统，其立管从建筑给水管上接出。消防立管的安装应注意短支管的预留口位置，要保证短支管的方向准确。而短支管的位置和方向与消火栓有关。

五、管道的除锈、刷油、防腐、保温

管道的腐蚀主要是材料在外部介质影响下所产生的化学作用或电化学作用，使材料破坏和质变。为了保证正常的生产秩序和生活秩序，延长系统的使用寿命，除了正确选材外，采取有效的防腐措施也是十分必要的。

为了增加防腐油漆的附着力和防腐效果，在涂刷底漆前，必须将管道或设备表面的污物清除干净，并保持干燥，以便涂料和管道、设备表面能很好地结合。

（一）管道的除锈

管道及设备表面的锈层可用下列方法消除。

1. 人工除锈

一般使用刮刀、锉刀、钢丝刷、砂布或砂轮片等摩擦外表面，将金属表面的锈层、氧化皮、铸砂等除掉。对于钢管的内表面除锈，可用圆形钢丝刷来回拉擦内外表面。除锈必须彻底，以露出金属光泽为合格，再用干净的废棉纱或废布擦干净，最后用压缩空气吹扫。人工除锈的方法劳动强度大，效率低，质量差，但在劳动力充足，机械设备不足时通常可采用。

2. 机械除锈

采用金刚砂轮打磨或用压缩空气喷石英砂吹打金属表面，将金属表面的锈层、氧化皮、铸砂等污物除净。喷砂除锈虽然效率高，质量好，但喷砂过程中产生大量灰土污染环境，影响人们的身体健康。

3. 化学除锈

用酸洗的方法清除金属表面的锈层、氧化皮。采用浓度 $10\% \sim 20\%$、温度 $18 \sim 60℃$ 的稀硫酸溶液，浸泡金属物件 $15 \sim 60min$，也可用浓度 $10\% \sim 15\%$ 的盐酸在室温下进行酸洗，为使酸洗时不损伤金属，在酸溶液中加入缓蚀剂。

（二）管道的刷油

（1）刷油种类有防锈漆、调和漆、耐酸漆。

（2）刷油方式有以下几种。

① 手工涂刷。操作时应分层涂刷，每层应往复进行，纵横交错，并保持涂层均匀，不得漏涂（快干性漆不宜采用刷涂）。

② 机械喷涂。采用的工具为喷枪，以压缩空气为动力。喷射的漆流和喷漆面垂直。

（三）管道的防腐

钢管金属在有水和空气的环境中会被腐蚀而生成铁锈，失去金属特性。钢管直接埋入土中时，会和土中的水和空气接触，使管道外壁受到腐蚀；同时钢管输送液体时，管道内壁受到同样的腐蚀。常用的防腐方法有涂裹防腐蚀法和阴极保护法。

1. 涂裹防腐蚀法

主要是除锈、涂底漆、刷保护层。

（1）除锈　为了保证防腐层的质量，应将管道内外壁的浮锈、氧化皮、焊渣等彻底清除。除锈方法分人工、喷砂和化学除锈法等。

（2）钢管外防腐层　根据所采用防腐材料的种类不同分沥青漆、石油沥青涂料外防腐层和环氧煤沥青涂料外防腐层。

（3）钢管内防腐层　是以水泥砂浆衬里防腐，该方法是在钢管内壁均匀地涂抹一层水泥砂浆，而使钢管得到保护。这一方法不但能防止管道内壁腐蚀、结垢，延长管道使用寿命，还能保护介质，保持或提高管道的输水能力，节省能源，具有明显的经济效益和社会效益。

2. 阴极保护法

可通过牺牲阳极法和强制电流保护法来实现。

（1）牺牲阳极法　是将被保护钢管和另一种可以提供阴极保护电流的金属或合金（即牺牲阳极）相连，使被保护体自然腐蚀电位发生变化，从而降低腐蚀效率。

（2）强制电流保护法　将被保护钢管与外加直流电源负极相连，由外部电源提供保护电流，以降低腐蚀速率的方法。外部电源通过埋地辅助阳极，将保护电源引入地下，通过土层提供给被保护金属，被保护金属在大地电池中仍为阴极，其表面只发生还原反应，不会再发生金属离子化的氧化反应，使腐蚀受到抑制，而辅助阳极表面则发生丢失电子的氧化反应。辅助阳极所用材料有石墨、高硅铁、普通钢等。

上述两种阴极保护法，都是通过一个阴极保护电流源向受到腐蚀或存在腐蚀并需要保护的金属体提供足够的与原腐蚀电流方向相反的电流，使之恰好抵消金属体原来存在的腐蚀电流。

（四）管道的保温

常用保温材料有：硬质瓦块、泡沫玻璃瓦块、纤维类制品（管壳）、岩（矿）棉、泡沫塑料板、毡类制品、聚氨酯泡沫喷涂发泡、聚氨酯浇注发泡、高密度聚乙烯保护壳管和聚酯树脂玻璃钢保护壳管等。

六、管道的试水、试压及管道冲洗

管道整体施工完毕后，对其施工质量进行全面检验，需试水、试压及管道冲洗，符合要求进行验收签认。对于给水管道需进行试压、管道消毒冲洗；排水管道需进行闭水试验；热力、燃气管道，进行强度试验、气密性试验、管道吹扫、管道总试压及冲洗。下面简单介绍几种管道试验方法。

（一）给水管道试压试验

1. 落压试验（水压强度试验）

落压试验又称压力表试验。常用于管径 $DN \leqslant 400mm$ 小管径的水压强度试验。对于管径 $DN \leqslant 400mm$ 管道，在试验压力下，10min 降压不大于 0.05MPa 为合格。

2. 水压严密性试验（渗漏水量试验）

水压严密性试验又称渗漏水量试验。渗漏水量试验是根据在同一管段内，压力相同，降压相同，则其漏水总量亦应相同的原理，来检查管道的漏水情况。试验时，先将水压升至试验压力，关闭进水闸门，停止加压，记录降压 0.1MPa 所需的时间；然后打开进水闸门再将水压重新升至试验压力，停止加压并打开放水龙头放水至量水容器，降压 0.1MPa 为止，记录所需时间，放出的水量。根据前后降压相同，漏水量也相同的原理可以计算出漏水率，从而判断是否合格。

对于硬聚氯乙烯给水管道，在进行管道试压时，先进行严密性试验，合格后再进行强度试验。这时进行的严密性试验，是先缓慢向试压管道中注水，经排除管内空气后，将管道内水加压到 0.35MPa，并保持 2h（为保持管内压力可向管内补水）。检查各部位是否有渗漏或其他不正常现象。若在 2h 内无渗漏现象即为严密性试验合格。

（二）排水管道的闭水（气）试验

生活污水、工业废水、雨污水合流管道，以及倒虹吸管或设计要求作闭水的其他排水管道，必须做闭水试验。如直径为 300～1200mm 的混凝土排水管道，且施工现场水源确有困难，无条件试验，亦可采用闭气方法检验排水管道的严密性（只适用于直径 300～1200mm 混凝土排水管道）。

1. 试验条件

在排水管道作闭水试验前，应对管线及沟槽等进行检查，检查结果应符合以下条件。

（1）管道及检查井的外观质量及"量测"检验均已合格。

（2）管道未回填土且沟槽内无积水。

（3）全部预留孔洞应封堵不得漏水。

（4）管道两端的管堵应封堵严密、牢固，下游管堵设置放水管和闸门，管堵须经核算承压力，管堵可用充气堵板或砖砌堵头。

（5）现场的水源应满足闭水需要，不得影响其他用水。

（6）放水选好排放水的位置，不得影响附近的环境。

（7）应注意在不带井闭水时，每个井段管口必须封死，准备专用的"量水筒"，其水位距闭水段上游管顶 2m。

2. 闭水试验

排水管道做闭水试验，主要是保证管道的渗漏在规定的范围内，分为带井闭水试验和不带井闭水试验。闭水试验应尽量从上游往下游分段进行，上游段试验完毕，可往下游段充水，以节约用水。

（1）带井闭水试验 管道及沟槽等具备了闭水条件，即可进行管道带井闭水试验，非金属排水管道试验段长不宜大于 500m。带井闭水试验如图 6-5 所示。试验前，管道两端管堵如用砖

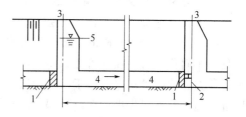

图 6-5 带井闭水试验

1—闭水堵头；2—放水管和阀门；3—检查井；
4—闭水管段；5—规定闭水水位

砌，必须养护 3～4 天达到一定强度后，再向闭水段的检查井内注水。闭水试验的水位，应为试验段上游管内顶以上 2m，如井高不足 2m，将水灌至接近上游井口高度。注水过程的同时，应检查管堵、管道、井身，达到无漏水和严重渗水后，再浸泡管道和井 1～2 天，然后进行闭水试验。

将水灌至规定的水位，开始记录，对渗水量的测定时间为 30min，根据井内水面的下降值计算渗水量。

（2）不带井闭水试验　是指每个井段管口都须设堵，上游管堵设进水管、排水管。下游管堵设放水管与闸门，并须专门设置量水筒。试验时，量水筒水位距闭水段上游管内顶 2m。测定时间为 30min，根据量水筒的水面下降值计算渗水量。渗水量不大于规定的允许渗水量管道为合格。

3. 闭气试验

根据中国工程建设标准化协会标准《混凝土排水管道工程闭气检验标准》规定，闭气检验与闭水试验具有同等效力。

排水管道闭气试验适用于管道在回填土之前，地下水位低于管外底 150mm，直径为 300～1200mm 的承插口、企口、平口混凝土排水管道，环境温度为 -15～50℃。下雨时不得进行闭气试验。

闭气试验是将进行闭气试验的排水管道两端用专用管堵密封，然后向管内充入空气至一定的压力，在规定闭气时间测定管内气体的压降值。

第二节　管 道 施 工

一、管道施工的特点与施工方法概述

（一）管道施工特点

由于市政管道一般在道路红线内平面位置和标高不同，应分别进行施工。一般先进行埋深较深的污水管道施工，再进行埋深较浅的其他管道的施工。由于管道所处的地质条件不同，施工难易程度不同，为保证施工质量，必须重视管道施工技术，采用合理的施工方法，严格按照技术规程进行施工，达到规定的质量标准。

（二）管道施工的种类

（1）按照室外管道的沟槽的开挖方式不同，可分为开槽埋管法和不开槽埋管法等施工方法。不开槽埋管法又分为掘进顶法、盾构法、浅埋暗挖法等施工方法。

（2）按照管道安装方式的不同，分为柔性接口安装和刚性接口安装的施工方法。

二、室外管道开槽埋管的施工程序和工艺

城市排水管道施工，就开槽法施工而言，一般的施工程序为：施工的准备工作→沟槽土方开挖→管道垫层、基础的浇筑→管道附属构筑物的施工→管道安装（下管和稳管）→管道工程的中间检查与验收→管道试压、冲洗、闭水试验→砌筑附属构筑物→土方回填→管道工程的检查和验收等程序。由于污水管道与雨水管道在道路红线内平面位置和标高不同，应分别进行施工，一般先进行埋深较深的污水管道施工，再进行埋深较浅的雨水管道施工。

（一）施工的准备工作

1. 组织管理工作

针对施工任务，确定责任人员，制定规章制度，编制施工组织设计，确定合理的施工方

案和施工进度，合理安排劳动力、材料供应及机械设备。一般包括组织准备工作、物质准备工作、技术准备工作。

2. 施工前的控制工作

施工测量分为施工前测量、施工中测量、竣工测量三种。施工前测量主要是设立临时水准点和管道轴线控制桩测设。施工中测量是在构筑物施工时为符合设计图要求进行的现场定位测量，竣工测量是各构筑物完工后进行的测量。管道施工前的测量主要有以下内容。

（1）建立临时水准点和栓桩　建立临时水准点的水准测量的闭合差不得大于 $\pm 12L^{1/2}$，其中 L 为水平距离，以 km 计。临时水准点应设在稳固且不易被碰撞的地点，开槽敷设管道的临时水准点每 200m 不宜少于 1 个，并加以保护且每次使用前应当校测。冬季施工，应每隔 2~3 个水准点，设置不受冻胀的水准点一处。如无条件将水准点设在永久建筑物的固定点上，可砌筑保护井，深入地下 1m 左右，水准点设于井内，并做好防冻措施。

（2）测定管道中线并栓桩　管道中线控制桩的设置，应便于观测且必须牢固，并应采取保护措施。测定管道中线时，应在起点、终点、交叉点、平面折点、纵向折点及直线段的控制点测设中心桩。桩顶钉中心钉，并应在起点、终点及平面折点的沟槽外面适当位置进行栓桩。加密中心桩时，可用钢尺丈量中心钉的水平距离。丈量时钢尺必须押紧拉平。控制桩固定间距小于 200m 时，精度要求为 1/5000；间距 200~500m 时，精度要求为 1/10000。

按照设计图纸，首先在施工现场定出埋管沟槽位置。管线测量应依据管道线路控制点的坐标进行。为了准确掌握管沟的控制点，在工程场地内引进、设置永久性基准桩位，妥善维护，工程竣工后交业主。上述工作结束后，请监理人员验线，确认后进行管沟开挖工作。

（二）沟槽土方开挖

根据管道结构的宽度、土质条件、自然地形和开挖方式、沟槽断面形式以及沟槽的深度，对沟槽断面进行放样并开挖，目的为便于管道的施工。

开挖前应进行调查研究，充分了解挖槽段的土质、地下水位、地下构筑物、沟槽附近地下建筑及施工环境等情况，发现问题及时与建设单位取得联系，研究处理措施。为防止超挖，开挖前要划出沟槽开口边线，按开口坡度逐层下挖并随时测量挖深。

沟槽断面形式的选择，应考虑土的种类、地下水的水位、管道结构尺寸、管道埋深、开挖方式和方法、施工排水、现场的其他因素。常用沟槽断面形式有直形槽、梯形槽、混合槽、联合槽等（图 6-6），其中联合槽适用于两条及以上管道埋设在同一沟槽内的断面形式。

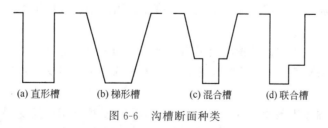

图 6-6　沟槽断面种类

1. 沟槽开挖方式

分为机械开挖和人工开挖。

（1）沟槽的机械开挖　机械开挖又分为坑内作业和坑上作业。挖土放坡和沟、槽底加宽应按图纸尺寸计算，如无明确规定，可按表 6-1、表 6-2 计算。

表 6-1 放坡系数

土壤类别	放坡起点深度 /m	机械开挖		人工开挖
		坑内作业	坑上作业	
一、二类土	1.2	1:0.33	1:0.75	1:0.5
三类土	1.5	1:0.25	1:0.67	1:0.33
四类土	2.0	1:0.10	1:0.33	1:0.25

表 6-2 管沟底部每侧工作面宽度/cm

管道结构宽 /cm	混凝土管道 基础90°	混凝土管道 基础>90°	金属管道	构筑物	
				无防潮层	有防潮层
50 以内	40	40	30	40	60
100 以内	50	50	40		
250 以内	60	50	40		

注：1. 挖土交接处产生的重复工程量不扣除。如在同一断面内遇有数类土壤，其放坡系数可按各类土占全部深度的百分比加权计算。

2. 管道结构宽：无管座按管道外径计算，有管座按管道基础外缘计算，构筑物按基础外缘计算，如设挡土板则每侧增加10cm。

按照施工组织设计方案，采用机械挖槽时，应向机械司机详细交底，交底内容一般应包括挖槽断面、堆土位置、现有地下构筑物情况及施工要求等；并应指定专人与司机配合，其配合人员应熟悉机械挖土有关安全操作规程，并及时丈量槽底高程和宽度，防止超挖或亏挖。机械挖槽时，应确保槽底土壤结构不被扰动或破坏，同时由于机械不可能准确地将槽底按规定高程整平，设计槽底高程以上宜留20cm左右一层不挖，待人工清挖。

机械挖土方如需人工辅助开挖（包括切边、修整底边），机械挖土按土方量90%计算，人工挖土方量按10%计算。人工挖土套相应定额乘系数1.5。

（2）沟槽的人工开挖 按照施工组织设计方案，采用人工挖槽时，应认真控制槽底高程、宽度、边坡度，并注意不使槽底土壤结构遭受扰动或破坏。挖槽挖出的土方，应按照施工组织设计方案妥善安排堆土场所和运土路线，随挖随运土方。

2. 沟槽的支撑

按照施工组织设计方案，当沟槽开挖断面采用直槽时，由于土质、地下水位、荷载因素影响施工安全时，应进行沟槽支撑、防止土壁垮塌。当采用混合槽施工时，支撑工程量按实际支撑面积计算。

（1）支撑的目的 当沟槽开挖断面采用直槽时，如土质、地下水位、荷载因素影响施工安全时，应进行沟槽支撑、防止土壁垮塌，减小土方开挖量，但支撑对后续工序的操作有一定影响。

（2）支撑种类和适用条件 按照支撑材料的不同，支撑常用撑板支撑和钢板桩支撑。按照支撑的方式支撑的种类有钢挡土板木支撑、木横板竖支撑和木竖板横支撑等。支撑形式应根据槽深、土质、地下水位、施工季节以及槽边建筑物情况等选定，一般排水工程沟槽常采用撑板支撑。撑板支撑的种类一般有如下几种。

① 单板撑 如图6-7所示，一块立板紧贴槽帮，撑木撑在立板上。

② 井字撑 如图6-8所示，两块横板紧贴槽帮，两块立板紧靠在横板上，撑木撑在立

板上。

③ 稀撑 如图 6-9 所示，3～5 块横板紧贴槽帮，用方木立靠在横板上，撑木撑在方木上。

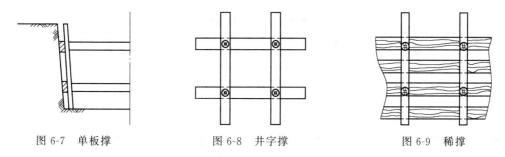

图 6-7 单板撑　　　　　　　图 6-8 井字撑　　　　　　　图 6-9 稀撑

④ 密撑 分横板密撑和立板密撑两种。

a. 横板密撑。如图 6-10 所示，基本同稀撑，但横板为密排，紧贴槽帮，用方木立靠在横板上，撑木撑在方木上。

b. 立板密撑。如图 6-11 所示，立板连续排列，紧贴槽帮，顺沟线用两根方木靠在立板上，撑木撑在横方木上。

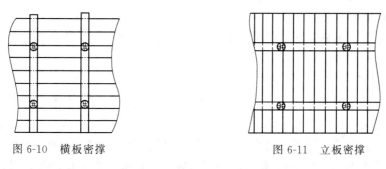

图 6-10 横板密撑　　　　　　　　　图 6-11 立板密撑

⑤ 企口板桩 用企口板桩顺沟线连续排列，支撑方法基本和立板密撑相同。

（3）撑板支撑注意事项

① 支撑工程是开挖直槽（边坡坡度一般约为 20:1）时关系到安全施工的一项重要工程，其中包括支撑的设计、施工、维护和拆除。对这些内容，必须精心设计和精心施工，以免槽壁失稳，出现塌方，影响施工，甚至造成人身安全事故等，支撑设计应确保槽壁的稳定。

② 沟槽挖到一定深度时，开始支设支撑，先校核一下沟槽开挖断面是否符合要求，然后用铁锹将槽壁找平按要求将撑板紧贴于槽壁上，再将纵梁或横梁紧贴撑板，继而将横撑支设在纵梁或横梁上，若采用木撑板时，使用木楔、扒钉撑板固定于纵梁或横梁上，下边钉一木托防止横撑下滑。支设施工中一定要保证横平竖直，支设牢固可靠。

③ 施工中，如原支撑妨碍下一工序进行时，原支撑不稳定时；一次拆撑有危险时或因其他原因必须重新安设支撑时，这时需要更换纵梁和横撑位置，这一过程称为倒撑，倒撑操作应特别注意安全，必须先制定好安全措施。

④ 应注意支撑的沟槽，应随开槽及时支撑。雨季施工不得空槽过夜，支撑、倒撑、拆撑必须有实践经验的工人指导进行。

3. 沟槽开挖土方工程量计算

沟槽开挖土方工程量体积均以天然密实体积（自然方）计算，回填土按碾压后的体积（实方）计算（表6-3）。

表6-3 土方体积换算表

虚方体积	天然密实体积	夯实后体积	松填体积
1.00	0.77	0.67	0.83
1.30	1.00	0.87	1.08
1.50	1.15	1.00	1.25
1.20	0.92	0.80	1.00

土方工程量按图纸尺寸计算，修建机械上下坡的便道土方量并入土方工程量内。石方工程量按图纸尺寸加允许超挖量。开挖坡面每侧允许超挖量：松、次坚石20cm，普、特坚石15cm。

管道接口作业坑挖土石方按沟槽全部土石方量的2.5%计算，沿线各种井室所需增加开挖的土石方工程量，按有关规定如实计算。管沟回填土应扣除管径在200mm以上的管道、基础、垫层和各种构筑物所占的体积。

（三）施工排水

由于开槽施工，为确保施工质量和施工安全，如施工中受到地下水和地表水的影响，应注意解决施工排水问题。

1. 地下水降排

如地下水位高于沟槽底面，一般沿管线纵向设置降水井，降水井平面位置的布置应不影响沟槽施工，且离沟槽边缘大于2m。

降水井个数、深度、间距、出水量应根据施工现场确定，应确保地下水位降至沟槽底面以下并距沟槽底面不小于0.5m。排出的地下水应排至抽水影响半径以外，当管道施工或回填在原地下水位以上时可停止抽排水。

2. 地表水排除

首先应在沟槽范围外纵向设置排水沟，且距沟槽大于5m，切断流向沟槽的地表水。其次在开挖的沟槽底侧挖临时排水沟，排水沟宽和深为0.2m×0.2m，每井段设一集水井，井径0.5m，深0.8~1.0m，由潜水泵抽排沟槽内的渗水。

（四）管道垫层施工

按照设计图纸及施工组织设计方案的要求，对管道垫层、基础进行施工，各项目的工程量均以施工图为准计算。管道垫层、基础均按实体积以m³计算；抹灰、勾缝以m为单位计算；需搭设脚手架和模板，应按当地建筑安装工程费用计算规则中措施费项目执行。

1. 垫层材料

（1）灰土垫层 灰土垫层应铺设在不受地下水浸湿的基土上，灰土拌和料用消石灰和黏土按比例拌制，其中消石灰应采用生石灰块，在使用前3~4天予以消解，并加以过筛，所用土不得含有有机杂质，使用前亦应过筛，施工时应保证拌和料比例准确、拌和均匀，并保持一定的湿度。

如表6-4，灰土垫层的配合比（体积比）一般为2∶8或3∶7。

表 6-4　灰土垫层材料用量

材料名称	单位	灰土垫层	
		2∶8	3∶7
黏土	m³	1.2	1.05
石灰粉	kg	238	356

（2）砂和砂石垫层　垫层分别用砂和天然砂石铺设而成，砂和天然砂石中不得含有草根等有机杂质。冻结的砂和冻结的天然砂石不得使用。

（3）碎石垫层　垫层是采用强度均匀、级配适当和不风化的石料铺设而成，碎石最大粒径不得大于垫层厚度的 2/3。

（4）碎砖垫层　垫层采用碎砖料铺设而成，碎砖料不得采用风化、松酥和夹有瓦片及有机杂质的材料，其粒径不得大于 60mm。

（5）炉渣垫层　垫层采用炉渣或用水泥、炉渣（或用水泥、石灰、炉渣）的拌和料铺设而成，所用石灰的质量，应符合灰土垫层中有关石灰的规定。炉渣内不应含有有机杂质及未燃尽的煤块，炉渣垫层拌和料必须拌和均匀，严格控制加水量，使铺设时表面不致呈现泌水现象。

石灰炉渣垫层的配合比（体积比）一般为石灰∶炉渣＝1∶8；

水泥炉渣垫层的配合比（体积比）一般为水泥∶炉渣＝1∶8；

水泥石灰炉渣的配合比（体积比）一般为水泥∶石灰∶炉渣＝1∶1∶10。

以上可见表 6-5。

表 6-5　炉渣垫层材料用量

材料名称	单　位	石灰炉渣垫层(1∶8)	水泥炉渣垫层(1∶8)	水泥石灰炉渣垫层(1∶1∶10)
32.5 级水泥	kg		196	147
石灰粉	kg	131	—	98
炉渣	m³	1.31	1.31	1.23

（6）混凝土垫层　垫层用素混凝土浇筑而成，其强度等级不宜低于 C10（表 6-6）。

表 6-6　混凝土垫层材料用量

材料用量	单位	混凝土等级（砾石、粗集料最大粒径 20mm）	
		C10	C15
水泥 32.5 级	kg	241	295
中粗砂	m³	0.716	0.643
砾石 20mm	m³	1.168	1.194

2. 垫层施工

（1）灰土垫层　应分层铺平夯实，每层虚铺厚度一般为 150～250mm，夯实至 100～150mm。夯实后的表面应平整，经适当晾干方可进行下道工序的施工。施工间歇后继续铺设，接缝处应清扫干净，并应重叠夯实。

（2）砂和砂石垫层　根据砂石的级配要求，按照测试报告级配进行配料，用机械或人工拌料，搅拌均匀合格后方可使用。砂石配料正确，搅拌均匀，留搓和接搓应符合要求。厚度不宜小于 60mm，压实时应适当洒水湿润，其密实度应符合设计要求。如果基土为非湿陷性的土层，所填砂土可浇水至饱和后加以夯实或振实；砂石垫层厚度不宜小于100mm，砂石料必须摊铺均匀，不得有粗细颗粒分离的现象。

① 用碾压法压实时，应适当洒水使砂石表面保持湿润，一般碾压不应少于3遍，并压至不松动为止。当使用压路机碾压时，每层虚铺厚度为250～350mm，最佳含水量为8％～12％。

② 用夯实法压实时，每层虚铺厚度为150～200mm，最佳含水量为8％～12％。

③ 用内部振捣器捣实时，每层虚铺厚度为振捣器插入深度，插入间距应根据振捣器的振幅大小决定，振捣时不应插入基土上。最佳含水量为饱和。

④ 用表面振动器捣实时，每层虚铺厚度为200～250mm，最佳含水量为15％～20％，要使振动器往复振捣。

（3）碎石垫层　铺设碎石垫层的厚度一般不宜小于100mm，铺时由一端向另一端分段铺设，摊铺均匀，不得有粗细颗粒分离现象。表面空隙应以粒径为5～25mm的细碎石填补。铺完一段，压实前应洒水使表面保持湿润。小面积房间采用木夯或蛙式打夯机夯实，不少于三遍；大面积宜采用小型振动压路机，不少于四遍。均夯至表面平整不松动为止。

（4）碎砖垫层　应分层摊铺均匀，适当洒水湿润后，采用机械或人工夯实，并达到表面平整。夯实后的厚度一般为虚铺厚度的3/4。不得在已铺设好的垫层上，用锤击的方法进行碎砖加工。

（5）炉渣垫层　水泥炉渣垫层应随拌、随铺、随压实，全部操作过程应控制在2h内完成。施工过程中厚度不宜小于60mm。铺设前，应将基层清扫干净并洒水湿润。铺设后应压实拍平，当垫层厚度大于120mm时，应分层铺设。压实后的厚度不应大于虚铺厚度的3/4。如炉渣垫层内埋设管道时，管道周围宜用细石混凝土予以稳固。垫层施工完毕后，应注意养护，避免受水侵蚀。

（6）垫块法操作施工要点

① 垫块应放置平稳，高程符合质量要求。

② 安装时，管子两侧应立保险杠，防止管子从垫块上滚下伤人。

③ 安装时，管的对口间隙应符合要求。安装较大的管子宜进入管内检查对口，减少错口现象。

④ 管子安好后一定要用干净石子或碎石将管子卡牢，并及时灌筑混凝土管座。

（五）排水管道敷设

污、雨水管道敷设前，应对沟槽进行验收，确定其尺寸、坡度、平面位置是否符合要求，当槽底无水、无杂物且基底检验合格，管材检验合格后（有支撑的工程应检查支撑是否牢固），方可进行管道敷设施工，管道敷设一般采用混凝土平基的施工方法。混凝土平基的排水管道的敷设，一般有三种施工方法：①先打平基，等平基达到一定强度后，再稳管、打管座及抹带；②"四合一"施工，即平基、稳管、管座、抹带四个工序合在一起的施工方法；③在垫块上稳管，然后灌注混凝土基础及抹带。

施工时应根据工人操作熟练程度、地基情况及管径大小等条件，合理地选择敷设方法。一般小管径者应采用"四合一"施工法。大管径的污水管应在垫块上稳管，雨水管亦应尽量在垫块上稳管，避免平基和管座分开灌注。雨季施工或地基不良者，可先打平基。

1. 先打平基的施工工序

先浇筑平基混凝土，等平基达到一定强度再下管、安装、浇筑管座及抹带接口的安管方法，称为平基法。适合于雨季施工或地基不良者，雨水管用得较多，平基法铺设施工工序为：支平基模板→浇平基混凝土→下管→安管（稳管）→支管座模板→浇管座混凝土→抹带接口→养护。

（1）平基支模、浇筑　平基分为带状平基和枕形平基，污水管道采用带状平基，雨水管道采用枕形平基。按设计图确定的平面位置、高程，安设坡度板并准确放样和进行混凝土浇筑，当混凝土强度大于 5.0MPa，且平基的尺寸、高程、位置经检验合格后方可下管。其基础的宽度、高度放样见图 6-12。

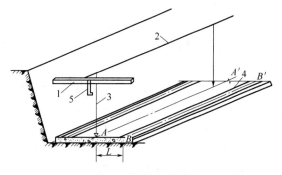

图 6-12　基础定位
1—坡度板；2—中心线；3—中垂线；
4—管基础；5—高程钉

施工应注意以下要点。

① 支模时面板对准给定的基础边线垂直竖立，内外打撑钉牢，内侧打钢钎固定，配合浇筑进行拼装，注意处理好拼缝以防漏浆，并在面板内侧弹线控制混凝土浇筑高度。

② 用流动性大的混凝土浇筑 180°管座时，第一次支模高不超过管座的 1/2，于下层混凝土浇筑后，再支上层模板，并于下层混凝土失去流动性后浇上层混凝土，避免分层产生漂管。

③ 平基浇筑严禁带水浇筑，其高程、尺寸、强度须达到设计要求。

④ 验槽合格后，应及时浇筑平基混凝土，减少地基扰动的可能。

⑤ 应严格控制平基顶面高程，不能高于设计高程，低于设计高程不超过 10mm。

⑥ 平基混凝土终凝前不得泡水，应进行养护。

（2）下管

① 在沟槽和管道平基已验收合格后进行下管，下管前应对沟槽进行以下检查。

a.检查槽底杂物，应将槽底清理干净，如有棺木、粪污、腐朽不洁物，应妥善处理，必要时应进行消毒。

b.检查地基，地基土壤如有被扰动者，应进行处理，冬季施工应检查地基是否受冻，管道不得铺设在冻土上。

c.检查槽底高程及宽度。应符合挖槽的质量标准；检查槽帮，有裂缝及坍塌危险者必须处理。

d.检查堆土。下管的一侧堆土过高过陡者，应根据下管需要进行整理。

e.在混凝土基础上下管时，除检查基础面高程必须符合质量标准外，同时混凝土强度应达到 5.0MPa 以上。检查下管、运管的道路是否满足操作需要，遇有高压电线，采用机械下管时应特别注意，防止吊车背杆接触电线，发生触电事故。

② 下管方法　下管方法有人工下管和机械下管法两种。施工时采用哪一种方法，应根据管子的重量和工程量的大小、施工环境、沟槽断面情况以及工期要求及设备供应等情况综合考虑确定。无论采取哪一种下管方法，一般采用沿沟槽分散下管，以减少在沟槽内的运输。当不便于沿沟槽下管，允许在沟槽内运管，采用集中下管法。

人工下管应以施工方便、操作安全为原则，可根据工人操作的熟练程度、管子重量、管子长短、施工条件、沟槽深浅等因素，考虑采用何种人工下管法，工程上常用压绳下管法。

有条件的应尽可能采用机械下管法，因为机械下管速度快、安全，并且可以减轻工人的劳动强度。机械下管视管子重量选择起重机械，常用有汽车起重机和履带式起重机。机械下管一般沿沟槽移动，因此，沟槽开挖时应一侧堆土，另一侧作为机械工作面，运输道路以及堆放管材。管子堆放在下管机械的臂长范围之内，以减少管材的二次搬运。

（3）安管　安管前应将管子内外清扫干净，安管时应根据高程线认真掌握高程，高程以量管中线内底为准，当管子椭圆度及管皮厚度误差较小时，可量管顶外皮。调整管子高程时，所垫石子、石块必须稳固。

对管道中心线的控制，可采用边线法或中线法，采用边线法时，边线的高度应与管子中心调试一致，其位置以距管外皮 10mm 为宜。

在垫块上稳管时，应注意以下三点。

① 垫块应放置平稳，高程符合质量标准。

② 稳管时管子两侧应立保险杠，防止管子从垫块滚下伤人。

③ 稳较大的管子时，宜进入管内检查对口，减少错口现象。

（4）管座施工　管座是排水管道的重要构筑物，当稳管后，可进行管座施工。

首先，安设管座模板，在平基顶面上弹出管座边线，模板内侧对准边线，板面垂直用斜撑和平撑钉牢，每隔一定距离在侧板上口钉上搭头木，以保证基线模板尺寸准确和不位移。

其次，浇筑混凝土时要求混凝土配合比满足设计要求，混凝土输运、振捣密实，由于沟槽较深，采用串筒式溜槽输运，避免混凝土产生离析现象，拆模后的尺寸、强度、外观质量符合设计要求。

浇筑管座施工有如下要点。

① 浇筑前，平基应凿毛或刷毛，并冲洗干净。

② 对平基与管子接触的三角部分，要选用同强度等级混凝土中的软灰，先行填捣密实。

③ 浇筑混凝土时，应两侧同时进行，防止将管子挤偏。

④ 较大的管子，浇筑时宜同时进入配合勾捻内缝，直径小于 700mm 的管子，可用麻袋球或其他工具在管内来回拖动，将流入管内的灰浆拉平。

（5）接口　管道接口分为刚性接口和柔性接口。抹带接口的程序：浇管座混凝土→勾捻管座部分管内缝→管带与管外皮及基础结合处凿毛清洗→管座上部内缝支垫托→抹带→勾捻管座以上内缝→接口养护。

2. "四合一"施工

排水管道施工，把平基、稳管、管座、抹带四道工序合在一起一气呵成的做法，称为"四合一"施工法，这种方法速度快，质量好，是小管径管普遍采用的施工方法之一。

（1）施工程序　支验槽→支模→下管→排管→"四合一"施工→养护。

"四合一"施工，一般在基础模板上滚运和放置管子，模板安装应特别牢固。模板材料一般使用 15cm×15cm 枋木，枋木高程不合适时，用木板平铺找补，木板与方木用铁钎的方法。模板内部可用支杆临时支撑，外面应支牢，防止安装时走动，一般可采用靠模板外侧钉铁钉钉牢。90°基础者，模板一次支齐；135°及 180°基础者，为了管道敷设的方便，模板宜分两次安装，上部模板待管子敷设后安装，上部模板使用材料及安装方法同一般模板。管子下入沟槽后，一般放置在一侧模板上。铺设前应将管子洗涮干净，并保持湿润。如图 6-13 所示。

（2）四合一施工要点

① 平基浇注　灌注平基混凝土，一般应使混凝土面高出平基面 2～4cm（视管径大小而定），并进行捣固。管径 400mm 以内者，可将管座混凝土与平基一次灌齐，并将混凝土做成弧形。混凝土的坍落度一般采用 2～4cm，应按管径大小和地基吸水程度适当调整。靠管口部位应铺适量与混凝土同配比的水泥砂浆，使基础与管口部位粘接良好。污水管管口部位应铺抹带砂浆，以防接口漏水。

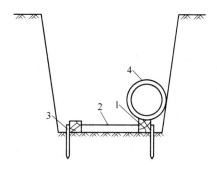

图 6-13　安管支模
1—15cm×15cm 枋木底模；2—临时撑杆；
3—铁钎；4—排管

② 稳管　将管子从模板上移至混凝土面，轻轻揉动，将管子揉至设计高程（一般掌握高 1～2mm，以备稳下一节时又稍有下沉），同时注意保持对口和中心线位置的准确。对口间隙符合规定。如管子下沉过多，超过质量要求时，应将管子撬起，补填混凝土或砂浆，重新揉至设计高程。管径较大者，可使用环链手拉葫芦或吊车稳管。

（3）管座　管子稳好后，补灌两侧管座混凝土，认真捣固，抹平管座两肩。如系钢丝网抹带接口，捣固时应注意保持钢丝网位置的准确。

（4）抹带　管座灌好后进行抹带，抹带按相关规定执行。抹带与稳管应至少相隔两根管的距离。

四合一施工管道铺设完成后，应注意不得碰撞。四合一施工的混凝土操作要求、质量标准及其雨、冬季施工，均按有关规定执行。

3. 垫块稳管施工

管道施工中，把在垫块上安管，然后再灌筑混凝土基础和接口的安管方法，称为垫块法施工。用这种方法可避免平基、管座分开浇筑，是污水管道常用的施工方法。

（1）施工程序　预制垫块→安垫块→下管→在垫块上安管（图 6-14）→支模→浇混凝土基础→接口→养护。

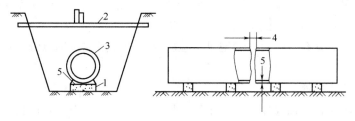

图 6-14　在垫块上安管示意图
1—垫块；2—坡度板；3—管子；4—对口间隙；5—错口

（2）预制混凝土垫块。

（六）管道的施工

1. 管道安装的注意事项

在管沟土石方工程施工的同时，及时做好施工各项准备，施工人员和机械及时进场，施工人员熟悉施工图和本方案的技术要求，对管材及成品管件及时组织进厂验收，一旦管沟成型，应及时进行管道安装工作。

（1）管材和管件的验收。对管件进场后的质量标准进行检验。管材应质地良好、管道内外壁应光洁、平整无裂纹、无脱皮和无明显痕纹凹陷，管材的色泽基本一致。管材轴向不得有异向弯曲，管端口必须平整，并且垂直于轴线。为了保证管的安装质量，对管材的承插口的几何加工尺寸，尤其要严格检查。管材和管件检验合格后，应加标识堆放。不合格的管材和管件不准使用。

（2）管道安装注意事项

① 在管沟成型后，管道基础的施工经监理验收合格后，方可进行管道的安装工作。

② 管道下沟后，组对前，在第一根管的插口端设靠背，靠背与管承口间加堵板，在管道对口时不发生位移，保证管口对接的严密性。

③ 安装时，清洗干净承口内侧凹槽及插口外侧。接口采用胶圈接口，施工时接口处内外均应用抹布擦拭干净，涂抹润滑油，胶圈安装时，也应擦拭干净。将胶圈正确安装在承口凹槽内，注意不得将胶圈扭曲、反装。划上插入位置标记线，将插口端对准承口并保持管道轴线平直，用紧线器将其平衡插入，直至标记线均匀外露在承口端部。

④ 安装前根据塑料管的安装特征在管口处用尺子画出安装线位置，以控制安装长度。

⑤ 安装时用绳子系住两段塑料管的安装端，用手扳葫芦拉紧，安装时保证两根管节在同一条直线上，并不时摇动塑料管，直到安装到预定位置为止。

⑥ 安装后，检查其管节圆心与路中心线是否在同一垂线上，否则要进行调整。

2. 管道安装及防腐

（1）管道安装：按照管道材质、管径大小、管口连接方式的不同以"m"为单位计算延长米，管件、阀门、法兰所占长度已在管道施工损耗中综合考虑，计算工程量时均不扣除其所占长度。

（2）管内防腐：按管道管径的不同，管道内防腐长度按施工图中心线长度计算，计算工程量时不扣除管件、阀门所占的长度，但管件、阀门的内防腐也不另行计算。

（七）阀门检验与安装

（1）阀门的型号、规格符合设计要求，外形无损伤，配件完整。

（2）对所选用每批阀门按10%且不少一个，进行壳体压力试验和密封试验，当不合格时，加倍抽检，仍不合格时，此批阀门不得使用。

上述试验均由双方会签阀门试验记录。检验合格的阀门挂上标志编号按设计图位号进行安装。

（3）阀门安装，应处于关闭位置。

（4）阀门与法兰临时加螺栓连接，吊装于所处位置，吊运中不要碰伤。

（5）法兰与管道点焊固定位置，做到阀门内无杂物堵塞，手轮处于便于操作的位置，安装的阀门应整洁美观。

（6）将法兰、阀门和管线调整同轴，法兰与管道连接处于自由受力状态进行法兰焊接，螺栓紧固。

（7）阀门安装后，作空载启闭试验，做到启闭灵活、关闭严密。

（八）管道工程的中间验收和管沟土方回填

1. 管道隐蔽工程中间验收

管道在施工期间，对土石方工程、管道安装工程，施工单位都要请监理公司亲临现场进行工程质量检查，并做好中间验收记录双方会签。管道在埋土回填前，双方对已完工程及其质量做好认证及时办理工程检查记录。

2. 管道试压、冲洗、闭水试验

根据设计规范和施工规范的要求，不同的管道需要进行管道试压、冲洗、闭水试验。

给水管道按照管道直径的不同，以延长米为单位进行管道试压、消毒冲洗。排水管道按照井容量的不同，对井、池进行渗漏试验。上述工作合格后，管道才能进行埋土。

3. 管道的土方回填土

管道工程的主体结构经验收合格，凡已具备还土条件者，均应及时还土，尤应先将胸腔部分还好，以防晾槽过久，造成损失。沟槽回填土前应选合格土源，并将槽底木料、草帘等杂物清除干净。

（1）管沟的回填土质按要求进行，管顶以上 500mm 处均使用人工回填夯实。在管顶以上 500mm 到设计标高可使用机械回填和夯实。检查井周围 500mm 作为特夯区，回填时，人工用木夯或铁夯仔细夯实，每层厚度控制在 100mm 内，严禁回填建筑垃圾和腐质土，防止路面成型后产生沉陷。

沟槽回填必须分层回填，回填土的每层虚铺厚度，应根据压实机具、土质和要求的压实度来确定。回填土每层的压实遍数，应按要求的压实度、压实机具、虚铺厚度和含水量经过现场试验而定。人工使用木夯、铁夯，夯实为小于 200mm 一层；蛙式夯、煤夯，夯实为 250mm 一层。夯填土一直回填到设计地坪，管顶以上埋深不小于设计埋深。回填土的压实度应逐层检查，其压实度标准应按设计规定执行。回填土的铺土厚度根据夯实机具体确定。

根据一层虚铺厚度的用量将回填材料运至槽内，且不得在影响压实的范围内堆料。管道两侧和管顶以上 50cm 范围内的回填材料，应由沟槽两侧对称运入槽内，不得直接扔在管道上；回填其他部位时，应均匀运入槽内，不得集中推入。需要拌和的回填材料，应在运入槽内前拌和均匀，不得在槽内拌和。

（2）沟槽回填土或其他材料的压实，应符合下列规定。

① 回填压实应逐层进行，且不得损伤管道。管道两侧和管顶以上 50cm 范围内，应采用轻夯压实，管道两侧压实面的高并不应超过 30cm。

② 管道基础为土弧基础时，管道与基础之间的三角区应填实。压实时，管道两侧应对称进行，且不得使管道位移或损伤。

③ 同一沟槽中有双排或多排管道的基础底面位于同一高程时，管道之间的回填压实应与管道与槽壁之间的回填压实对称进行。

④ 同一沟槽中有双排或多排管道但基础底面的高程不同时，应先回填基础较低的沟槽。当回填至较高基础底面高程后，再按上款规定回填。

⑤ 分段回填压实时，相邻段的接茬应呈阶梯形，且不得漏夯。采用木夯、蛙式夯等压实工具时，应夯夯相连。采用压路机时，碾压的重叠宽度不得小于 20cm。

⑥ 采用压路机、振动压路机等压实机械压实时，其行驶速度不得超过 2km/h。

⑦ 管道两侧回填土应对称分层回填，压实度不应小于 90%。

⑧ 没有修路计划的沟槽回填，在管顶以上 50cm 范围内，其压实度不应小于 85%，其余部位不应小于 90%。

⑨ 处于绿地或农田范围内的沟槽回填，表层 50cm 范围内不宜压实，但可将表面整平，并宜预留沉降量。

⑩ 检查井、雨水口及其他井室周围的回填，应与管道沟槽的回填同时进行，当不便同

时进行时，应留台阶形接茬。井室周围回填压实时应沿井室中心对称进行，且不得漏夯，回填材料压实后应与井壁紧贴。路面范围内的井室周围，应采用石灰土、砂、砂砾等材料回填，其宽度不宜小于 40cm。

（九）管线工程的质量检验和交工

管线工程在施工中，严格按照给水、排水、热力、燃气管道施工与验收规范对工程质量进行严格的检验，严格对土建工程和管道安装工程两个分部工程的每道工序作出施工记录和质量验评记录，绘制竣工测量成果表，依此绘制竣工图，并取得监理工程师的签认。

（十）雨期施工和冬期施工

1. 雨期施工

雨期施工，应尽量缩短开槽长度。雨期挖槽时，应充分考虑由于挖槽和堆土，破坏天然排水系统后，如何排除地面雨水的问题。根据需要，应重新规划排水出路，防止雨水浸泡房屋和淹没农田或道路。

沟槽应切断原有的排水沟或排水管道，如无其他适当排水出路，应架设安全可靠的渡槽或渡管。

雨期挖槽，应采取措施，严防雨水进入沟槽；但同时还应考虑，当雨水危及附近居民或房屋等安全时需将雨水放入沟槽的可能性，以及防止塌槽、漂管等相应的措施。

防止雨水进入沟槽，一般应采取如下措施。

（1）沟槽四周的堆土缺口，如运料口、下管马道口、便桥桥头等，均应堆叠土埂，使其闭合，必要时并应在堆土外侧开挖排水沟。

（2）堆土向槽一侧的边坡应铲平拍实，避免雨水冲塌。在暴雨季节，宜在堆土内侧挖排水沟，将汇集的雨水引向槽外；如无条件引向槽外时，宜每 30m 左右作一泄水簸箕，有计划地将雨水引入槽内，以免冲刷边坡，水簸箕的位置应躲开坡度和便桥桥头。

（3）挖槽见底后应随即进行下一工序，否则，槽底以上宜暂留 20cm 作为保护层。

（4）下水道接通河道的管段，可留在最后施工；或在枯水期先行接通，把管口砌死，并将沟槽认真回填夯实，以防河水倒灌。沟槽与河道挖通前，应先垒好防水坝，坝顶高度应较施工期间最高洪水位高出 0.5m。

（5）雨期施工不宜靠房屋、墙壁堆土；严禁靠危险墙堆土。

2. 冬期施工

计划在冬季施工的沟槽，宜在地面冻结以前，先将地面刨松一层，一般厚 30cm，作为防冻层。每日收工前，不论沟槽是否见底，均应用草帘覆盖防冻，或挖松土一层防冻。在采用排水井排水的沟槽覆盖草帘时，应采取防止草帘被水浸湿的措施。需要开挖冻土时，应具体研究开挖方法和使用机具的种类，并制定必要的安全措施。冬期挖槽，对所暴露出来的自来水管或其他通水管道，应视其管径大小、运行情况及气温情况，根据需要采取防冻措施。

三、室外管道不开槽法的施工程序和工艺

管道不开槽施工法指在不开挖或只开挖少量作业坑的条件下，利用岩土钻掘技术进行敷设、修复和更换管道。它高效、优质、成本适中、对环境友善，具有不影响交通、不污染环境等优点，在许多情况下，比开挖法施工周期短、综合成本低、安全性好。现已经成为城市市政施工的主要手段，广泛应用于穿越公路、铁路、建筑物、河流以及在闹市区、古迹保护区、农作物和植被保护区等不允许或不能开挖条件下煤气、电力、电信、有线电视线路、石

油、天然气、热力、排水等管道的敷设。

管道不开槽施工法可归纳为掘进顶管法、盾构法和暗挖法。掘进顶管法按照前端土方处理方式的不同分为人工掘进顶管法、机械取土掘进顶管法、水力掘进顶管法和挤压土顶管法。这里重点讲述人工掘进顶管法。

（一）人工掘进顶管法

首先开挖工作坑，在工作坑内安装后背，再按照设计管线的位置和坡度在工作坑修筑基础，在基础上设置导轨，将管子放在导轨上，利用管子和后背之间的千斤顶（顶镐）进行顶进。顶进前，先在管子前端开挖土方，形成坑道，然后操纵千斤顶将管子顶入土中。而后再退镐，向管道与千斤顶之间放入顶铁，重复上述操作，直到管端与千斤顶之间能放入一节管子后，撤去顶镐，再下另一节管子继续上述方法顶进。掘进顶管的工作过程如图 6-15 所示，

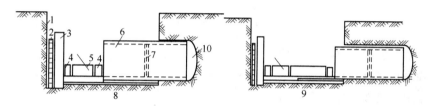

图 6-15　掘进顶管过程示意

1—后座墙；2—后背；3—立铁；4—横铁；5—千斤顶；6—管子；
7—内胀圈；8—基础；9—导轨；10—掘进工作面

1. 人工掘进顶管法施工工序

人工掘进顶管是依靠人工在管内前端挖土，用小车将土从管中运出，然后利用千斤顶将管子顶进土中的方法。这一方法设备简单，操作方便，但是要求管径能够满足人工挖土的需要，一般管径应大于 800mm。该方法被广泛应用于顶管施工中。

（1）工作坑的内容　工作坑又称竖井，是顶管工作的关键。主要内容包括工作坑的位置、形式和尺寸；工作坑的基础和导轨；工作坑的后背等。

① 工作坑的种类　根据工作坑顶进方向，可分为单向坑、双向坑、交会坑和多向坑等形式，如图 6-16 所示。其中单向坑一般用于穿越障碍，双向坑用于长距离连续顶管，多向坑用于管道交会处。

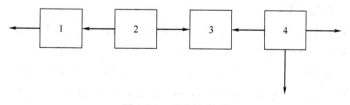

图 6-16　工作坑类型

1—单向坑；2—双向坑；3—交会坑；4—多向坑

② 工作坑设置原则　根据地形、管线位置、管径大小、障碍物种类、顶管设备能力来决定工作坑的位置。排水管道顶进的工作坑通常设在检查井位置，单向顶进时，应选在管道下游端，以利排水；根据地形和土质情况，尽量利用原土后背；工作坑与穿越的建筑物应有一定的安全距离，并应尽量在离水电源较近的地方。

③ 工作坑的形式和尺寸（图 6-17） 工作坑应具有足够的空间和工作面，方能保证顶管工作顺利进行。其尺寸和管径大小、管节长度、埋置深度、操作工具及后背形式有关。施工中严格遵守设计图纸和施工组织设计，工作坑土方按不同挖土深度，以挖方体积计算。

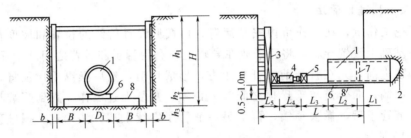

图 6-17 工作坑尺寸图

1—管子；2—掘进工作面；3—后背；4—千斤顶；5—顶铁；

6—导轨；7—内涨圈；8—基础

　　a. 工作坑的宽度：$W = D_1 + 2B + 2b$

　　b. 工作坑的长度：$L = L_1 + L_2 + L_3 + L_4 + L_5$

　　c. 工作坑的深度：$H = h_1 + h_2$

④ 工作坑的基础 为了防止工作坑地基沉降，影响管道顶进位置的准确性，应在坑底设置基础，常用的基础有混凝土基础和枕木基础等。工作坑的垫层、基础按照相应项目以"m³"为单位计算。

含水、土层疏松、管径较大时通常采用混凝土基础，混凝土基础的尺寸根据地基承载力和施工要求而定。一般混凝土的宽度比管径大 40cm 为宜，长度至少为管长的 1.2～1.3 倍，通常采用 2 节管长，基础的厚度为 20～30cm、强度等级为 C10～C15。当地下水丰富、土质很差时，混凝土基础可铺满全基坑，基础厚度和强度等级也可适当增加。

当土质密实、管径较小、无地下水、顶进长度较短时，可采用枕木基础，枕木基础用方木铺成，其平铺尺寸与混凝土基础相同。根据地基承载力的大小，枕木基础可分为密铺和疏铺两种。枕木一般采用 15cm×15cm 的方木，疏铺时枕木的间距为 40～80cm。

⑤ 导轨 导轨设置在工作坑的基础之上，其作用是引导管子按照设计的中心线和坡度顶进，保证管子在顶入土中之前位置正确。导轨有钢质导轨和木质导轨两种，其长度以满足施工要求为准，一般等于基础的长度。

钢质导轨是施工中最常用的，一般采用轻型钢轨，如管道直径较大时，也可采用重型钢轨。两根钢轨之间的距离应在管径的 0.45～0.6 倍之间。由于导轨是一个定向轨道，其安装质量对管道顶进工作影响很大。因此安装后的导轨应当牢固，不得在使用中产生位移；并且要求两导轨应顺直、平行、等高，其纵坡应与管道设计坡度相一致。导轨的安装精度必须满足施工要求，严格执行《市政工程质量检验评定标准》，其允许偏差为：轴线 3mm；顶面高程 0～+3mm；两轨内距±2mm。

⑥ 工作坑的后背 后背是千斤顶的支撑结构，承受着管子顶进时的全部水平力量，并将顶力均匀地分布在后背上。后背应具有足够的强度、刚度和稳定性，当最大顶力发生时，不允许产生相对位移和弹性变形。

后背常用的形式有原土排木后背、刚板桩后背、管后背和人造重力式后背。当管道埋置较深、顶力较大时，也可采用沉井后背或地下连续墙后背。后背常用的形式如图 6-18 和图 6-19 所示。

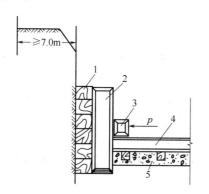

图 6-18　钢板桩后背
1—钢板桩；2—横铁；3—横铁；
4—导轨；5—基础

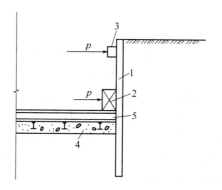

图 6-19　原土排木后背
1—方木；2—立铁；3—封闭框架
支撑；4—基础；5—导轨

（2）工作坑的质量标准（表 6-7）

表 6-7　顶管工作坑的质量标准

序号	项　　目		允许偏差	检验频率		检验方法
				范围	点数	
1	工作坑每侧宽度、长度		不小于设计规定	每座	2	
2	后背	垂直度	$0.1\%H$	每座	1	挂中线用尺量
		水平线与中心线的偏差	$0.1\%L$		1	用垂线角尺
		高程	＋3mm		1	用水平仪测
3	导轨	中线位移	左 3mm 右 3mm	每座	1	用经纬仪测

注：表中 H 为后背的垂直高度（单位：m）；L 为后背的水平长度（单位：m）。

① 在工作坑内外设置中心控制桩。

② 将地面的临时水准点用水准仪（精度指标不低于 3mm）引入工作坑的底部，设置两点，选择不易碰撞及不遮挡测量视线的地方设置。

③ 工作坑的中心桩与水准点设置必须牢固可靠，要经常校对并保证准确。

④ 中心桩应设可靠的延长桩。

⑤ 管道中心桩的位置，要考虑到后背中基础变形的影响。

（3）工作坑的附属设施　工作坑的附属设施主要有工作台、工作顶进口装置等。

① 工作台　位于工作坑顶部地面上，由 U 形钢支架而成，上面铺设方木和木板。在承重平台的中部设有下管孔道，盖有活动盖板。下管后，盖好盖板。管节堆放平台上，卷扬机将管提起，然后推开盖板再向下吊放。

② 工作棚　工作棚位于工作坑上面，目的是防风、雨、雪，以利操作。工作棚的覆盖面积要大于工作坑平面尺寸。工作棚多采用支拆方便、重复使用的装配式工作棚。

③ 顶进口装置　管子入土处不应支设支撑。土质较差时，在坑壁的顶口处局部浇筑素混凝土壁，混凝土壁当中预埋钢环及螺栓，安装处留有混凝土台，台厚最少为橡胶垫

厚度与外部安装环厚度之和。安装环上将螺栓紧固压紧橡胶垫止水，以防止采用触变泥浆顶管时，泥浆从管外壁外溢。工作坑内还要解决坑内排水、照明、工作坑上下扶梯等问题。

2. 顶进设备

顶进设备主要包括千斤顶、高压油泵、顶铁、下管及运出设备等。

（1）千斤顶（也称顶镐） 千斤顶是掘进顶管的主要设备，目前多采用液压千斤顶。常用千斤顶性能见表6-8。千斤顶在工作坑内的布置与采用个数有关。如一台千斤顶，其布置为单列式，应使千斤顶中心与管中心的垂线对称。使用多台并列式时，其布置为双列和环圆列。顶力和作用点与管壁反作用力作用点应在同一轴线上，防止产生顶进力偶，造成顶进偏差。根据施工经验，采用人工挖土，管上半部管壁与土壁有间隙时，千斤顶的着力点以作用在管子垂直直径的1/5～1/4处为宜。

表 6-8 千斤顶性能

名 称	活塞面积/cm²	工作压力/MPa	起重高度/mm	外形高度/mm	外径/mm
武汉 200t 顶镐	491	40.7	1360	2000	345
广州 200t 顶镐	414	48.3	240	610	350
广州 300t 顶镐	616	48.7	240	610	440
广州 500t 顶镐	715	70.7	260	748	462

（2）高压油泵 由电动机带油泵工作，一般选用额定压力32MPa的柱塞泵，经适配器、控制阀进入千斤顶，各千斤顶的进油管并联在一起，保证各千斤顶活塞的行程一致。

（3）顶铁 顶铁（图6-20）是传递顶力的设备，要求它能承受顶进压力而不变形，并且便于搬动。根据顶铁放置位置的不同，可分为横向顶铁、顺向顶铁和弧形顶铁三种。

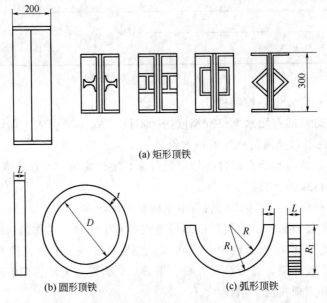

(a) 矩形顶铁

(b) 圆形顶铁

(c) 弧形顶铁

图 6-20 顶铁示意图（单位：mm）

① 横向顶铁 它安在千斤顶与方顶铁之间，将千斤顶的顶推力传递给两侧的方顶铁上。使用时与顶力方向垂直，起梁的作用。

横顶铁断面尺寸一般为300mm×300mm，长度按被顶管径及千斤顶台数而定，管径为

500～700mm，其长度为 1.2m；管径 900～1200mm，长度为 1.6m；管径 2000mm，长度为 2.2m。用型钢加肋和端板焊制而成。

② 顺向顶铁（纵向顶铁） 放置在横向顶铁与被顶的管子之间，使用时与顶力方向平行，起柱的作用。在顶管过程中起调节间距的垫铁，因此顶铁的长度取决于千斤顶的行程、管节长度、出口设备等。通常有 100mm、200mm、300mm、400mm、600mm 等几种长度。横截面为 250mm×300mm，两端面用厚 25mm 钢板焊平。顺向顶铁的两顶端面加工应平整且平行，防止作业时顶铁发生外弹。

③ 弧形顶铁 安放在管子端面，顺向顶铁作用其上。它的内、外径尺寸与管子端面尺寸相适应。其作用是使顺向顶铁传递的顶力较均匀地分布到被顶管端断面上，以免管端局部顶力过大，压坏混凝土管端。大口径管口采用环形，小口径管口可采用半圆形。

3. 顶进

管道顶进的过程包括挖土、顶进、测量、纠偏等工序。从管节位于导轨上开始顶进起至完成这一顶管段止，始终控制这些工序，就可保证管道的轴线和高程的施工质量。开始顶进的质量标准为：轴线位置 3mm，高程 0～13mm。

（1）管前挖土和运土

① 管前挖土 管前挖土是保证顶进质量及地上构筑物安全的关键，管前挖土的方向和开挖形状，直接影响顶进管位的准确性，因为管子在顶进中是遵循已挖好的土壁前进的。因此，管前周围超挖应严格控制。对于密实土质，管端上方可有≤1.5cm 空隙，以减少顶进阻力，管端下部 135°中心角范围内不得超挖，保持管壁与土基表面相平，也可预留 1cm 厚土层，在管子顶进过程中切去，这样可防止管端下沉。在不允许顶管上部土壤下沉地段顶进时（如铁路、重要建筑物等），管周围一律不得超挖。管前挖土深度一般等于千斤顶出镐长度，如土质较好，可超前管端 0.5m。超挖过大，土壁开挖形状就不易控制，容易引起管位偏差和上方土方坍塌。

在松软土层中顶进时，应采取管顶上部土壤加固或管前安设管檐或工具管。操作人员在其内挖土，开挖工具管迎面的土体时，不论是砂类土或黏性土，都应自上而下分层开挖。有时为了方便而先挖下层土，尤其是管道内径超过手工所及的高度时，先挖中下层土很可能给操作人员带来危险，应防止坍塌伤人。管内挖土工作条件差，劳动强度大，应组织专人轮流操作。

② 运土 从工作面挖下来的土，通过管内水平运输和工作坑的垂直提升运至地面。除保留一部分土方用作工作坑的回填外，其余都要运走弃掉。管内水平运输可用卷扬机牵引运土，也可用皮带运输机运土。土运到工作坑后，由地面装置的卷扬机、龙门吊或其他垂直运输机械吊运到工作坑外运走。

（2）顶进 顶进时利用千斤顶出镐在后背不动的情况下将被顶进管子推向前进，其操作过程如下。

① 安装好顶铁，挤牢，管前端已挖一定长度后，启动油泵，千斤顶进油，活塞伸出一个工作行程，将管子推进一定距离。

② 停止油泵，打开控制阀，千斤顶回油，活塞回缩。

③ 添加顶铁，重复上述操作，直至需要安装下一节管子为止。

④ 卸下顶铁，下管，在混凝土管接口处放一圈麻绳，以保证接口缝隙和受力均匀。

⑤ 在管内口处安装一个内涨圈，作为临时性加固措施，防止顶进纠偏时错口。涨圈直

径小于管内径5~8cm，空隙用木楔背紧，涨圈用7~8mm厚钢板焊制、宽200~300mm。

⑥ 重新装好顶铁，重复上述操作。

由于一次顶进长度受顶力大小、管材强度、后背强度诸因素的限制，一次顶进长度约在40~50m，若再要增长，可采用中继间顶进、泥浆套顶进等方法。提高一次顶进长度，可减少工作坑数目。

4. 中继间顶进

中继间是在顶进管段中间设置的接力顶进工作间，此工作间内安装中继千斤顶，担负中继间之前的管段顶进。中继间千斤顶推进前面管段后，主压千斤顶再推进中继间后面的管段。此种分段接力顶进方法，称为中继间顶进。如图6-21所示。

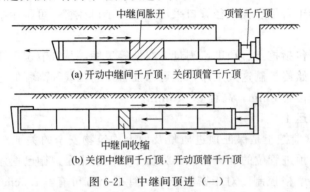

(a) 开动中继间千斤顶，关闭顶管千斤顶

(b) 关闭中继间千斤顶，开动顶管千斤顶

图6-21 中继间顶进（一）

图6-22所示为一种中继间。施工结束后，拆除中继千斤顶，而中继间钢外套环留在坑道内。在含水土层内，中继间与管前后之间连接应有良好的密封。另一类中继间如图6-23所示。施工完毕时，拆除中继间千斤顶和中继间接力环。然后中继间将前段管顶进，弥补前中继间千斤顶拆除后所留下的空隙。

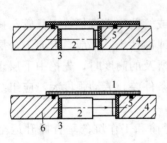

图6-22 中继间顶进（二）

1—中继间钢套；2—中继千斤顶；3—垫料；
4—前管；5—密封环；6—后背

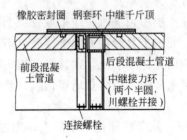

图6-23 中继间顶进（三）

中继间的特点是减少顶力效果显著，操作机动，可按顶力大小自由选择，分段接力顶进。但也存在设备较复杂、加工成本高、操作不便、降低工效的不足。

5. 触变泥浆减阻套顶进

在管壁与坑壁间注入触变泥浆，形成泥浆套，可减少管壁与土壁之间的摩擦阻力，一次顶进长度可较非泥浆套顶进增加2~3倍。长距离顶管时，经常采用中继间-泥浆套顶进。

（1）触变泥浆 要求是泥浆在输送和灌注过程中具有流动性、可变性和一定的承载力，经过一定的固结时间，产生强度。触变泥浆主要组成是膨润土和水。

为提高泥浆的某些性能而需掺入各种泥浆处理剂。常用的处理剂有如下4种。

① 碳酸钠 可提高泥浆的稠度。但泥浆对碱的敏感性很强，加入量的多少，应事先作模拟确定。一般为膨润土质量的2%～4%。

② 羟甲基纤维素 能提高泥浆的稳定性，防止细土粒相互吸附凝聚。掺入量为膨润土质量的2%～3%。

③ 腐殖酸盐 是一种降低泥浆黏度和静切力的外掺剂。掺入量占膨润土质量的1%～2%。

④ 铁铬木质素磺酸盐 其作用与腐殖酸盐相同。

（2）自凝泥浆 在地面不允许产生沉降的顶进时，需要采取自凝泥浆。自凝泥浆除具有良好的润滑性和造壁性外，还具有后期固化后有一定强度，达到加大承载效果的性能。常用自凝泥浆的外掺剂有如下几种。

① 氢氧化钙 氢氧化钙与膨润土中的二氧化硅起化学作用生成水泥的主要成分硅酸三钙，经过水化作用而固结，固结强度可达 0.5～0.6MPa。氢氧化钙用量为膨润土质量的20倍。

② 工业六糖 是一种缓凝剂，掺入量为膨润土质量的1%。在20℃时，可使泥浆在1～1.5个月内不致凝固。

③ 松香酸钠 泥浆内掺入膨润土质量1%的松香酸可提高泥浆的流动性。

（3）泥浆套的形成 触变泥浆在泥浆拌制机内采取机械或压缩空气拌制；拌制均匀后的泥浆储于泥浆池；经泵加压，通过输浆管输送到工具管的泥浆封闭环，经由封闭环上开设的注浆孔注入到坑壁与管壁间孔隙，形成泥浆套。

6. 测量与校正

（1）测量放样

① 在顶第一节管（工具管）时，以及在校正偏差过程中，测量间隔不应超过30cm，保证管道入土的位置正确；管道进入土层后的正常顶进，测量间隔不宜超过100cm。

② 中心测量 顶进长度在60m范围内，可采用垂球拉线的方法进行测量，要求两垂球的间距尽可能地拉大，用K平尺测量头一节管前端的中心偏差。一次顶进超过60m应采用经纬仪或激光导向仪测量（即用激光束定位）。

③ 高程测量 用水准仪及特制高程尺根据工作坑内设置的水准点标高（设两个），测头一节管前端与后端管内底高程，以掌握头一节管子的走向趋势。测量后应与工作坑内另一水准点闭合。

④ 激光测量 将激光经纬仪（激光束导向）安装在工作坑内，并按照管线设计的坡度和方向调整好，同时在管内装上标示牌，当顶进的管道与设计位置一致时，激光点即可射到标示牌中心，说明顶进质量无偏差，否则根据偏差量进行校正。

⑤ 全段顶完后，应在每个管节接口处测量其中心位置和高程，有错口时，应测出错口的高差。

（2）校正（纠偏） 顶管误差校正是逐步进行的，形成误差后不可立即将已顶好的管子校正到位，应缓缓进行，使管子逐渐复位，不能猛纠硬调，以防产生相反的结果。常用的方法有以下 3 种。

① 超挖纠偏法 偏差为1～2cm时，可采用此法，即在管子偏向的反侧向适当超挖，而在偏向侧不超挖甚至留坎，形成阻力，使管在顶进中向阻力小的超挖侧偏向，逐渐回到设计位置。

② 顶木纠偏法　偏差大于 2cm，在超挖纠偏不起作用的情况下可用此法。用圆木或方木的一端顶在管子偏向的另一侧内管壁上，另一端斜撑在垫有钢板或木板的管前土壤上，支顶牢固后，即可顶进，在顶进中配合超挖纠偏法，边顶边支。利用顶进时斜支撑分力产生的阻力，使顶管向内阻力小的一侧校正。

③ 千斤顶纠偏法　方法基本同顶木纠偏法，只是在顶木上用千斤顶强行将管慢慢移位校正。

（3）对顶接头　对顶施工时，在顶至两管端相距约 1m 时，可从两端中心掏挖小洞，使两端通视，以便校对两管中心线及高程，调整偏差量，使两管准确对口。

7. 顶进注意事项

（1）顶进时应遵照"先挖后顶，随挖随顶"的原则。应连续作业，避免中途停止，造成阻力增大，增加顶进的困难。

（2）首节管子顶进的方向和高程，关系到整段顶进质量，应勤测量、勤检查，及时校正偏差。

（3）安装顶铁应平顺，无歪斜扭曲现象，每次收回活塞加放顶铁时，应换用可能安放的最长顶铁，使连接的顶铁数目为最少。

（4）顶进过程中，发现管前土方坍塌、后背倾斜，偏差过大或油泵压力表指针骤增等情况，应停止顶进，查明原因，排除故障后再继续顶进。

（二）机械取土掘进顶管法

机械掘进与人工掘进的工作坑布置基本相同，不同处主要是管端挖土与运土。机械取土顶管是在被顶进管子前端安装机械钻进的挖土设备，配上皮带运土，可代替人工挖、运土。

1. 机械取土掘进顶管常用的机械设备

（1）伞式挖掘机　用于 800mm 以上大管径，是顶进机械中最常见的形式。挖掘机由电机通过减速机构直接带动力主轴，主轴上装有切削盘或切削臂，根据不同土质安装不同形式的刀齿于盘面或臂杆上，由主轴带动刀盘或刀臂旋转切土。再由提升环的铲斗将土铲起、提升、倾卸于皮带运输机上运走。典型的伞式掘进机的结构一般由工具管、切削机构、驱动机构、动力设施、装载机构及校正机构组成。伞式挖掘机适合于黏土、亚黏土、亚砂土和砂土中钻进。不适合弱土层或含水土层内钻进。

（2）螺旋掘进机　主要用于小口径（管径小于 800mm）的顶管。管子按设计方向和坡度放在导向架上，管前由旋转切削式钻头切土，并由螺旋输送器运土。螺旋式水平钻机安装方便，但是顶进过程中易产生较大的下沉误差。而且，误差产生不易纠正，故适用于短距离顶进；一般最大顶进长度为 70~80m。800mm 以下的小口径钢管顶进方法有很多种，如真空法顶进。这种方法适用于直径为 200~300mm 管子在松散土层，如松散砂土、砂黏土、淤泥土、软黏土等土内掘进，顶距一般为 20~30m。

（3）"机械手"挖掘机　"机械手"挖掘机的特点是弧形刀臂以垂直于管轴小的横轴为轴，作前后旋转，在工作面上切削。挖成的工作面为半球形，由于运动是前后旋转，不会因挖掘而造成工具管旋转，同时靠刀架高速旋转切削的离心力将土抛出离工作面较远处，便于土的管内输出。该机械构造简单、安装维修方便，便于转向，挖掘效率高，适用于黏性土。

2. 机械取土掘进顶管法优点

采用机械顶管法改善了工作条件，减轻劳动强度，在一般土质中均能顺利顶进。但在使用中也存在一些问题，影响推广使用。

（三）水力掘进顶管法

1. 主要设备

在首节混凝土管前端装工具管。工具管内包括封板、喷射管、真空室、高压水管、排泥系统等。水力掘进顶管依靠环形喷嘴射出的高压水，将顶入管内的土冲散，利用中间喷射水枪将工具管内下方的碎土冲成泥浆，经过格网流入真空室，依靠射流原理将泥浆输送至地面储泥场。水力掘进便于实现机械化和自动化，边顶进、边水冲、边排泥。

校正管段设有水平铰、垂直铰和相应纠偏千斤顶。水平铰起纠正中心偏差作用，垂直铰起高程纠偏作用。

水力掘进就是控制土壤冲成的泥浆在工具管内进行，防止高压水冲击管外，造成扰动管外土层，影响顶进的正常进行或发生较大偏差。所以顶入管内土壤应有一段长度，俗称土塞。

2. 水力掘进顶管法的优点

生产效率高，其冲土、排泥连续进行；设备简单，成本低；改善劳动条件，减轻劳动强度。但是，需要耗用大量的水，顶进时，方向不易控制，容易发生偏差；而且需要有存泥浆场地。

（四）挤压土顶管法

挤压土顶管不用人工挖土装土，甚至顶管中不出土。使顶进、挖土、装土三个工序成一个整体，提高了劳动生产率。挤压顶管的应用取决于土质、覆土厚度、顶进距离、施工环境等因素。挤压土顶管分为出土挤压顶管和不出土顶管两种。

1. 出土挤压土顶管

主要设备包括带有挤压口的工具管、割土工具和运土工具。

工具管内部没有挤压口，工具管口的直径应大于挤压口直径，两者成偏心布置。挤压口的开口率一般取 50%，工具管一般采用 10～20mm 厚的钢板卷焊而成，要求工具管的椭圆度不大于 3mm，挤压口的整圆度不大于 1mm，挤压口中心位置的公差不大于 3mm。其圆心必须落于工具管断面的纵轴线上。刃脚必须保持一定的刚度。焊接刃脚时坡口一定要用砂轮打光。

割土工具沿挤压口周围布置成一圈且用钢丝固定，每隔 200mm 左右上 R 形卡子。用卷扬机拖动旋转进行切割土柱。运土工具是将切割的土柱运至工作坑，再经吊车吊出工作坑的斗车。主要工作程序为：安管→顶进→输土→测量。当正常操作时，在激光测量导向下，能保证上下左右的误差在 10～20mm 以内，方向稳定。

2. 不出土顶管

不出土顶管是利用千斤顶将管子直接顶入土内，管周围的土被挤压密实。不出土顶管的应用取决于土质，一般用于具有天然含水量的黏性土、粉土。管材的钢管为主，也可以用于铸铁管。管径一般要小于 300mm，管径愈小效果愈好。不出土顶管的主要设备是挤密土层的管尖和挤压切土的管帽。管尖安装在管子前端，顶进时，土不能挤进管内。管帽安装在管子前端，顶进时，管前端土挤入管帽内，挤进长度为管径的 4～6 倍时，土就不再挤入管帽内，而形成管内土塞。再继续顶进，土沿管壁挤入邻近土的空隙内，使管壁周围形成密实挤压层、挤压层和原状层三种土层。

（五）盾构法

1. 盾构法施工概述

盾构法（shield tunnelling method）指的是利用盾构进行隧道开挖，衬砌等作业的施工方法。盾构又称盾甲，是在不破坏地面情况下，进行地下掘进和衬砌的施工设备。盾构法施工具有施工速度快、洞体质量比较稳定、对周围建筑物影响较小等特点，适合在软土地基段施工。可用于地下铁道、隧道、城市地下综合管廊及地下给水排水管沟的修建工程。

（1）盾构法施工的基本条件

① 线位上允许建造用于盾构进出洞和出渣进料的工作井。

② 隧道要有足够的埋深，覆土深度宜不小于 6m。

③ 相对均质的地质条件。

④ 如果是单洞则要有足够的线间距，洞与洞及洞与其他建（构）筑物之间所夹土（岩）体加固处理的最小厚度为水平方向 1.0m、竖直方向 1.5m。

⑤ 从经济角度讲，连续的施工长度不小于 300m。

（2）盾构机的组成　盾构机主要有五部分组成，壳体、排土系统、推土系统、衬砌拼装系统和辅助注浆系统。盾构机的壳体由切口环、支撑环和盾尾三部分组成，并与外壳钢板连成一体；排土系统主要是由切削土体的刀盘、泥土仓、螺旋出土器、皮带传送机、泥浆运输电瓶车等部分组成。

（3）盾构法施工的主要优点

① 盾构施工时所需要顶进的是盾构本身，故在同一土层顶进时，顶力不变，因此盾构法施工不受顶进长度限制。

② 操作安全，可在盾构结构的支撑下挖土和衬砌。

③ 可严格控制正面开挖，加强衬砌背面空隙的填充，可控制地表的沉降。

2. 盾构构造

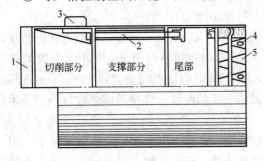

图 6-24　盾构构造
1—刀刃；2—千斤顶；3—导向板；
4—灌浆口；5—砌块

盾构一般为一钢筒，共分三部分，前部为切削环，中部为支撑环，尾部为衬砌环，如图 6-24 所示。

（1）切削环　切削环位于盾构的最前端，为了便于切土及减少对地层的扰动，在它的前端做成刃口形，称为刃脚，在其内部可安装挖掘设备。盾构开挖分开放式和封闭式。当土质稳定，无地下水，可用开放式；而对松散的粉细砂、液化土等不稳定土层时，应采用封闭式盾构；当需要支撑工作面，可使用气压盾构或泥水加压盾构。这时切削与支撑环之间设密封隔板分开。

（2）支撑环　支撑环位于切削环之后，处于盾构中间部位，是盾构结构的主体，承受着作用在盾构壳上的大部分土压力，具有较大的刚度，在它的内部，沿壳壁均匀地布置千斤顶。每个千斤顶连接进油和回油管路。进油管与分油箱相连，高压油泵向分油箱提供高压油。为了便于顶进和纠偏，可将全部千斤顶分成若干组，装设闸门转换器，用来分组操作。另外在每个进油管上装设阀门，可分别操纵每个千斤顶。此外，大型盾构还将液压、动力设备、操作系统、衬砌机等均集中布置在支撑环中。在中小型盾构中，也可把部分设备放在盾构后面的车架上。

（3）衬砌环　衬砌环在盾构结构的最后，它的主要作用是掩护衬砌块的拼装，并防止水、土及注浆材料从盾尾间隙进入盾构。

3. 盾构施工

（1）施工准备　盾构施工前应编制施工组织设计，其主要内容应包括：工程及地质概况；盾构掘进施工方法和程序；进出洞等特殊段的技术措施；工程主要质量指标及保证措施；施工安全和文明施工要求；施工进度网络计划；主要施工设备和材料使用计划等。

（2）盾构工作井　盾构施工应设置工作井。用于盾构开始顶进的工作坑叫起点井。施工完毕后，需将盾构从地下取出，这种用于取出盾构设备的工作坑叫做终点井。如果顶距过长，中间需要设置检查井、井站等构筑物时，需设中间井。

工作坑的平面尺寸应满足盾构拆卸工作的需要，既要满足顶进设备的要求，更要保证安全，防止塌方。工作人员必须戴安全帽走安全梯，绑扎钢筋时必须搭脚手架，并经验收合格后方可使用。

（3）盾构安装就位与支撑　盾构基座必须满足正确安装盾构机的要求，并且有足够的强度、刚度和精度，安装盾构设备时要有吊装方案，基架需与预埋铁焊接，并用工字钢在基架前后左右支撑牢，焊接。

（4）盾构顶进　盾构设置在工作坑的导轨上顶进。盾构自起点井开始至其完全进入土中的这一段距离是借助的液压千斤顶顶进的，如图 6-25 所示。

盾构正常顶进时，千斤顶是以砌好的砌块为后背推进的。只有当砌块达到一定长度后，才足以支撑千斤顶。在此之前，应临时支撑进行顶进。为此，在起点井后背前与盾构衬砌环内，各设置一个直径与衬砌环相等的圆形木环，两个木环之间用圆木支撑，第一圈衬砌材料紧贴木环砌筑。当衬砌环的长度达到 30～50m 时，才能起到后背作用，方可拆除圆木。

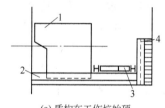

(a) 盾构在工作坑始顶

盾构机械进入土层后，即可启用盾构本身千斤顶。将切削环的刃口切入土中，在切削环掩护下挖土。当土质较密实时不易坍塌，也可以先挖 0.6～1.0m 的坑道，而后再顶进。挖出的土可由小车运到起始井，最终运至地面。在运土的同时，待千斤顶回镐后，将盾构内孔隙部分用砌块拼装。再以衬砌环为后背，启动千斤顶，重复上述操作，盾构便不断前进。

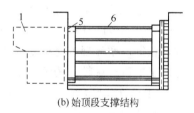

(b) 始顶段支撑结构

图 6-25　盾构顶进示意

1—盾构；2—导轨；3—千斤顶；4—后背；
5—木环；6—撑木

（5）衬砌和注浆

① 衬砌　盾构砌块一般由钢筋混凝土或预应力钢筋混凝土制成，其形状有矩形、梯形和中缺形等，砌块的边缘有平口和企口两种，连接方式有用黏结剂黏结及螺栓连接。衬砌时，先由操作人员砌筑下部两侧砌块，然后用圆弧形衬砌托架砌筑上部砌块，最后用砌块封圆。

② 注浆　为使土层压力均匀分布在砌块环上，提高砌块的整体性和防水性，初砌完毕进行注浆。注浆完毕进行二次初砌，一般浇筑细石混凝土或喷射混凝土。注浆作业时，要观察注浆工作是否正常，控制注浆压力，不能超过规定的压力值。

（6）拆移盾构设备　拆移盾构时，必须有施工方案及安全交底单。吊装、下放盾构机头时必须有吊装方案，吊装、下放盾构机头时必须有专人指挥，严格按吊装方案执行，在运输过程中要设专人指挥交通，并设专人看护，发现故障时要使用专门工具操作。

（六）浅埋暗挖法

1. 概述

浅埋暗挖是城市地下工程施工的主要方法之一。它适用于不宜明挖施工的含水量较小的各种地层，尤其对城市城区地面建筑物密集、交通运输繁忙、地下管线密布，且对地沉陷要求严格的情况下修建埋置较浅的地下结构工程更为适用。对于含水较大的松软地层，采取堵水或降水等措施后该法仍能适应。

浅埋暗挖法的技术核心是依据新奥法（new austrian tuneling method）的基本原理，施工中采用多种辅助措施加固围岩，充分调动围岩的自承能力，开挖后及时支护、封闭成环，使其与围岩共同作用形成联合支护体系，是一种抑制围岩过大变形的综合配套施工技术。

2. 浅埋暗挖法的基本原理

采用复合衬砌，初期支护承担全部基本荷载，二衬作为安全储备，初支、二衬共同承担特殊荷载；采用多种辅助工法，超前支护，改善加固围岩，调动部分围岩自承能力。

3. 暗挖法的施工程序

竖井开挖与支护→洞体开挖→初期支护→二次衬砌等。

（1）竖井开挖与支护 竖井开挖与支护与前面的顶管施工的工作坑基本相同。施工时可作为进口与出口，施工完毕后，可作为检查井、地下通道井出口。

（2）洞体开挖 竖井开挖完毕后，可进行洞体的开挖。洞体的开挖及工序由洞体的断面大小、土质情况等因素确定。为了保证洞体开挖安全，应及时封闭整环框架，减少地表沉降。

（3）初期支护 洞体边开挖边支护，初期支护是二次初砌作业前保证土体稳定，抑制土层变形的有效措施。洞体支护一般分土层加固、喷射混凝土和回填注浆三个步骤进行。

① 土层加固

a. 无注浆钢筋超前锚杆加固法。加固锚杆可采用≤22mm螺纹钢筋，长度一般为2.0～2.5m，环向排列，其间距视土壤的情况确定，一般为0.2～0.4m，排列至拱脚处为止。操作时，在每一循环掘进完毕后，用风动凿岩机将锚杆打入土层，锚杆末端要焊在拱架上。此法适用于拱顶土壤较好的情况下，是防止坍塌的一种有效措施。

b. 小导管注浆加固法。当拱顶土层较差而需要注浆加固时，则利用导管代替锚杆。导管可用直径32mm钢管，长度为3～7m，竖向排列间距为0.3m，仰角7°～12°。导管管壁设有出浆孔，呈梅花状分布。

② 喷射混凝土 喷射混凝土是借助喷射机械，利用压缩空气或其他动力，将按一定配合比的拌和料，通过管道输送并以高速喷射到受喷面上凝结硬化而成的一种混凝土。

③ 回填注浆 在暗挖法施工中，在初期支护的拱顶上部，由于喷射混凝土与土层未密贴，再加上拱顶下沉很容易形成空隙，为防止地面下沉，应在喷射混凝土后，用水泥浆液回填注浆。这样不仅挤密了拱顶部分的土体，而且加强土体与初期支护的整体性，有效地防止地面沉降。

（4）二次初砌 完成初砌支护施工后，当设计需要进行二次衬砌时，可进行洞体二次衬砌。二次衬砌采用现浇钢筋混凝土结构。

第三节 检查井与雨水口

城市道路排水系统，主要指污水和雨水管道。排水管的作用就是收集并输送污水和雨水。一条完好的道路，必定要有完好的排水设施配合，才能保证其正常的使用寿命。为了排除雨水、污水，除管渠本身外，还需在管渠系统上设置某些附属构筑物，如检查井、跌水井、雨水口、倒虹管、出水口、溢流井等。泵站是排水系统上常见的构筑物。因此，如何使这些构筑物建造得合理，并能充分发挥其最大作用，是排水管渠系统设计和施工中的重要课题之一。

一、检查井

（一）检查井的构造

1. 检查井的作用和设置位置

（1）检查井的作用　一是能顺畅地汇集和转输水流，二是便于养护工作。

（2）设置位置　检查井通常设在管渠交会、转向处，管径、坡度、高程改变处，在直线管段上相隔一定距离也必须设置检查井。检查井在直线管段上的最大间距见表6-9。

表6-9　直线管段上检查井间距

管　　　别	管径或暗渠净高/mm	最大间距/mm	常用间距/mm
污水管道	≤400	40	20～35
	500～900	50	35～50
	1000～1400	75	50～65
	≥1500	100	65～80
雨水管道和合流管道	≤600	50	25～40
	700～1100	65	40～55
	1200～1600	90	55～70
	≥1800	120	70～85

2. 检查井的构造

检查井主要有圆形、矩形和扇形3种类型，如图6-26和图6-27所示。从构造上看3种类型检查井基本相似，主要由以下几部分组成。

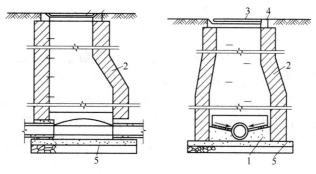

图6-26　检查井构造图

1—井底；2—井身；3—井盖；4—井盖座；5—井基

（1）井基　包括基础和流槽。根据土壤及水文地质条件，采用灰土、碎砖、碎石或卵石作垫层。上铺混凝土或砌砖基础。基础上部按上下游管道管径大小砌成流槽。

（2）井身　检查井井身的材料可采用砖、石、混凝土或钢筋混凝土。井身在构造上分为工作室、渐缩部分和井筒3部分。工作室是养护人员养护时下井进行临时操作的地方，不应

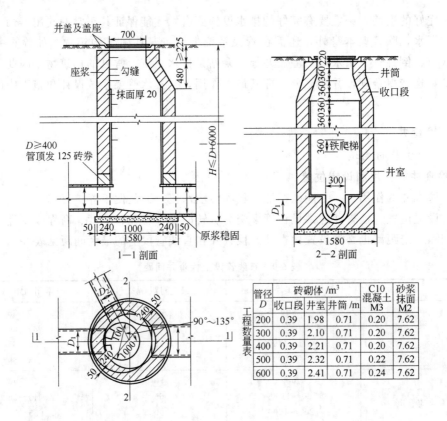

说明：

1. 单位：mm。
2. 井墙用 M7.5 水泥砂浆砌 MU7.5 砖，无地下水时，可用 M5 混合砂浆砌 MU7.5 号。
3. 抹面、勾缝、坐浆均用 1：2 水泥砂浆。
4. 遇有地下水时，井外壁抹面至地下水位以上 500，厚 20，井底铺碎石，厚 100。
5. 接入支管超挖部分用级配砂石、混凝土或砌砖填实。
6. 井室高度：自井底至收口段一般为 1800，当埋深不允许时可酌情减小。井基材料
   采用 C10 混凝土，厚度等于干管管基厚，若干管为土基时，井基厚度为 100。

图 6-27　圆形检查井构造图

过分狭小，其直径不能小于 1m，其高度在埋深许可时一般采用 1.8m。工作室的平面形状有圆形、矩形和扇形。为降低检查井造价，缩小井盖尺寸，井室以上部分做成井筒，井筒直径一般为 0.7m，作为下井工作的出入口。井室和井筒的过渡段叫渐缩部分，圆形井的渐缩部分高度为 0.60～2.8m，对直径较大圆形井及矩形井和扇形井，可以在工作室顶偏向出水管渠一边加钢筋混凝土盖板梁，井筒则砌筑在盖板梁上。为便于上下，井身在偏向进水管渠的一边应保持一壁直立。

（3）井盖、盖座　盖在井筒上面，井盖座在盖座上，井盖和路面、人行道安装平整，防止行人车辆掉入井内和其他物品落入井内。一般用铸铁制作，也有用混凝土制成的。

（4）爬梯　供工作人员上下井用，用铸铁制作，也有用砖砌的脚窝，交错地安装在井壁上。

3. 几种特殊类型的检查井

（1）浅型检查井　不需要下人的浅井，构造很简单，一般为直壁圆筒形，直径为

0.7m。适用于雨污水支管或庭院内的检查井。

（2）连接井 一般用于雨水管道支管接入时。连接井可不设井筒和井盖，但基础、流槽做法与普通检查井相同，井室高度满足管道连接高程上的要求即可。

（3）带沉泥槽的检查井 即检查井槽底低于进、出水管标高 0.5～1m，使水中挟带泥沙可稍稍沉淀。一般每隔一定距离（200m 左右），检查井底做成落底 0.5～1.0m 的沉泥槽。

（4）水封井 当生产废水能产生引起爆炸或火灾的气体时，其废水管道系统中必须设水封井。水封深度一般采用 0.25m。井上宜设通风管，井底宜设沉泥槽。

（5）跌水井 跌水井是设有消能设施的检查井。当地面坡度太大或受管道水力条件限制，有时须在管线上设跌水井。当检查井内衔接的上下游管渠的管底标高跌落差大于 1m 时，要设跌水井。但管道在转弯处不宜设置跌水井。跌水井形式有内竖管式跌水井、外竖槽式跌水井、阶梯式跌水井（溢流堰式跌水井）。

（6）溢流井 在截流式合流制排水系统中，晴天的污水全部送往污水处理厂处理。在雨天，则仅有一部分污水送污水处理厂处理，超过截流管道输水能力的那一部分污水（包括雨水在内）不作处理，直接排入水体。

溢流井按其进、出水管根据作用不同分为合流管道、截流管道、溢流管道三种。截流管道和溢流管道的计算，主要是合理地确定所采用的截流倍数。截流倍数 n_0 是指雨天时不从溢流井泄出的雨水量是晴天时污水量的指定倍数。即 n_0＝截流管道设计流量/晴天时污水量。通常，截流倍数 n_0 应根据旱流污水的水质和水量以及总变化系数、水体的卫生要求、水文、气象条件等因素确定。

（7）水封井 当检查井内具有水封设施，以便隔绝易燃、易爆气体进入排水管渠，便排水管渠在进入可能遇火的场地时不致引起爆炸或火灾，这样的检查井称为水封井。

（二）检查井的砌筑

为便于对管渠系统做定期检查和清通，必须设置检查井。砌筑检查井的材料有砖和石料、砂浆。

污水、雨水检查井、雨水口的砌筑均在井的基础混凝土浇筑后进行，应首先放出构筑物的中心和平面位置，砌筑前应将砖用水浸透，当混凝土基础验收合格，抗压强度达到 1.2N/mm^2，基础面处理平整和洒水湿润后，方可铺浆砌筑。砌筑应满铺满挤、上下搭砌，水平灰缝厚度和竖向灰缝宽度宜为 10mm，并不得有竖向通缝。砌筑检查井及雨水口的内壁应采用水泥砂浆勾缝，有抹面要求时，内壁面应分层压实，外壁应采用水泥砂浆搓缝挤压密实。

（1）检查井砌筑准备工作

① 清理基础表面，复核尺寸、位置和标高是否符合设计要求。

② 按设计要求选用合格机制普通黏土砖，并将砖湿润，但浇水应适量，否则会使墙面不清洁，灰缝不整。

③ 按照施工砂浆配合比机械拌制砂浆。控制好拌制时间，使砂浆拌和均匀，做到随拌随用。

④ 准备脚手架。

（2）圆形检查井施工要点

① 在已安装完毕的排水管的检查井位置处，放出检查井中心位置线，按检查井半径摆出井壁砖墙位置。

② 井底基础应与管道基础同时浇筑。排水管检查井内的流槽，宜与井壁同时进行砌筑。

污水检查井流槽的高度与管顶齐平，雨水检查井流槽的高度为管径的1/2。当采用砖砌筑时，表面应用1:2水泥砂浆分层压实抹光，流槽应与上下游管道底部接顺，管道内底高程应符合设计的规定。

③ 在井室砌筑时，应同时安装踏步，位置应准确，踏步安装后，在砌筑砂浆或混凝土达到规定抗压强度前不得踩踏。混凝土井壁的踏步在预制或现浇时安装，其埋入深度不得小于设计规定。

④ 在检查井基础面上，先铺砂浆后再砌砖，一般圆形检查井采用全丁墙砌筑。采用内缝小、外缝大的摆砖方法，外灰缝塞碎砖，每层砖上下皮竖灰缝应错开，随砌筑随检查弧形尺寸。

⑤ 在砌筑检查井时应同时安装预留支管，预留支管的管径、方向、高程应符合设计要求，管与井壁衔接处应严密，预留支管管口宜采用低强度等级砂浆砌筑封口抹平。

⑥ 当管径大于300mm时，管顶应砌砖圈加固，以减少管顶压力，当管径大于或等于1000mm时，拱圈高应为250mm；当管径小于1000mm时，拱圈高应为125mm。

⑦ 砖砌圆形检查井时，随砌随检测检查井直径尺寸，当需收口时，砌筑圆形检查井时，应随时检测直径尺寸，当三面收口时，每层收进不应大于30mm，当偏心收口时，每层收进不应大于50mm。

⑧ 砌筑检查井的预留支管，应随砌随安，预留管的管径、方向、标高应符合设计要求。管与井壁衔接处应严密不得漏水，预留支管口宜用低标号砂浆砌筑，封口抹平。

（3）抹面、勾缝技术要求　砌筑检查井、井室的内壁应用原浆勾缝，有抹面要求时，内外壁抹面应分层压实抹光。其抹面、勾缝、坐浆、抹三角灰等均采用1:2水泥砂浆，抹面、勾缝用水泥砂浆的砂子应过筛。

① 抹面要求　当无地下水时，污水井内壁抹面高度抹至工作顶板底；雨水井抹至底槽顶以上200mm。其余部分用1:2水泥砂浆勾缝。当有地下水时，井外壁抹面，其高度抹至地下水位以上500mm。抹面厚度20mm。抹面时用水泥板搓平，待水泥砂浆初凝后及时抹光、养护。

② 勾缝要求　砌筑检查井、井室和雨水口的内壁应用原浆勾缝，有抹面要求时，内壁抹面应分层压实，外壁用砂浆搓缝应严密。其抹面、勾缝、坐浆、抹三角灰等均采用1:2水泥砂浆，抹面、勾缝用水泥砂浆的砂子应过筛。勾缝一般采用平缝，要求勾缝砂浆塞入灰缝中，应压实拉平，深浅一致，横竖缝交接处应平整。

抹面要求：当无地下水时，污水井内壁抹面高度抹至工作顶板底，雨水井抹至底槽顶以上200mm。其余部分用1:2水泥砂浆勾缝。当有地下水时，井外壁抹面，其高度抹至地下水位以上500mm，抹面厚度20mm。抹面时用水泥板搓平，待水泥砂浆初凝后及时抹光养护。

（4）井口和井盖的安装　检查井、井室砌筑安装至规定高程后，应及时浇筑安装井圈，盖好井盖。

安装时砖墙顶面应用水冲干净，并铺砂浆。按设计高程找平，井口安装就位后，井口四周用1:2水泥砂浆嵌牢，井口四周围成45°角。安装铸铁井口时，核准标高后，井口周围用C20细石混凝土圬牢。

（5）检查井及井室允许偏差检查井及井室允许偏差见表6-10。

表 6-10　检查井及井室允许偏差

项目		允许偏差/mm
井身尺寸	长、宽	±20
	直径	±20
井盖与路面高程差	非路面	20
	路面	5
井底高程	$D<1000mm$	±10
	$D>1000mm$	±15

（6）检查井、井室施工时的其他注意事项

① 在管道敷设后，井身应一次砌起。为防止漂管，必要时可在井室底部预留进水孔，但还土前必须砌堵严实。现场浇筑混凝土或砌体水泥砂浆强度应达到设计规定。

② 冬期砌井应有覆盖等防寒措施，并应在两端管头加设风挡，特别严寒地区管道施工应在解冻后砌筑。

③ 检查井、井室周围填土前应检查下列各项，并应符合下面要求。

a. 井壁的勾缝抹面和防渗层应符合质量要求。

b. 井盖的高程应在±5mm 以内。

c. 井壁同管道连接处应严密不得漏水。

d. 井室的井口应与闸阀的启闭杆中心对中。

二、雨水口

雨水口又称进水口，是雨水管道或合流管道系统上收集雨水的构筑物，街道地面上的雨水经过雨水口和连接管流入雨水管。

（一）雨水口的构造

1. 雨水口的形式

雨水口的构造包括进水箅、井筒和连接管三部分组成进水箅可用铸铁、钢筋混凝土或其他材料做成，箅条应为纵横交错的形式，以便收集从路面上不同方向流来的雨水；井筒一般用砖砌，深度不大于 1m，在有冻胀影响的地区，可根据经验适当加大；雨水口通过连接管与雨水管渠或合流渠的检查井相连接，连接管的最小管径为 200mm，坡度一般为 1‰，长度不超过 25m。

雨水口的形式有落底和不落底两种，落底雨水口具有沉入雨水口的污秽垃圾和粗重物体的作用，但必须勤于清捞。不落底雨水口指雨水进入雨水口后，直接流入沟管，不停滞在口中，这样不影响流速，而污泥和截流的水不致在雨水口发臭。雨水口的形式见图 6-28 所示。

2. 雨水口的进水方式

雨水口的进水方式有平箅式、立式和联合式等。

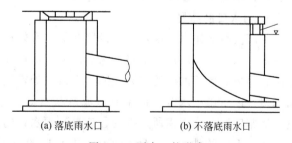

(a) 落底雨水口　　　(b) 不落底雨水口

图 6-28　雨水口的形式

平箅式雨水口（图 6-29）有缘石平箅式和地面平箅式。缘石平箅式雨水口适用于有缘石的道路，地面平箅式适用于无缘石的路面、广场、地面低洼聚水处等。

立式雨水口有立孔式和立箅式，适用于有缘石的道路。其中立孔式适用于箅隙容易被杂物堵塞的地方。

联合式雨水口是平箅式与立式的综合形式，适用于路面较宽、有缘石、径流量较集中且有杂物处图 6-30。

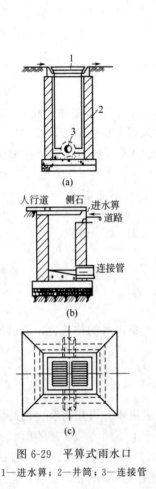

图 6-29 平箅式雨水口

1—进水箅；2—井筒；3—连接管

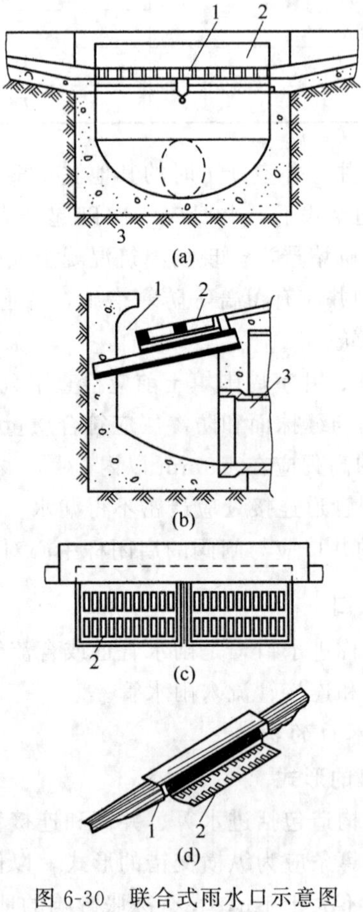

图 6-30 联合式雨水口示意图

1—边石进水箅；2—边沟进水箅；3—连接管

井箅安装：边沟雨水井处，井箅稍低于边沟底水平放置；边石雨水井，井箅嵌入边石垂直放置；联合式雨水井，在沟底和边石两侧都安放井箅。

3. 雨水口的布置

为解决路面排水，雨水口需设置在能最有效地收集雨水的地方，应能保证迅速有效地收集地面雨水。一般应设在道路汇水点、人行横道线上游能截住来水的地方、沿街单位出入口上游、靠地面径流的街坊或庭院的出水口等处，道路低洼和易积水地段应根据需要适当增加雨水口，以防止雨水漫过道路或造成道路及低洼地区积水而妨碍交通。雨水口的形式和数量，通常应按汇水面积所产生的径流量和雨水口的泄水能力确定。一般一个平箅雨水口可排泄 15~20L/s 的地面径流量。道路上雨水口的间距一般为 25~50m，在低洼和易积水的地段，应根据需要适当增加雨水口的数量。

雨水口的间距宜为 25~50m，其位置应与检查井的位置协调，连接管与干管的夹角宜接近 90°，斜交时连接管应布置成与干管的水流顺向。雨水口的连接管最小管径为 200mm，连接管坡度应大于或等于10％，长度小于或等于25m，覆土厚度大于或等于0.7m。

平面交叉口应按竖向设计布设雨水口，并应采取措施，防止路段的雨水流入交叉口。

（二）雨水管的布设

1. 雨水管道布设要求

（1）雨水管道应按规定平行于道路中心线或规划红线，通常布置在靠近人行道或绿化带一侧的车道下，同一管线不应从道路的一侧转到另一侧，以免多占位置并增加管线间的交叉。

（2）快速路机动车车行道下不宜布置任何管线，在主干路、次干路路侧带及非机动车道下面布置管线有困难时，可在机动车道下面埋设雨水管、污水管。在支路下面可埋设各种管线。

（3）雨水和污水管道因埋深较大，施工时相邻管线的影响较大，所以应设必要的间距。雨水管因有窨井等构筑物，从合理布置管线的要求来看，所有管线均应在井外通过。规范规定的最小值为：下水道距电缆不小于1.0m，下水道距其他管线不小于2.0m。

（4）雨污水管道的埋设深度与结构强度应满足道路施工与路面行车荷载的要求，否则应采取加固措施。

2. 雨水口的材料

雨水口的进水箅可用铸铁或钢筋混凝土、石料制成。进水箅条的方向与进水能力也有很大关系，箅条与水流方向平行比垂直的进水效果好。

雨水口的井筒可用砖砌或用钢筋混凝土预制，雨水口的深度一般在1m左右，便于养护工人清通。雨水口的底部可根据需要做成有沉泥井或无沉泥井的形式，需要经常清除，增加了养护工作量。

3. 雨水口的施工方法

雨水口以连接管与街道管渠的检查井相连。当排水管道直径大于800mm时，也可在连接管与排水管道连接处不另设检查井，而设连接暗井。连接管的最小管径为200mm，坡度一般为1％，长度不宜超过25m。雨水口的串联是将几个雨水口用同一连接管相连，串联个数一般不宜超过3个。

三、出水口

（一）出水口的作用

出水口是排水系统的终点构筑物。应根据污水水质、下游用水情况、水体的水位变化幅度、水流方向、波浪情况、地形变迁和主导风向等因素确定。

（二）出水口的形式

出水口的位置、形式和出口流速，应根据排水水质、下游用水情况、水体的流量和水位变化幅度、稀释和自净能力、水流方向、波浪情况、地形变迁和气象等因素确定，并要取得当地卫生主管部门和航运管理部门的同意。污水管渠出水口一般采用淹没式。可长距离伸入水体分散出口。雨水管渠出水口可以采用非淹没式，其底标高最好在水体最高水位以上，一般在常水位上。

常用的形式有：淹没式出水口、江心分散式出水口、一字式出水口、八字式出水口。出水口与水体岸边连接处应采取缓冲、消能、加固等措施，一般用浆砌块石做护墙（见图6-31～图6-33）和铺底，在有冻胀影响的地区，出水口应考虑用耐冻胀材料砌筑，其基础必须设置在冰冻线以下。

当污水需和水体的水流充分混合时，出水口常长距离伸入水体分散出口，如图6-34所示，伸入水体的出水口应设置标志。为了使污水和水体混合较好，避免污水沿河滩流泻，造

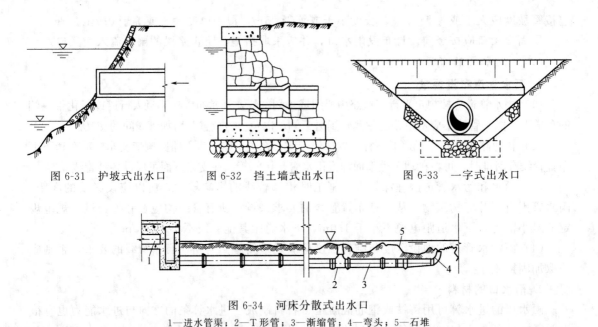

图 6-31 护坡式出水口　　　　图 6-32 挡土墙式出水口　　　　图 6-33 一字式出水口

图 6-34 河床分散式出水口
1—进水管渠；2—T形管；3—渐缩管；4—弯头；5—石堆

成环境污染，污水管渠的出水口尽可能采用淹没式，其管顶标高一般在常水位以下。雨水管渠出水口可以采用非淹没式，其管底标高最好在水体最高水位以上，一般在常水位以上，以免水体水倒灌。当出水口标高比水体水面高出太多时，应考虑设置单级或多级跌水。

四、倒虹管

管道遇到河流、山涧、洼地、铁路或地下设施时，有时无法按原有的设计坡度埋设，当障碍物无法搬迁时，管道只能在局部做成下凹的折线从障碍物下通过，这种构筑物称为倒虹管。倒虹管由进水井、下行管、平行管、上行管和出水井等组成。其上、下行管与水平线的夹角应小于30°，一般宜采用2~3条。倒虹管的管顶距离规划河底一般不小于0.5m。由于倒虹管的清通比一般管道困难得多，因此必须采取各种措施来防止倒虹管内污泥的淤积。污水在倒虹管内的流动原理是依靠上下游管道中的水面高差（进、出水井的水面高差），该高差用以克服污水通过倒虹管时的阻力损失。倒虹管的施工较为复杂，造价很高，应尽可能避免采用。

习　　题

1. 排水管道系统和附属构筑物由哪些结构组成？
2. 钢筋混凝土排水管道接口有哪几种形式？
3. 能参照教材中图纸了解检查井各部分结构的名称。
4. 检查井一般由哪几部分组成？
5. 简述管道施工准备工作的内容。
6. 雨（污）水管道开挖施工的一般程序是怎样的？
7. 排水管道开槽法施工的方法有几种？
8. 简述管道试验的种类。
9. 简述带井闭水试验的步骤。
10. 顶管施工的主要内容和工序是什么？
11. 简述中继间顶进的内容和要求。
12. 雨水井施工常见的质量问题有哪些？

参 考 文 献

［1］ 徐家玉，程家驹. 道路工程. 第 2 版. 上海：同济大学出版社，2004.
［2］ 王连威. 城市道路设计. 北京：人民交通出版社，2002.
［3］ 黎洪光，费秉胜. 市政工程概论. 郑州：黄河出版社，2008.
［4］ 王云江. 市政工程概论. 北京：中国建筑工业出版社，2007.
［5］ 姚祖康. 道路路基和路面工程. 上海：同济大学出版社，1994.
［6］ 姚祖康. 公路设计手册. 上海：同济大学出版社，1994.
［7］ 王芳. 市政工程构造与识图. 北京：中国建筑工业出版社，2003.
［8］ 杨玉衡. 城市道路工程施工与管理. 北京：中国建筑工业出版社，2003.
［9］ 马玫. 市政工程基础. 北京：中国建筑工业出版社，2006.
［10］ 杨玉衡，王伟英. 市政工程计量和计价. 北京：中国建筑工业出版社，2006.
［11］ 杜国伟. 管道施工技术. 北京：中国建筑工业出版社，1995.
［12］ 叶国铮，姚玲森，李秩民. 道路与桥梁工程概论. 北京：人民交通出版社，1998.
［13］ 陈飞. 城市道路工程. 北京：中国建筑工业出版社，1998.
［14］ 张明君. 城市桥梁工程. 北京：中国建筑工业出版社，1998.
［15］ 城市道路设计规范（CJJ 37—90）. 北京：中国建筑工业出版社，1990.
［16］ 城市规划基本属于标准（GB/T 50280—98）. 北京：中国建筑工业出版社，1998.
［17］ 工程量清单计价造价员培训教程. 北京：中国建筑工业出版社，2004.
［18］ 卫申蔚. 桥梁工程施工技术. 北京：人民交通出版社，2008.
［19］ 程述. 市政工程识图与构造. 北京：北京理工大学出版社，2017.
［20］ 梁伟，潘颖秋. 市政工程施工资料编制实例解读. 道路工程. 北京：化学工业出版社，2017.